普通高等学校计算机教育"十四五"重点建设教材

计算机程序设计基础

主　编　刘　霓

副主编　凯定吉　冯晓红

参　编　刘金艳　刘　倩　李　茜

　　　　刘　军　张旭丽　崔　波

　　　　吴　燕　王　坤　任　挺

西南交通大学出版社

·成　都·

图书在版编目（ＣＩＰ）数据

计算机程序设计基础 / 刘霓主编. —成都：西南
交通大学出版社，2021.8（2023.7 重印）
ISBN 978-7-5643-8121-9

Ⅰ. ①计… Ⅱ. ①刘… Ⅲ. ①程序设计 – 高等学校 –
教材 Ⅳ. ①TP311.1

中国版本图书馆 CIP 数据核字（2021）第 136582 号

Jisuanji Chengxu Sheji Jichu

计算机程序设计基础

主编　刘　霓

责任编辑　　李华宇
封面设计　　何东琳设计工作室

出版发行　　西南交通大学出版社
　　　　　　（四川省成都市金牛区二环路北一段 111 号
　　　　　　西南交通大学创新大厦 21 楼）
邮政编码　　610031
发行部电话　028-87600564　　　028-87600533
网址　　　　http://www.xnjdcbs.com
印刷　　　　四川玖艺呈现印刷有限公司

成品尺寸　　185 mm × 260 mm
印张　　　　28.25
字数　　　　645 千
版次　　　　2021 年 8 月第 1 版
印次　　　　2023 年 7 月第 4 次
书号　　　　ISBN 978-7-5643-8121-9
定价　　　　68.50 元

课件咨询电话：028-81435775

前　言

　　"计算机程序设计"是绝大多数高校理工科专业必修的公共基础课程之一，其重要性不仅体现在一般意义上的程序编写，更多地体现在计算思维能力的培养，以及利用计算机解决问题的能力和方法，并最终为相关行业提供信息化的技术支持。

　　本书的编写以新时代新工科课程建设为背景，融入思政元素，在面向工程的应用型人才培养方面进行了一定的探索。本书以 C++为工具，以 Visual Studio 2010 为编程环境，面向编程实践和问题求解能力训练。

　　本书的对象不是 C++软件开发专业人员，而是高校各专业（尤其是非计算机专业）的学生，他们中的大多数都没有程序设计的经验，甚至缺少计算机相关的基础知识，基于这些因素，本书在内容规划和组织方面体现了以下特色：

　　（1）从计算机的基本工作原理、常用进制、数据的表示与编码等计算机基础知识入手，引入算法及流程图，为程序设计的入门打下基础。

　　（2）重视编程思维的培养，以讲授"程序设计"为主，将 C++的有关语法有机结合到程序设计中，而不是简单罗列 C++语法中的各种琐碎细节。

　　（3）针对每个知识点精心设计案例内容，并从思路分析、数据结构规划、算法设计、程序设计与运行、延展学习等方面进行全面的探讨，以帮助读者清晰地掌握程序设计的思路与方法，并真正做到由浅入深、由易到难，引导读者编写规模逐渐加大、难度逐渐提高的程序。

　　（4）全书程序采用统一的代码规范进行编写，希望以此提高读者程序编写的规范性。

　　（5）每章开头给出学习要点，让读者可快速了解本章内容，建立起知识框架；重点章节给出常见错误小结，为初学者解决编程常见问题提供一定的指导，达到事半功倍的效果。

　　（6）以面向过程的程序设计为主，并初步涉及面向对象程序设计和 MFC 编程，旨在引导读者初步掌握面向对象的程序设计方法及激发读者开发基于 Windows 的可视化程序的兴趣。

　　（7）融入了与程序设计相关的思政元素，以此激发学生的民族自豪感，培养学生精益求精的大国工匠精神，增强学生探索未知、追求真理、勇攀科学高峰的责任感和使命感。

（8）本书配套有丰富的数字化资源，如微课视频、编程训练、习题与答案解析、知识点测试及结果分析等，这些资源均可通过扫描书中相应位置的二维码或登录"轨道在线"超媒体数字教育平台进行学习。

本书由西南交通大学刘霓担任主编，凯定吉、冯晓红担任副主编，参加编写工作的老师有：刘金艳、刘倩、李茜、刘军、张旭丽、崔波、吴燕、王坤、任挺。参与编写的老师都是长期从事计算机程序设计课程教学的一线教师，具有丰富的理论知识与实践经验；同时对理工科本科学生的学习特点和习惯十分熟悉，所编写的内容具有很强的针对性与适用性。全书的编写与审稿工作凝聚了全体老师的辛勤劳动与付出，同时也得到了相关专家的悉心指导与大力支持。在此，一并表示诚挚的感谢！

由于程序设计方法和技术的发展非常迅速，具有极强的时效性，同时由于编者水平有限，书中难免存在不足之处，欢迎读者在阅读过程中不吝批评与指正，提出宝贵的建议，在此先行致谢。

编　者

2021 年 6 月

目　录

第 1 章

信息处理基础

学习要点

本章主要介绍学习程序设计所必需的基础知识，具体内容如下：

（1）计算机中数据的表示；

（2）计算机中数据的存储；

（3）计算机的工作过程；

（4）程序与程序设计语言；

（5）C++语言简介；

（6）计算机算法概述。

1.1 计算机中数据的表示

计算机加工处理的对象称为数据，可分为数值型数据和非数值型数据两大类。数值型数据是按数字尺度测量的观察值，有确定的值，包括整数、实数等，如年龄 18 岁、身高 166.5 cm、某种商品单价 99.8 元、教室面积 200 m^2 等，都是数值型数据。非数值型数据包括西文字符（26 个英文字母、10 个阿拉伯数字、英文状态下的各种标点符号等）、汉字、声音、图片、视频等信息。

1.1.1 计算机中的 0 与 1

在计算机中，无论是数值型数据还是非数值型数据，都是以 0 和 1 组成的二进制形式存储的，即无论是参与运算的数值型数据，还是文字、图片、声音、视频等非数值型数据，在计算机内部都是以二进制代码表示的。

我们在日常生活中广泛使用十进制，那为什么计算机中要采用二进制呢？其原因如下：

（1）技术实现简单。计算机是由逻辑电路组成的，逻辑电路通常只有两种状态：晶体管的导通和截止、开关的接通和断开、电平的高和低等，都可以用来表示二进制的"0"和"1"，实现起来非常容易。

（2）简化运算规则。二进制数的求和运算仅有三种运算规则，0+0=0，0+1=1+0=1，1+1=10，运算规则简单，有利于简化计算机内部结构，提高运算速度。相比之下，十进制的求和运算规则要复杂得多。

（3）适合逻辑运算。逻辑代数是逻辑运算的理论依据，二进制只有两个数码，正好与逻辑代数中的"真"和"假"相吻合。

001

（4）抗干扰能力强，可靠性高。因为二进制中的每位数据只有高、低两个状态，当受到一定程度的干扰时，仍能可靠地分辨出它是高还是低。

为了深入学习数据在计算机中是如何表示的，我们首先需要了解十进制、二进制等几种常见的进位计数制。

1.1.2 进位计数制

进位计数制是把一组特定的数字符号按先后顺序排列起来，由低位向高位进位计数的方法，简称"进制"。一种进位计数制包含一组固定的数码符号和三个基本要素：基数、数位和位权。

数码：一组用来表示某种数制的符号。例如，十进制的数码是 0、1、2、3、4、5、6、7、8、9；二进制的数码是 0、1。

基数：某种计数制可以使用的数码个数。例如，十进制的基数是 10；二进制的基数是 2。

数位：数码在一个数中所处的位置。

位权：是以基数为底的幂，表示处于该位的数码所代表的数值大小。

以十进制数 4567.23 为例，其基数为 10，数码、数位、位权等见表 1-1。

表 1-1　进位计数制举例

	千位	百位	十位	个位	十分位	百分位
数码	4	5	6	7	2	3
数位	3	2	1	0	−1	−2
位权	10^3	10^2	10^1	10^0	10^{-1}	10^{-2}
数值	4×10^3	5×10^2	6×10^1	7×10^0	2×10^{-1}	3×10^{-2}

微课：常用进制及相关概念

1. 常用进制

我们在日常生活中广泛使用十进制（Decimal Notation），计算机中采用二进制（Binary Notation），但是二进制数书写、阅读都不太方便，所以程序员会用八进制（Octal Notation）和十六进制（Hexdecimal Notation）进行简化。八进制、十六进制是从二进制派生出来的，它没有改变二进制的本来面目，程序员用起来非常方便。

不管用什么进制，在计算机里存储的都是二进制，只是屏幕显示不一样而已。

常用的几种进制见表 1-2。十进制的数值 0~15 与其他进制之间的对照见表 1-3。

表 1-2　几种常用的进制

进制	二进制	八进制	十进制	十六进制
规则	逢二进一 借一当二	逢八进一 借一当八	逢十进一 借一当十	逢十六进一 借一当十六
数码	0、1 共 2 个	0、1、2、3、4、5、6、7 共 8 个	0、1、2、3、4、5、6、7、8、9 共 10 个	0、1、2、3、4、5、6、7、8、9、A、B、C、D、E、F 共 16 个
基数	2	8	10	16
位权	2^i	8^i	10^i	16^i

表 1-3　十进制的数值 0～15 与其他进制的对照

十进制	二进制	八进制	十六进制	十进制	二进制	八进制	十六进制
0	0	0	0	8	1000	10	8
1	1	1	1	9	1001	11	9
2	10	2	2	10	1010	12	A
3	11	3	3	11	1011	13	B
4	100	4	4	12	1100	14	C
5	101	5	5	13	1101	15	D
6	110	6	6	14	1110	16	E
7	111	7	7	15	1111	17	F

不同进制数据的表示：

二进制：　　　$(1011)_2$ 或 1011B

八进制：　　　$(1011)_8$ 或 1011O

十进制：　　　$(9186)_{10}$ 或 9186D

十六进制：　　$(13A)_{16}$ 或 13A H

2. 进制转换

由于计算机内部采用二进制，而在对数值进行输入或输出时，人们习惯使用十进制，而程序员写程序时可能会使用八进制或十六进制，所以在计算机内部经常需要进行不同进制数据之间的转换。下面将详细介绍各种进制之间相互转换的方法。

（1）任意进制转换成十进制。

将任意进制转换成十进制，采用按位权展开并相加的方法。

【例 1.1】将二进制数 10110.101 转换成十进制数。

$(10110.101)_2 = 1 \times 2^4 + 0 \times 2^3 + 1 \times 2^2 + 1 \times 2^1 + 0 \times 2^0 + 1 \times 2^{-1} + 0 \times 2^{-2} + 1 \times 2^{-3} = (22.625)_{10}$

【例 1.2】将八进制数 274.3 转换成十进制数。

$(274.3)_8 = 2 \times 8^2 + 7 \times 8^1 + 4 \times 8^0 + 3 \times 8^{-1} = (188.375)_{10}$

【例 1.3】将十六进制数 A4E.C 转换成十进制数。

$(A4E.C)_{16} = 10 \times 16^2 + 4 \times 16^1 + 14 \times 16^0 + 12 \times 16^{-1} = (2638.75)_{10}$

（2）十进制转换成其他进制。

十进制数转换成其他进制时，可以对整数部分和小数部分分别进行处理。

① 整数部分的转换方法为：除以基数倒取余数法，即用十进制整数连续地除以目标进制的基数（例如，十进制转换成二进制，则除以基数 2），每次取余数，直到商为 0 为止。将得到的余数倒序排列（即最后得到的余数是最高位），就得到转换后的结果。

② 小数部分的转换方法为：乘基数取整法，即用十进制小数连续地乘以目标进制的基数，每次取出整数部分，直到小数部分为 0（参见例 1.4）或达到所要求的精度（参见例 1.5）为止。将每次取出的整数部分正序排列（即先得到的整数是最高位），就得到转换后的结果。

微课：任意进制转换为十进制

微课：十进制转换为其他进制

【例 1.4】将十进制数 29.375 转换成二进制数。

本题需将整数部分与小数部分分开处理，计算过程如图 1-1 所示。

计算结果为：$(29.375)_{10}=(11101.011)_2$

【例 1.5】将十进制数 0.33 转换成十六进制数，结果保留 3 位小数。

计算过程如图 1-2 所示，结果为：$(0.33)_{10} = (0.547)_{16}$

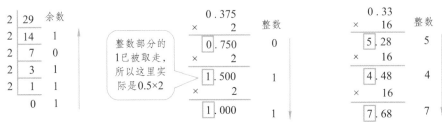

图 1-1 例 1.4 的计算过程   图 1-2 例 1.5 的计算过程

（3）二进制、八进制、十六进制的互相转换。

二进制转换成八进制时，以小数点为分界线，整数部分从右往左，小数部分从左往右，每 3 位分成一组，不足 3 位补 0，每组转换成 1 位八进制数。反之，八进制转换成二进制时，是将 1 位八进制数拆分成 3 位二进制数。

二进制转换成十六进制时，以小数点为分界线，整数部分从右往左，小数部分从左往右，每 4 位分成一组，不足 4 位补 0，每组转换成 1 位十六进制数。反之，十六进制转换成二进制时，是将 1 位十六进制数拆分成 4 位二进制数。

八进制与十六进制之间的转换通常以二进制作为桥梁。

【例 1.6】将二进制数 10110101.01 转换成八进制；将八进制数 31.4 转换成二进制。

010 110 101.010   （蓝色部分表示不足 3 位时补充的 0）
 ↓   ↓   ↓   ↓
 2   6   5 . 2

故 $(10\,110\,101.01)_2 = (265.2)_8$

$(31.4)_8 = (011\,001.100)_2 = (11001.1)_2$

注：写最终结果时，省略整数部分最左边的 0 和小数部分最右边的 0。

【例 1.7】将二进制数 101101.01 转换成十六进制；将十六进制数 4F.6 转换成二进制。

$(0010\,1101.0100)_2 = (2D.4)_{16}$

$(4F.6)_{16} = (0100\,1111.\,0110)_2 = (100\,1111.\,011)_2$

【例 1.8】将八进制数 513.2 转换成十六进制。

$(513.2)_8 = (101\,001\,011.\,010)_2 = (0001\,0100\,1011.\,0100)_2 = (14B.4)_{16}$

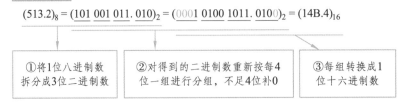

①将 1 位八进制数拆分成 3 位二进制数   ②对得到的二进制数重新按每 4 位一组进行分组，不足 4 位补 0   ③每组转换成 1 位十六进制数

综上所述，四种常用进制之间的转换方法见表 1-4。

表 1-4　四种常用进制之间的转换方法

源进制	目标进制			
	十进制	二进制	八进制	十六进制
十进制	—	整数部分：除以基数倒取余数；小数部分：乘基数取整数		
二进制	按位权展开并相加	—	从小数点往两边，三位并一位	从小数点往两边，四位并一位
八进制		一位拆三位	—	以二进制为桥梁
十六进制		一位拆四位	以二进制为桥梁	—

实际上，各种进制之间的转换，在计算机中可以通过编写程序来实现，详见第 4 章和第 6 章。

微软 Windows 操作系统自带的计算器，也可以实现整数的各种进制之间的相互转换。以 Windows 7 为例，单击"开始"菜单→"所有程序"→"附件"→"计算器"，在打开的计算器窗口中单击"查看"→"程序员"，即可调出可进行整数进制转换的计算器，如图 1-3（a）所示。Windows 10 操作系统中计算器的"程序员"模式如图 1-3（b）所示。

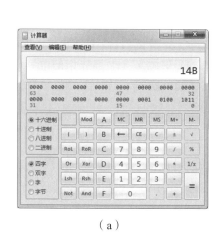

（a）

（b）

图 1-3　计算器的"程序员"模式

1.1.3　存储单位及存储容量

1. 位

位（bit，b）是计算机中表示信息的最小单位，即一个 0 或 1。

1 位二进制可表示 $2^1=2$ 种信息，取值分别为 0、1；2 位二进制可表示 $2^2=4$ 种信息，取值分别为 00、01、10、11；3 位二进制可表示 $2^3=8$ 种信息，取值分别为 000、001、010、011、100、101、110、111；以此类推，n 位二进制可表示 2^n 种信息。

2. 字　节

字节（Byte，B）是计算机处理信息的基本单位，1 字节由 8 位构成，经常写成 1 B=8 b。一个字节可以表示 2^8=256 种不同信息。

3. 存储容量

课堂测试：存储单位及存储容量

在计算机中，一般用字节数表示存储器的存储容量。由于存储器的容量比较大，为了阅读与书写方便，又引入了 KB（千字节）、MB（兆字节）、GB（吉字节）、TB（太字节）、PB（拍字节）这些单位，它们之间的换算进率为 2^{10}=1024。

1 KB = 1 024 B	1 MB = 1 024 KB	1 GB = 1 024 MB
1 TB = 1 024 GB	1 PB =1 024 TB	

由于数据在计算机内部是二进制的，所以采用 2 的整数次幂作为换算单位可以方便计算机进行计算。但因为人们习惯使用十进制，所以存储器生产厂商习惯使用 1000 作为进率，这样导致的后果就是实际容量比标称容量小，不过这是合法的。例如，标称 2 TB 的硬盘，其实际容量为

$$\frac{2\times1\,000\times1\,000\times1\,000\times1\,000\mathrm{B}}{1\,024\times1\,024\times1\,024} \approx 1\,863\,\mathrm{GB}$$

4. 字　长

计算机一次可处理的二进制数码的组合称为字（Word），字的位数称为字长。字长通常是字节的整数倍，它主要影响计算机的计算精度、处理数据的范围和速度，是衡量计算机性能的一个重要指标。微型机中常用的字长有 32 位和 64 位，所以微型机也就有了 32 位机和 64 位机之分。字长越长，表示一次读写和处理数据的范围越大，处理数据的速度越快，计算精度越高，计算机的性能就越好。

1.1.4　数值数据的表示

数值在机器内的表达形式称为机器数，机器数的位数长度是固定的，例如， 64 位机能够表示的机器数长度是 64 位。为了书写方便，在本章中，假设机器数的长度为 8 位。

由于计算机中只能表示 0 和 1，所以要想使计算机能够完整地表示一个数值数据，必须解决两个问题：一是数据的符号（正负号），二是小数点的表示。

1. 数据的符号

为了描述数据的符号，在机器数中引入了符号位的概念，从而将数据的正负属性代码化。通常规定：机器数的最高位为符号位，0 表示正号，1 表示负号；其余各位为数值位。

机器数所代表的实际数值，称为真值，一般用十进制数表示。例如：

其中，26 转换成二进制为 11010，为了凑够机器数的长度 8 位，所以需要在数值位的高位部分再补 2 个 0。

2. 原码、反码和补码

目前常用的机器数编码方法有原码、反码、补码等，其中最常用的是补码表示法。

原码：将最高位作为符号位，用代码"0"或"1"表示；其余各位用数值本身的绝对值的二进制形式表示。

假设用$[X]_原$表示 X 的原码，则

$[+26]_原$ = 00011010 $[-26]_原$ = 10011010

$[+0]_原$ = 00000000 $[-0]_原$ = 10000000

从上面可以看出，+0 和-0 的原码表示形式不同，即 0 的原码表示不唯一。

原码表示简单，运算结果直观，但是用原码进行加减运算比较烦琐。两个数做加法时，需要先判断它们的符号是否相同，相同则做加法，不同则做减法。而两数做减法时，除了先要判断两个数的符号外，还要判断两个数的绝对值大小关系。为了简化运算器的设计，就需要改进编码的形式，将符号位和数值位一起编码，使得符号位也能直接参加运算。

反码：正数的反码与原码相同；对于负数，符号位为 1，其余各位是对原码的数值位按位取反（即 0 变成 1，1 变成 0）。

$[+26]_反$ = 00011010 $[-26]_反$ = 11100101

$[+0]_反$ = 00000000 $[-0]_反$ = 11111111

从上面可以看出，0 的反码表示也不唯一。

补码：将符号位和数值位一起编码，解决了符号位不能直接参加加减法运算的问题。正数的补码与原码相同。对于负数，补码是在反码的数值末位加 1。

$[+26]_补$ = 00011010 $[-26]_补$ = 11100110

$[+0]_补$ = 00000000 $[-0]_补$ = 11111111+1 = 00000000

说明：$[-0]_补$ = 11111111+1，得到的结果本来是 100000000，但是因为机器数的长度为 8 位，所以最高位的 1 被丢掉了，称为溢出（与电表的显示原理一样，若为 4 位数的电表，当用电到 9999 度时，再继续用电，电表无法显示 10000 度，读数会直接变成 0000），实际在机器数中存储的是 00000000，正好与$[+0]_补$一致。因此，0 的补码表示是唯一的。

3. 整数的表示

整数一般采用定点（即小数点位置固定）表示法，小数点隐含固定在最右边，小数点是假设的，并不实际存储。

为了更有效地利用计算机内存，在计算机中，整数分为无符号整数和有符号整数。

对于无符号整数，可以将机器数的全部数位都用来表示数的绝对值，即没有符号位。只能表示 0 和正整数。例如：内存单元的存储地址、学生人数等，都可以用无符号整数来表示。

对于有符号整数，需要使用一个二进制位作为符号位，其余各位用来表示数值的大小。它可以表示正整数、0 和负整数。目前用得比较普遍的是补码表示法。

假设机器数长度为 8 位，10011010 这一串二进制数，若代表的是有符号数，则最高位的 1 表示负号，后面 7 位是数值位，转换成十进制是 –26；若是无符号数，则 8 位全部是数值位，转换成十进制是 154。

4. 实数的表示

实数是带有整数部分和小数部分的数。实数的存储，不仅需要以 0、1 的二进制形式来表示，还要指明小数点的位置。小数点在计算机中通常有两种表示方法：定点小数和浮点数。

定点小数是把小数点隐含固定在数值部分最高位的左边、符号位的右边，如图 1-4 所示。

图 1-4　定点小数的格式

定点小数只能表示绝对值小于 1 的数，不能满足计算问题的需求，因此通常会采用浮点数来表示实数。

浮点数是指小数点位置可浮动的数，其思想来源于科学记数法。在浮点表示方法中，数可表示为 $N=M \times R^E$，其中：

（1）M 被称为尾数，是一个定点小数，它表示数的有效数值。

（2）E 被称为阶码，是一个带符号的整数，它表示小数点在该数中的位置。

（3）R 被称为基数，一般取 2、8、10 或 16，在同一体系结构的计算机中，基数是固定的，通常不需要存储。

计算机中使用的浮点数采用 IEEE（电气和电子工程师协会）格式，只存储尾数和阶码两个部分。例如，计算机中采用的 32 位浮点数（对应 C++中的关键字 float，单精度浮点型，详见第 2 章）和 64 位浮点数（对应 C++中的关键字 double，双精度浮点型），其格式如图 1-5 所示。

图 1-5　浮点数的格式

浮点数 N 的实际值可表示为

$$N=(-1)^S \times M \times 2^E$$

式中，S 表示浮点数 N 的符号位。

1967 年 8 月 23 日，苏联宇航员弗拉迪米尔·科马洛夫独自驾驶联盟一号宇宙飞船，在完成一天一宿的太空飞行之后胜利返航。此时，全国电视观众都在收看宇宙飞船的返航实况。科马洛夫的母亲、妻子、女儿和几千名各界人士，也都在飞船着陆基地等待迎接这位航天勇士。当宇宙飞船返回大气层时突然发生了恶性事故，导致减速降落伞无法打开，飞船将在两小时之后坠毁。地面指挥中心把科马洛夫的亲人请到指挥台，让他们在最后的两个小时里和屏幕中的科马洛夫团聚。科马洛夫首先用时 70 分钟向地面汇报了此次飞船探险的情况，然后通过屏幕和母亲、妻子、女儿一一告别。

看到只有 12 岁的女儿，科马洛夫说："女儿，你不要哭！" 孩子说着"我不哭……"却早已泣不成声。"爸爸，您是苏联英雄！我想让您知道，英雄的女儿，会像英雄那样生活的！"科马洛夫又一次落泪了："可是我要告诉你，也告诉全国的小朋友，请你们在学习过程中认真对待每一个小数点、每一个标点符号。联盟一号今天发生的一切，就是因为地面检查时忽视了一个小数点，这是一场由一个小数点引发的悲剧！请记住这个教训吧！"时间一分一秒过去，只剩下最后 1 分钟，科马洛夫毅然和女儿挥了挥手，面向全国的电视观众说到："同胞们，请允许我在这茫茫的太空中与你们告别……"

"轰隆……"一声巨响，整个苏联一片寂静，人们纷纷走向街头，向着飞船坠毁的方向默默地哀悼……

1.1.5 西文字符编码

微课：
ASCII 码

西文字符，就是指在英文输入法状态下所输入的所有字符，包括大小写英文字母、数字、标点符号、一些控制符等。西文字符采用 ASCII 码（American Standard Code for Information Interchange，美国信息交换标准代码）进行编码，每个字符均由 7 位二进制组成，共可表示 2^7=128 种字符，详见附录 B。

计算机处理信息的基本单位是字节（B），因此 ASCII 码实际上是使用 1 B 后面的 7 位来表示某个字符，而最高位以 0 编码或用作奇偶校验位。所以，一个西文字符的 ASCII 码占 1 B。

课堂测试：
ASCII 码

从附录 B 可知，大写字母 A 的 ASCII 码为 1000001，写成十进制形式为 65，且 26 个大写字母是连续编码的，即 B、C、…、Z 的 ASCII 码依次为 66、67、…、90；小写字母 a 的 ASCII 码为 97，且 26 个小写字母也是连续编码的。大小写字母的 ASCII 码相差 32，这也是我们在计算机程序中进行大小写字母转换的依据。

1.2 计算机中数据的存储

在前一节中，我们学习了各种各样的数据在计算机中是如何表示的，那么，这些已表示成二进制的数据又是如何存储在计算机中的？计算机又是如何对这些数据进行处理、最终显示出我们想要的结果呢？要想回答这些问题，我们需要先了解计算机的工作原理及存储机制。

1.2.1 存储程序原理

微课：
存储程序原理

美籍匈牙利数学家冯·诺伊曼于 1946 年提出了存储程序原理，把程序本身当作数据来对待，程序和该程序处理的数据用同样的方式存储，并确定了存储程序计算机的五大组成部件和基本工作原理。

人们把冯·诺伊曼提出的这个理论称为冯·诺伊曼体系结构，遵循这一体系结构的计算机称为冯·诺伊曼机或冯式机。半个多世纪以来，计算机制造技术发生了巨大变化，但冯·诺伊曼体系结构仍然沿用至今。

冯·诺伊曼机的五大组成部件包括：

（1）运算器：主要功能是对数据进行各种运算。

（2）控制器：是整个计算机系统的控制中心，负责指挥计算机各部件协调工作。

（3）存储器：是计算机系统中的记忆元件，主要功能是存储程序和各种数据信息。

（4）输入设备：用来向计算机输入各种程序和数据，如键盘、鼠标等。

（5）输出设备：用于从计算机输出各种数据，如显示器、打印机、绘图仪等。

通常将运算器和控制器合称为中央处理器（Central Processing Unit，CPU），它是计算机的核心部件。

课堂测试：
存储程序原理

冯·诺伊曼机的工作原理为：使用输入设备将事先编制好的程序（完成某个任务的若干指令的有序集合）和原始数据一起存放在存储器中，计算机一经启动，在不需人工干预的情况下，由控制器从存储器中依次读取这个程序的每一条指令，并指挥运算器、存储器、输入和输出设备协调完成每条指令所规定的操作。图 1-6 可帮助我们更好地理解这一工作原理。

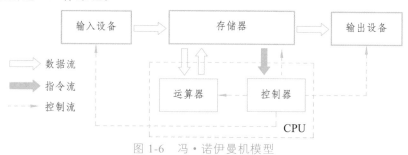

图 1-6　冯·诺伊曼机模型

综上所述，冯·诺伊曼体系结构的要点为：

（1）计算机由运算器、控制器、存储器、输入设备、输出设备五大部件构成；

（2）计算机内部采用二进制来表示机器指令和数据；

（3）存储程序和程序控制：程序和数据预先存放在存储器中，计算机在程序的控制下自动运行，不需人工干预。

扩展学习：信息技术发展

众所周知，芯片技术在当下和未来都处于信息技术的核心位置，物联网、计算机、手机、汽车、家电……都离不开芯片的支撑，可以说芯片技术和现代生活息息相关。

芯片技术包括芯片制造和芯片设计，它是高、精、尖技术。首先，其科学原理难度非常大，芯片的制造工艺涉及 50 多个学科知识和技术积累、牵涉几百到上千种复杂工艺制造；其次，就算在芯片原理上取得突破，建设一条先进的芯片生产线，综合起来需要 10 大类、300 多种细分设备、3000 多台高精尖设备，其中以光刻技术、刻蚀技术、薄膜沉积三大类为主要生产技术。制作一颗芯片真的太难了！例如 iPhone 手机的处理器芯片，其芯片设计在美国加州完成，之后送到中国台湾由台积电生产，再送到马来西亚完成封装测试，最后这颗芯片被送到中国大陆，在富士康完成处理器芯片和其他部件的组装后从中国发往世界各地。

芯片的底层架构是日本 ARM 公司的知识产权，台积电的光刻机来自荷兰 ASML，刻蚀机来自中国的中微半导体和美国的泛林，光刻胶和化学试剂来自日本、韩国。芯片产业界"你中有我，我中有你"，尤其是生产最先进、最高端的芯片，世界上没有哪个国家能够独立完成。目前，中国的高端芯片非常缺乏，绝大部分的高端制造、设计技术都掌握在少数发达国家手中。例如，决定芯片制造精度的光刻机，国外已经可以做到 5 nm 的级别，而国内还处在 14 nm 向 7 nm 的过渡阶段，落后将近两代。

由美国发动的中美贸易战、科技制裁和科技封锁彻底打破了芯片技术全球协作的平衡。在芯片源头上，美国禁止荷兰光刻机出口中国，禁止台积电为华为代工芯片，使得中国从海外购买高端芯片变得异常艰难。为了解决好高端芯片"卡脖子"问题，中国的高端芯片自主研发已经刻不容缓。

中美芯片之争，是一场没有硝烟的战争。从中兴受罚到华为被禁，"缺芯"之痛触动了每一个中国人的心。芯片产业是国家战略性产业，芯片技术的突破是发展国家经济、维护国家安全的重要支撑。中国的芯片之路，必定是一条崎岖的坎坷路。重大的历史进步往往出现在重大的灾难之后，中华民族就是这样在艰难困苦中历练、成长起来的。中国人有着不屈不挠的奋斗精神，一旦我们集全国之力发展芯片技术，没有攻克不了的技术壁垒。

大学时代是知识储备、专业技能提升最快、学习能力最强的阶段，新时代的大学生一定要树立强大的民族自豪感与自信心，为中华民族的伟大复兴而努力学习！不负青春、不负韶华、不负时代！追求卓越，勇攀科学高峰！

1.2.2 存储器

计算机中的全部信息，包括输入的原始数据、计算机程序、运行结果等都保存在存储器中。存储器分为主存储器和辅助存储器。

1. 主存储器

主存储器，也称为内部存储器，简称主存或内存。主存主要用于存放正在执行中的程序及数据、包括程序运行的中间结果，是 CPU 能直接访问的存储器。内存一般采用半导体器件，可进一步分为随机存储器（Random Access Memory, RAM）、只读存储器（Read Only Memory, ROM）及高速缓存（Cache）等不同种类。

为了方便内存空间的管理，将内存划分为一块块大小相等的空间，称为存储单元。为了方便寻找到每一个存储单元，系统对每一个空间进行标识，即内存编址。不同的计算机，存储器的编址方式是不同的，主要有字编址和字节编址。现在的计算机主要采用按字节编址的方式，即每个存储单元的容量是 1 字节，也就是 8 位。每个存储单

微课：
内存空间管理

课堂测试：
存储器

元的编号，称为地址，一般用十六进制表示。内存空间的管理及编址示意图如图 1-7 所示，图中的"0000H ~ FFFFH"中的 H 表示 0000 或 FFFF 是一个十六进制数。CPU 按地址访问每个存储单元。

内存空间的这种管理方式，类似于实际生活中的宿舍管理。一栋宿舍楼（相当于内存）可划分出若干个大小相同的房间（相当于存储单元），每个房间有 8 个床铺（相当于 8 位，即 1 字节），每个床铺只能住 1 个人（相当于可存 1 位二进制信息）。为了方便大家记住自己的房间，可对房间进行编号（相当于地址）。有区别的是：房间的编号一般都从 1 开始，且采用十进制；而计算机中的编号都从 0 开始，且采用十六进制。如果在分配宿舍时规定"不同班级的学生不能住在一个宿舍里"，某班只有 7 名女生，她们也要占 1 个宿舍，其中有 1 个床铺是空着的，这就相当于前面讲到的 ASCII 码，虽然编码只用了 7 位，但它也要占用 1 字节。

图 1-7　内存结构及编址示意图

2. 辅助存储器

由于内存容量有限，而且不能长期保存信息，一旦断电，RAM 中的信息会全部消失。为了解决这些问题，引入了容量大且能长期保存信息的存储器，称为辅助存储器，也称为外部存储器，简称辅存或外存，如硬盘、光盘、U 盘、移动硬盘等。

外存与内存的主要区别如下：

（1）外存的存储容量大，但存取速度慢；内存的存储容量小，但存取速度快。

（2）两者的读写方式不同。对内存的访问是以字节为单位进行的；对外存的访问是以扇区为单位进行的。

（3）外存不能与 CPU 直接交换信息，内存可与 CPU 直接交换信息。当 CPU 在运行的过程中需要处理存放在外存中的数据时，这些数据会被传送到内存，再由内存与 CPU 交换信息。

1.3　计算机的工作过程

微课：计算机的工作过程

通过前面的学习，我们已经掌握了计算机的工作原理，以及数据在计算机中是如何表示和存储的，那么，我们希望计算机完成一个具体的任务，计算机是如何完成的呢？下面将用一个例子来进行详细讲解。

假如我们希望计算机完成一个任务：从键盘输入两个整数，计算它们的和并输出。这个任务，通常会用某种程序设计语言编写成程序，在程序中按顺序完成图 1-8 所示的操作，这个程序会以"文件"的形式保存在硬盘上。硬盘是一种外存设备，可以长期保存信息，所以，我们编写的各种文件才可以长期保存、不会丢失。

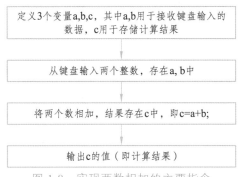

图 1-8　实现两数相加的主要指令

任何程序都必须由 CPU 执行，但 CPU 不能直接访问外存。所以，当我们通过双击程序文件或者在字符界面下输入相应的命令等方式发出了"执行程序"的指令时，操作系统会首先将该程序加载到内存中，然后由 CPU 按顺序读取程序中的每条指令并执行，即由控制器指挥运算器、存储器、输入和输出设备协调完成每条指令所规定的操作。

当 CPU 执行到"定义 3 个变量"这个操作时，它会为这 3 个变量分配内存空间，并获取对应内存空间的地址，如图 1-9 所示。这 3 个变量在内存空间中可能是连续存放的，也可能是不连续存放的。图中，变量 a 和 b 连续存放，变量 b 和 c 不连续存放。

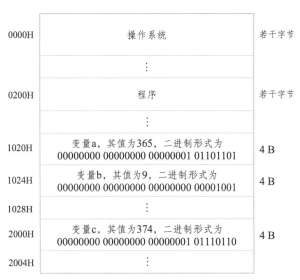

图 1-9　程序运行期间的内存空间示意图

这里的"变量"，可以理解为：用于存放数据的盒子。存放整数的盒子都是一样大的（比如，都是 4 字节），与数值大小无关，也即：5 和 50000 要用一样大的盒子来存放；存放实数的盒子也是一样大的（比如，都是 8 字节），与数值大小无关。每个变量一次只能存放一个数据，当有新的数据存进去时，旧的数据会被覆盖掉。

接着，CPU 执行"从键盘输入两个整数，存在 a，b 中"这个操作，此时，控制器会给输入设备（键盘）发送指令，并将用户从键盘输入的数据（假设为 365 和 9）以二进制形式存入变量 a 和 b 所对应的内存单元，其内容见图 1-9。

然后，CPU 执行"将两个数相加，结果存在 c 中"的操作。控制器会根据变量 a 所对应的地址 1020H，从内存中取出连续四个内存单元（即 4 字节）的内容，这正是变量 a 的值 365，将其送入运算器；同样的方式，取出变量 b 的值，也送入运算器；然后，由运算器完成加法运算，将结果存入变量 c 所对应的内存单元。

最后一步，CPU 执行"输出 c 的值"这个操作，控制器根据变量 c 所对应的地址 2000H，从内存中取出连续四个内存单元的内容，将其送到输出设备（显示器）显示出来。计算机会自动将二进制转换为十进制形式显示，所以我们会在屏幕上看到结果 374。

以上就是计算机的五大部件协同工作，完成用户指定任务的一个完整过程。

1.4　程序与程序设计语言

1.4.1　计算机程序

计算机程序，简称程序，是指一组指示计算机执行动作或作出判断的指令，也就是说，一个计算机程序是一系列指令的有序集合。

计算机程序通常用某种程序设计语言编写，运行于某种目标计算机体系结构之上。

1.4.2　程序设计语言

人与人之间通过语言进行交流，而人与计算机的交流是通过程序设计语言（Programming Language）来实现的。在编写程序时，首先要考虑用什么形式来表达程序，即用什么"语言"来编写程序，编写程序的"语言"称为程序设计语言。

从计算机问世至今，程序设计语言经历了从机器语言、汇编语言到高级语言的发展过程。

1. 机器语言

机器语言（Machine Language）是用二进制代码表示的、计算机能直接识别和执行的一种机器指令的集合，被称为第一代程序设计语言。它是计算机的设计者通过计算机的硬件结构赋予计算机的操作功能。

机器语言指令由操作码和操作数两部分组成，如图 1-10 所示。操作码规定了指令的操作，是指令中的关键字，不能缺省，每一个操作码在计算机内部都由相应的电路来实现。操作数表示该指令的操作对象。例如，图 1-11 所示为用机器语言编写的 A=12+9 的程序。

操作码	操作数

图 1-10　机器指令的组成结构

10110000	00001100	将12放入累加器A中
00101100	00001001	将9与累加器A中的值相加，得到的结果仍然存入A中
11110100		结束

图 1-11　用机器语言编写的程序

机器语言的优点是：能直接被计算机识别和执行，执行速度快。

但它也有非常明显的缺点：

（1）可移植性差。不同型号的计算机，其机器语言是不相通的，按照一种计算机的机器指令编制的程序，不能在另一种计算机上执行。

（2）用机器语言编写程序，程序员需要记住大量用二进制形式表示的指令代码及其含义，这不仅难记、难书写、难阅读，而且很容易出错。

2. 汇编语言

为了克服机器语言难理解、难记忆等缺点，一位数学家发明了用助记符来代替机器指令的操作码，用地址符号或标号来代替操作数的地址的方法，由此诞生了汇编语言（Assembly Language），也称为符号语言（Symbolic Language）。用汇编语言编写的A=12+9的程序如图 1-12 所示。

MOV	A, 12	将12放入累加器A中
ADD	A, 9	将9与累加器A中的值相加，得到的结果仍然存入A中
HLT		结束

图 1-12　用汇编语言编写的程序

用汇编语言编写的程序不能直接被计算机识别和执行，必须通过汇编程序的翻译，才能生成可以被计算机识别和执行的二进制代码。

汇编语言被称为第二代程序设计语言，它在一定程度上克服了机器语言难理解、难记忆的缺点，并且保持了执行速度快的优点。但是，程序员仍然需要记住大量的助记符，而且特定的汇编语言和特定的机器语言指令集是一一对应的，不同平台之间不可直接移植。

机器语言和汇编语言都是面向机器的语言，要求编程者熟悉计算机的硬件结构及其原理，并按照机器的方式去思考问题，这就导致对于非计算机专业人员来说，编程是一件非常困难的事情。在这种情况下，人们希望有一种独立于机器、又接近自然语言的编程语言，这就是后来出现的高级语言。

3. 高级语言

高级语言是一种独立于机器，比较接近于英语和数学公式的编程语言，被称为第三代程序设计语言。例如，要将变量 a 和 b 的值相加，其和存放于变量 c 中，用高级语言表示为 c=a+b;，与数学公式一致，用户更易理解。

高级语言并不是特指某一种具体的语言，而是包括很多种编程语言，如流行的 Java、C、C++、C#、Pascal、Python、COBOL、FORTRAN、BASIC、Ada、Delphi、LISP、Prolog 等，这些语言的语法、命令格式都不相同。

高级语言与计算机的硬件结构及指令系统无关，它具有更强的表达能力，能更好地描述各种算法，而且容易学习掌握。使用高级语言编写的程序具有较强的通用性和可移植性，从而提高了编程的效率。但高级语言编译生成的程序代码一般比用汇编语言编写的程序代码要长，执行的速度也慢。所以汇编语言适合编写一些对速度和代码长度要求高的程序及直接控制硬件的程序。

高级语言经历了从面向过程到面向对象的发展历程。

1）面向过程的程序设计语言

在面向过程的程序设计语言中，程序设计的重点在于如何高效地完成任务，需要详细描述"怎么做"，即必须明确指示计算机从任务开始到结束的每一步，程序员决定和控制计算机处理指令的顺序。常见的面向过程的高级语言有 C、FORTRAN、BASIC、Pascal 等。

2）面向对象的程序设计语言

面向对象的程序设计语言是一类以对象为基本程序结构单位的程序设计语言，而对象是程序运行时的基本成分。语言中提供了类、继承等成分，有识认性（系统中的基本构件可识认为一组可识别的离散对象）、类别性（系统具有相同数据结构与行为的所有对象可组成一类）、多态性（对象具有唯一的静态类型和多个可能的动态类型）和继承性（在基本层次关系的不同类中共享数据和操作）四个主要特点。

面向对象语言的发展有两个方向：一种是纯面向对象语言，如 Smalltalk、Eiffel 等；另一种是混合型面向对象语言，即在过程式语言及其他语言中加入类、继承等成分，如 C++、Objective-C 等。

4. 编译与解释

用高级语言编写的程序称为源代码或源程序，它不能直接被计算机识别和运行，必须将其翻译成机器能识别的二进制代码才能执行。这种"翻译"通常有两种方式：编译方式和解释方式，分别通过编译程序和解释程序完成。由此，高级语言也可分为编译型语言和解释型语言。

1）编译型语言

使用专门的编译器，针对特定的平台，将高级语言源代码一次性地编译成可被该平台硬件执行的机器码，并包装成该平台所能识别的可执行程序的格式，如 exe 格式的文件。以后需要运行时，直接使用编译结果即可，如直接运行 exe 文件。因为只需编译一次，以后运行时不需要编译，所以编译型语言执行效率高。但应用程序一旦需要修改，必须先修改源代码，并重新编译生成新的目标文件、然后包装成可执行文件。

编译型语言包括 C、C++、Delphi、Pascal、FORTRAN 等。

2）解释型语言

其执行方式类似于我们日常生活中的"同声翻译"，使用专门的解释器对源程序逐条解释成特定平台的机器码并立即执行，即读一条语句就解释一条，并执行，因此效率比较低，而且不能生成可独立执行的可执行文件，应用程序不能脱离其解释器，但这种方式比较灵活，可以动态地调整、修改应用程序。

解释型语言包括 BASIC、Python 等。

1.5 C++语言简介

1.5.1 C++的产生

C++是从 C 语言发展演变而来的，因此介绍 C++就不得不先回顾一下 C 语言。

1972 年，美国贝尔实验室的 Dennis Ritchie 在 B 语言的基础上设计出一种新的语言，取名为 C 语言。1973 年初，C 语言的主体完成。随着 C 语言的发展，很多有识之士和美国国家标准协会（American National Standards Institute, ANSI）决定成立 C 标准委员会，建立 C 语言的标准。1989 年，ANSI 发布了第一个完整的 C 语言标准，简称 C89，也就是 ANSI C。C89 在 1990 年被国际标准化组织（International Standard Organization, ISO）一字不改地采纳。后来，ISO 在 1999 年、2011 年、2017 年分别做了一些必要的修正和完善后，发布了 C99、C11、C17 标准。C17 是目前最新的 C 语言标准。

C 语言具有许多优点，如语言简洁灵活，运算符和数据结构丰富，通过指针类型可对内存直接寻址以及对硬件进行直接操作，因此既能够用于开发系统程序，也可用于开发应用软件。但 C 语言毕竟是一种面向过程的编程语言，它无法满足运用面向对象方法开发软件的需要。

为了支持面向对象的程序设计，贝尔实验室的 Bjarne Stroustrup 博士在 C 语言的基础上创建了 C++，并引入了类的机制。最初的 C++被称为"带类的 C"，1983 年被正式命名为 C++。C++的标准化工作从 1989 年开始，于 1994 年制定了 ANSI C++标准草案。以后又经过不断完善，于 1998 年推出了 C++的 ANSI/ISO 标准。通常，这个版本的 C++被认为是标准 C++，所有的主流 C++编译器都支持这个版本的 C++。

1.5.2 C++的特点

C++的特点主要体现在以下几个方面：

（1）继承了 C 语言的优点：语言简洁、紧凑，使用方便、灵活；拥有丰富的运算符；生成的目标代码质量高，程序执行效率高；可移植性好等。

（2）保持了与 C 语言的兼容：绝大多数 C 语言程序可以不经修改直接在 C++环境中运行，用 C 语言编写的众多库函数也可以用于 C++程序中。

（3）对 C 语言进行了改进：编译器更加严格，引入引用的概念，引入 const 常量和内联函数，取代宏定义等。

（4）使用 C++ 语言既可以进行面向过程的程序设计，也可以进行面向对象的程序设计，因此它也具有数据封装和隐藏、继承和多态等面向对象的特征。

1.5.3 C++ 程序从编写到运行的过程

我们平常所说的程序，是指双击后就可以直接运行的程序，这样的程序被称为可执行程序（Executable Program）。在 Windows 下，可执行程序的扩展名有 .exe 和 .com（其中 .exe 比较常见）；在类 UNIX 系统（Linux、macOS 等）下，可执行程序没有特定的扩展名，系统根据文件的头部信息来判断是否是可执行程序。

可执行程序的内部是一系列计算机指令和数据的集合，它们都是二进制形式的，CPU 可以直接识别和运行，毫无障碍。但是对于程序员来说，它们非常晦涩，难以记忆和使用。所以，程序员通常会使用某种编程语言（如 C++）来编写程序代码，称为源文件。对于 C++ 程序，源文件的扩展名是 .cpp。

C++ 代码（源文件）由固定的词汇按照固定的格式组织起来，简单直观，程序员容易识别和理解，但是对于 CPU 来说，C++ 代码就是天书，根本不认识，CPU 只认识几百个二进制形式的指令。这就需要一个工具，将 C++ 代码转换成 CPU 能够识别的二进制指令，这个工具是一个特殊的软件，叫作编译器（Compiler）。

1. 编 译

编译器能够识别代码中的词汇、句子以及各种特定的格式，并将它们转换成计算机能够识别的二进制形式，这个过程称为编译（Compile）。

C 语言的编译器有很多种，不同的平台下有不同的编译器，例如：① Windows 下常用的是微软开发的 Visual C++，它被集成在 Visual Studio 中，一般不单独使用；② Linux 下常用的是 GUN 组织开发的 GCC，很多 Linux 发行版都自带 GCC；③ Mac 下常用的是 LLVM/Clang，它被集成在 Xcode 中。

编译器可以 100% 保证代码从语法上讲是正确的，因为哪怕有一点小小的错误，编译也不能通过，编译器会告诉出错的地方，便于修改。

2. 链 接

C 语言代码经过编译以后，并没有生成最终的可执行文件（.exe 文件），而是生成了一种叫作目标文件的中间文件。目标文件也是二进制形式的，它和可执行文件的格式是一样的。对于 Visual C++，目标文件的后缀是 .obj；对于 GCC，目标文件的后缀是 .o。

目标文件经过链接（Link）以后才能变成可执行文件。既然目标文件和可执行文件的格式是一样的，为什么还要再链接一次呢，直接作为可执行文件不行吗？不行。因为编译只是将我们自己写的代码变成了二进制形式，它还需要和系统组件（如标准库、动态链接库等）结合起来，这些组件都是程序运行所必需的。

链接其实就是一个"打包"的过程，它将所有二进制形式的目标文件和系统组件组合成一个可执行文件。完成链接的过程也需要一个特殊的软件，叫作链接器（Linker）。

随着学习的深入，编写的代码越来越多，最终需要将它们分散到多个源文件中，编译器每次只能编译一个源文件，生成一个目标文件。有多少个源文件就需要编译多少次，就会生成多少个目标文件。这时候，链接器除了将目标文件和系统组件组合起来，还需要将编译器生成的多个目标文件组合起来。

综上所述，不管编写的代码多么简单，都必须经过"编译→链接"的过程才能生成可执行文件。编译就是将编写的源代码"翻译"成计算机可以识别的二进制格式，它们以目标文件的形式存在；链接就是一个"打包"的过程，它将所有的目标文件以及系统组件组合成一个可执行文件。这一过程如图 1-13 所示，通常，简单的程序只包含一个源文件。

如果不是特别强调，一般情况下我们所说的编译器实际上也包括链接器。

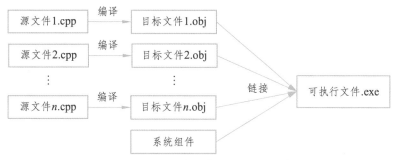

图 1-13　C++程序从编写到运行的过程

1.6　计算机算法概述

1.6.1　计算机解决问题的步骤

利用计算机程序解决问题的基本过程分为六步，分别是：

1. 分析问题

通过收集原始资料，清晰理解要解决的问题，从而确定解决问题的目标以及实现该目标所需要的条件。

2. 规划数据结构和设计算法

一个数据结构就是一类数据的表示及其相关操作的集合。规划数据结构就是规划如何表示和存储该问题的数据。计算机算法则是利用计算机求解问题的方法和步骤。合理的数据结构往往可以简化算法，而好的算法又可以使程序具有更高的效率。

3. 验证算法

采用多组样本数据，通过手工计算，对算法的正确性进行验证，看算法是否能得到预期的结果。

4. 编写程序

选择一种程序设计语言（如 C++），将前面设计的算法转换成程序。

5. 测试程序

将前一步完成的程序经过编译、链接后，会生成一个可执行程序。执行该程序，输入样本数据、运行程序，检查程序的运行结果与预期结果是否相符。若相符，可再选择几组具有代表性的样本数据，进一步测试程序的正确性。若不相符，说明程序中存在逻辑错误，则需进入第 6 步。

注：若编译无法通过，说明程序中有语法错误，用户可以通过编译器的报错提示信息来修改，一般都比较容易被找到和改正。

语法错误是指由于违反了编程语言的语句形式或使用规则而产生的错误，如遗漏了某些必需的标点符号、分支语句或循环语句不完整或不匹配等。

逻辑错误是指用户编写的程序已经没有语法错误，可以运行，但得不到正确的运行结果，也就是说程序并没有按照程序设计者的思路来运行。比如：程序功能是求两个数的和，应该写成 z=x+y; 但却不小心写成了 z=x-y;，这就是逻辑错误。

6. 调试程序

根据程序的错误运行结果，分析程序中可能存在逻辑错误的位置，并加以改正。简单的程序，可通过人工阅读、分析程序，在程序中输出某些变量的值等方式来定位和改正错误。稍复杂的程序，可借助于开发环境所提供的调试器来进行调试，直到得到正确的运行结果为止。

1.6.2　计算机算法的基本概念

计算机算法是指利用计算机按照一定的方法和步骤解决问题的过程，简称为算法。算法具有以下 5 个重要特征：

（1）有效性：算法的每一个步骤都能够被计算机理解和执行，而不是抽象和模糊的概念。

（2）有穷性：一个算法必须在执行有限步骤后结束。

（3）确定性：算法的每一个步骤都必须有确切的含义，不能有任何歧义。

（4）输入：一个算法有 0 个、1 个或多个输入。

（5）输出：一个算法至少有 1 个输出，也可以有多个输出。

所以，算法能够对一定规范的输入，在有限时间内获得所要求的输出。

一个算法的优劣可以用空间复杂度（占用内存空间的多少）与时间复杂度（运行时间的长短）来衡量。同一个问题，往往可以采用不同的算法来解决，但某些算法的效率更高。

1.6.3　算法的 3 种基本结构

计算机科学家们为结构化的程序定义了 3 种基本结构：顺序结构、选择结构（分支结构）和循环结构。

1. 顺序结构

顺序结构是一种最简单、最基本的结构，如图 1-14 所示。其中 a 点表示入口，b 点表示出口，A 和 B 代表算法的步骤（可以是程序的一条语句或多条语句），顺序结构按照顺序从上到下依次执行 A 和 B。

例如，要计算正方形的周长和面积，只需要依次执行"输入边长、按公式计算周长和面积、输出周长和面积"就可以实现。

2. 选择结构

有些问题只用顺序结构是无法解决的。例如，某售票程序规定：身高 1.3 m 以下免票，1.3 m 及以上全票，即要根据身高来决定是否需要购票。这就需要用到选择结构，也称为分支结构，如图 1-15 所示。从 a 点进入选择结构后，首先对条件 P 进行判断，若 P 成立，则执行 A；若 P 不成立，则执行 B[称为两路分支，见图 1-15（a）]或不执行任何操作[称为一路分支，见图 1-15（b）]，最后，从 b 点脱离该结构。

图 1-14　顺序结构

3. 循环结构

当我们需要反复执行某一操作时，则需要用到循环结构。循环结构的特点是：在给定条件成立时，反复执行某些步骤，直到条件不成立为止。给定的条件称为循环条件，反复执行的步骤称为循环体。有两类循环结构：当型循环和直到型循环，如图 1-16 所示。

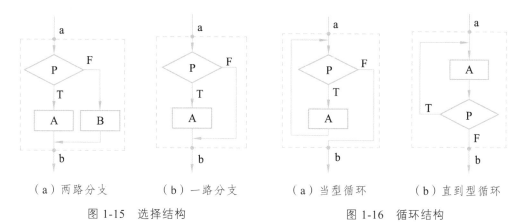

（a）两路分支　　（b）一路分支　　（a）当型循环　　（b）直到型循环
图 1-15　选择结构　　　　　　　图 1-16　循环结构

当型循环：进入循环结构后，先判断循环条件 P 是否成立，当 P 成立时执行循环体 A，执行完 A 再判断 P 是否成立，若仍然成立则继续执行 A，如此反复，当 P 不成立时循环结束。

直到型循环：进入循环结构后，先执行循环体 A，再判断循环条件 P 是否成立，若成立则继续执行 A，如此反复，直到条件不成立时才结束循环。

因为当型循环是先判断循环条件再执行循环体，所以它的循环体有可能一次都不执行；而直到型循环的循环体至少会执行一次。

课堂测试：算法的3种基本结构

分析上面的两种循环结构，可以发现：① 结构内一定不存在死循环（即无限制地循环）；② 两种循环结构是可以互相转换的，即凡是可以使用当型循环解决的问题，也可以使用直到型循环解决，反之亦然。

综上所述，3 种基本结构的共同点是：① 只有一个入口（图中的 a 点），只有一个出口（图中的 b 点）；② 结构内的每一部分都有机会被执行。一个算法无论多么复杂，都可以分解成由顺序、选择、循环 3 种基本结构组合而成，在基本结构之间不存在向前或向后的跳转，流程的转移只存在于一个基本结构范围之内。由这三种基本结构组成的程序称为结构化程序。

1.6.4　算法的表示

表示算法的方法有很多，常见的有自然语言、传统流程图、N-S 流程图、伪代码等。

1. 自然语言表示法

【例 1.9】用自然语言表示求解 5! 的算法。

问题分析：

5!=$1 \times 2 \times 3 \times 4 \times 5$，我们可以先算出 1×2 的结果，然后将该结果乘以 3，再依次乘以 4、乘以 5，得到最终结果。

自然语言表示的算法：

步骤 1：先求 1×2，得到结果 2。

步骤 2：将上一步的结果 2 乘以 3，得到结果 6。

步骤 3：将上一步的结果 6 乘以 4，得 24。

步骤 4：将上一步的结果 24 乘以 5，得 120。

步骤 5：输出结果 120。

延展学习：

通过分析上面的步骤 1～步骤 4，我们可以发现：每一步都是在重复地做一件事"将上一步的结果乘以一个数"，而且"这个数"每经过一步就会增加 1，可以用一个变量 i 来表示；再用另一个变量 t 来表示上一步的运行结果。由此，我们可以写出求 n! 的算法。

步骤 1：输入 n 的值；

步骤 2：给 t 赋初值为 1；

步骤 3：给 i 赋初值为 1；

步骤 4：计算 $t \times i$，并将结果赋值给 t；

步骤 5：计算 i+1，并将结果赋值给 i；

步骤 6：如果 i≤n 成立，则继续执行步骤 4 和步骤 5，否则执行步骤 7；

步骤 7：输出 t（即最终结果），计算结束。

使用自然语言描述算法，优点是通俗易懂，缺点是文字叙述往往冗长，且不够严谨，容易出现歧义。

2. 传统流程图表示法

以特定的图形符号加上说明表示算法的图，称为流程图（也称传统流程图）。美国国家标准协会（ANSI）规定了一些常用的流程图符号，为世界各国程序员普遍采用，如图 1-17 所示。

起止框　　输入输出框　　判断框　　处理框　　流程线　　连接点　　注释框

图 1-17　流程图符号

【例 1.10】用传统流程图表示求解 n!的算法。

其流程图如图 1-18 所示。

【例 1.11】某售票程序规定：全票价格为 100 元，身高<1.2 m，免票；1.2 m≤身高<1.5 m，半票；身高≥1.5 m，全票。输入身高，输出票价。请用传统流程图表示该算法。

问题分析：

本题需要根据身高的范围来确定票价，需要用到选择结构。当身高≥1.2 m 时，还需根据另一个条件（身高<1.5 m）是否成立来确定是半票还是全票，因此需要在第一个选择结构的其中一个分支下再包含一个选择结构，称为嵌套的选择结构。

传统流程图：

用 h 表示身高，p 表示票价，流程图如图 1-19 所示。

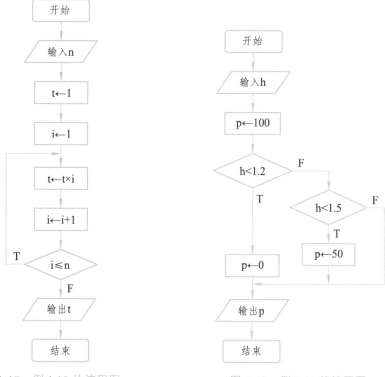

图 1-18　例 1.10 的流程图　　　　　图 1-19　例 1.11 的流程图

传统流程图的优点是直观形象，易于理解。但它也有一个明显的缺点：对流程线的使用没有严格限制，使用者可以使流程随意地转来转去，使流程图变得毫无规律，阅读者要花很大精力去追踪流程，算法的逻辑令人难以理解。

3. N-S 流程图表示法

1973 年，美国学者 I. Nassi 和 B. Shneiderman 提出了一种新的流程图形式，称为 N-S 流程图。在这种流程图中，完全去掉了带箭头的流程线，全部算法写在一个矩形框内，在该框内还可以包含其他从属于它的框，即可由一些基本的框组成一个大的框。N-S 流程图的基本结构如图 1-20 所示。

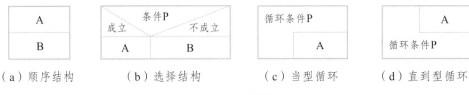

（a）顺序结构　　　（b）选择结构　　　（c）当型循环　　　（d）直到型循环

图 1-20　N-S 流程图

【例 1.12】用 N-S 流程图表示求解 n!的算法。

其流程图如图 1-21 所示。

【例 1.13】用 N-S 流程图表示"例 1.3 中的售票程序"的算法。

其流程图如图 1-22 所示。

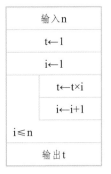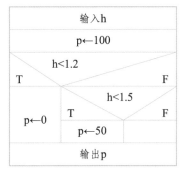

图 1-21　例 1.12 的流程图　　　　图 1-22　例 1.13 的流程图

N-S 流程图的优点：比文字描述更直观形象，容易理解；比传统流程图紧凑易画，尤其是它废除了流程线，整个算法结构是由各个基本结构按顺序组成的。N-S 流程图中的上下顺序就是执行时的顺序，也就是图中位置在上面的先执行，位置在下面的后执行。

4. 伪代码表示法

伪代码是用介于自然语言与编程语言之间的文字和符号来描述算法。自上而下地书写，每一行（或几行）表示一个基本操作。因此书写方便，格式紧凑，可读性好，也便于向高级语言过渡。其缺点是：不如流程图直观。

【例 1.14】用伪代码表示求解 n!的算法。

伪代码如下：

```
input n
t ←1
i ←1
while i≤n do
    t ← t*i
    i ← i+1
end
output t
```

习题与答案解析

一、单项选择题

1. 关于进位计数制的三个基本要素，以下错误的是（　　　）。

　　A. 基数　　　　　　B. 尾数　　　　　　C. 数位　　　　　　D. 位权

2. 二进制转换成十六进制时，以小数点为分界线，（　　　）位二进制数组成一位十六进制数。

　　A. 2　　　　　　　B. 3　　　　　　　C. 4　　　　　　　D. 5

3. 以下哪种进制转换可以采用"按位权展开并相加"的方法（　　　）。

　　A. 八进制转换成十进制　　　　　　B. 十进制转换成八进制

　　C. 八进制转换成二进制　　　　　　D. 二进制转换成八进制

4. 以下哪个数据所代表的数值最大（　　　）。

　　A. $(4E)_{16}$　　　　B. $(115)_8$　　　　C. $(1001111)_2$　　　D. $(76)_{10}$

5. n 位二进制可表示（　　　）种信息。

　　A. n　　　　　　　B. $2n$　　　　　　　C. 2^n　　　　　　D. n^2

6. 计算机进行数据处理的基本单位是（　　　）。

　　A. 位　　　　　　　B. 字节　　　　　　C. 字　　　　　　　D. 字长

7. 计算机进行数据处理的最小单位是（　　　）。

　　A. 位　　　　　　　B. 字节　　　　　　C. 字　　　　　　　D. 字长

8. 机器数规定，（　　　）为符号位，其余各位为数值位。符号位为（　　　）表示该数为负数。

　　A. 最低位　　　　　B. 最高位　　　　　C. 0　　　　　　　　D. 1

9. 带符号数据的表示方法中，实际数值也称为（　　　）。

　　A. 原码　　　　　　B. 反码　　　　　　C. 补码　　　　　　D. 真值

10. 定点数就是约定（　　　）在某一固定位置上的数据格式。

　　A. 浮点　　　　　　B. 定点　　　　　　C. 小数点　　　　　D. 整数

11. 浮点数表示法 $N=M \times R^E$ 中，M 被称为该数的（　　　）。

　　A. 尾数　　　　　　B. 阶码　　　　　　C. 基数　　　　　　D. 整数

12. ASCII 码用于对英文字母、阿拉伯数字、运算符号及一些控制字符进行编码，一个字符的 ASCII 码占（　　　）字节。

    A. 1   B. 2   C. 7   D. 8

13. 已知字符 A 的 ASCII 码是 65，那么字符 D 的 ASCII 码是（　　　）。

    A. 67   B. 68   C. 99   D. 100

14. 已知字符 A 的 ASCII 码是 65，那么字符 b 的 ASCII 码是（　　　）。

    A. 66   B. 67   C. 97   D. 98

15. 按冯·诺伊曼思想，计算机应包括（　　　）以及输入设备、输出设备。

    A. 运算器、存储器、操作器   B. 加法器、存储器、操作器
    C. 存储器、控制器、加法器   D. 运算器、存储器、控制器

16. 按冯·诺伊曼思想，计算机内部应采用（　　　）来表示指令和数据。

    A. 二进制   B. 八进制   C. 十进制   D. 十六进制

17. 按冯·诺伊曼思想，程序和数据存放在（　　　）中，计算机一经启动，应在不需要人工干预的情况下，自动逐条读取指令和执行任务。

    A. 控制器   B. 运算器   C. 存储器   D. 寄存器

18. 主存储器是以（　　　）为管理单位组织起来的。

    A. 扇区   B. 存储单元   C. 位   D. 存储块

19. 构成主存储器的每个存储单元都有一个唯一的编号，称为（　　　）。

    A. 索引   B. 指示器   C. 地址   D. 编址

20. 计算机工作时，程序运行的中间结果存放在（　　　）中。

    A. CPU   B. 内存   C. 外存   D. 内存或外存

21. 内存用于存储正在运行的（　　　）。

    A. 程序   B. 数据   C. 文件   D. 程序与数据

22. （　　　）用于存储暂不执行的程序或暂不被处理的数据。

    A. CPU   B. 内存   C. 外存   D. 内存或外存

23. 为完成某个特定任务的若干指令的有序集合，称为（　　　）。

    A. 指令系统   B. 指令集合   C. 程序   D. 操作码

24. （　　　）是用二进制代码表示的、计算机能直接识别和执行的一种指令的集合。

    A. 机器语言   B. 汇编语言   C. 高级语言   D. 自然语言

25. 用高级语言编写的程序称为（　　　），它不能直接被计算机识别和运行，必须将其翻译成机器能识别的二进制代码才能执行。

    A. 源代码   B. 目标代码   C. 编译程序   D. 可执行程序

26. C++源程序文件的扩展名为（　　　）。

    A. .cpp   B. .obj   C. .c   D. .exe

27. C++目标文件的扩展名为（　　　）。

    A. .cpp   B. .obj   C. .c   D. .exe

28. 计算机程序的三种基本结构，不包括（　　　）。

    A. 顺序结构   B. 选择结构   C. 循环结构   D. 跳转结构

29. 先执行循环体，再判断循环条件的结构是（　　　　）。

    A. 顺序结构　　　　B. 选择结构　　　　C. 当型循环　　　　D. 直到型循环

30.（　　　　）结构中，循环体有可能一次都不执行。

    A. 顺序　　　　B. 选择　　　　C. 当型循环　　　　D. 直到型循环

二、判断题

1. 587 是一个八进制数。 （　　　）

2. 将八进制整数转换成十进制整数的方法是除以基数倒取余数法。 （　　　）

3. 十进制整数转换成二进制整数的方法是按位权展开并相加。 （　　　）

4. CPU 可以直接读取硬盘上的数据。 （　　　）

5. C++是一种编译型语言，C++程序需经过编译、链接后才能被计算机执行。

                                                      （　　　）

6. C++源代码经过编译后，得到二进制形式的目标文件，该文件可直接被计算机执行。 （　　　）

7. 编译器可帮我们检查出程序中所有的语法错误。 （　　　）

8. 计算机算法就是利用计算机求解问题的方法和步骤。 （　　　）

9. 在选择结构中，特殊情况下，有可能一次执行两个分支。 （　　　）

10. 在当型循环中，循环体有可能一次都不执行。 （　　　）

11. 用直到型循环能解决的问题，也一定可以用当型循环来解决。 （　　　）

12. 根据需要，在程序中可以存在死循环。 （　　　）

13. 特殊情况下，一个算法可以没有输出。 （　　　）

14. 一个算法必须有输入。 （　　　）

15. 一个算法必须在执行有限步骤后结束。 （　　　）

三、画出下列问题的 N-S 流程图

1. 某商品的售价见表 1-5。请编写一个程序，输入购买数量，输出单价和总价。

第 1 章
答案解析

表 1-5　某商品的售价

购买数量/个	单价/元
1～49	24
50～99	22
100 及以上	20

2. 从键盘输入 3 个数，求出它们中的最大值，并输出。

3. 求 1!+2!+3!+4!+…+n!，输出计算结果。

4. 根据公式 $e=1+\dfrac{1}{1!}+\dfrac{1}{2!}+\dfrac{1}{3!}+\cdots+\dfrac{1}{n!}+\cdots$ 估算自然常数 e 的值，当通项 $\dfrac{1}{n!}<10^{-7}$ 时停止计算。

学 生 作 业 报 告

专业 _____ 班级 _____ 学号 _____ 姓名 _____

本章从一个简单的 C++程序开始，帮助读者逐步熟悉 C++语言的基础知识，具体内容如下：

（1）C++程序框架；

（2）C++基本词法；

（3）基本数据类型、常量与变量；

（4）运算符与表达式；

（5）类型转换；

（6）输入、输出格式控制。

2.1　C++程序框架

初学者由于缺乏足够的语言知识和编程经验，对于很简单的问题往往也会感到无所适从，不知如何下手编程，建议读者从学习 C++语言开始就尝试编写程序，可以从模仿教材中的程序开始，再尝试着改写它，循序渐进，直到能独立编写出复杂的程序。

为了让读者对 C++程序有一个感性的认识，在系统学习 C++的基本语法之前，先介绍一个简单的 C++程序（程序源代码前的行号不属于程序代码）。

【例 2.1】在屏幕上输出简单字符。

编程实现：

```
1    //在屏幕上输出"Hello, C++!"
2    #include <iostream>
3    using namespace std;
4    int main( )
5    {
6        cout<<"Hello, C++!"<<endl;
                     //在屏幕上输出双引号中的所有字符
7        return 0;
8    }
```

运行结果如图 2-1 所示。

图 2-1　运行结果

1. 注释

（1）例 2.1 中的第 1 行是注释信息，注释是用来向用户提示或解释某些代码的作用和功能，目的是提高程序的可读性。编译器在执行代码时会忽略注释信息，对其不做任何处理。

（2）C++支持两种类型的注释，分别是单行注释和多行注释，见表 2-1。

表 2-1　注　释

类　型	说　明
单行注释	以//开始、以换行符结束的注释。注释语句为一行
多行注释	以/*开始、以*/结束的语句块注释。注释语句可以为一行或多行。不可嵌套使用

（3）注释可以出现在代码中的任何位置，通常将位于源程序前、说明程序功能的注释称为序言注释，如例 2.1 的第 1 行。将其他部分的注释称为解释性注释，如第 6 行。

（4）添加注释除了可以提高程序的可读性，还可以帮助调试程序。例如将疑似错误的语句设置为注释，以缩小调试范围。

2. 预编译

（1）例 2.1 中的第 2 行是预编译命令。预编译（又称编译预处理）是 C++语言的一个重要功能，如用#include 实现"文件包含"的预处理操作，作用是告诉编译系统在编译本程序之前，首先将指定的头文件（如 iostream.h）的全部内容包含到本程序中。

（2）头文件是系统提供的能实现某些特定功能的文件，例如：

```
#include <iostream>   /*头文件 iostream.h 包含处理标准输入输出操作
                        所需的指令集*/
#include <cmath>      //头文件 cmath.h 包含内置数学函数的函数定义指令集
```

头文件的书写形式见表 2-2。

表 2-2　头文件的常见形式

常见形式	区　别	作　用
#include <iostream>	使用尖括号<>	在系统目录中检索该文件。常用于系统头文件
#include "mytest.h"	使用双引号""	依次在默认用户路径、系统目录中检索该文件
#include "D:\test\mytest.h"	使用""、含路径	在指定路径中检索该文件

注：① 预编译命令以"#"开头，结束时不能加分号。
　　② C++程序一般至少包含一条预编译命令，大多数包含多条。
　　③ 一行只能写一条预编译命令（过长时使用续行标志"\"续写在下一行）。

（3）第 3 行 using namespace std; 称为 using 命令。作用是告诉编译器标准 C++关键字的定义位于名为 std 的命名空间中。std 包含很多类和对象，其中 cout、cin、endl 等都位于该命名空间中。using 命令必须以分号结束。按 C++标准，预编译命令使用不加扩展名的头文件及 using 命令。

3. 主函数

C++程序由一个或多个函数组成，函数是完成某项功能或任务的代码块，是 C++ 最小的功能单位。

（1）C++程序中的函数可分为主函数、标准库函数和用户函数。

（2）主函数即 main( )函数。每个 C++程序必须有且只能有一个主函数。

（3）主函数代表了程序执行的起始点和终止点，即程序总是从主函数的第一条语句开始执行，并结束于主函数的最后一条语句。

（4）主函数的格式：

```
int main(void )
{
    函数体
    return 0;
}
```
C++的标准写法

```
void main( )
{
    函数体
}
```

注：int main(void)格式是 C++的标准写法，允许省略 void，但( )必须有。例 2.1 中的第 4、5、7、8 行即主函数的框架。void main( )格式适用于传统 C 语言。

4. 输入输出流

C++语言的开发者认为数据输入和输出的过程也是数据传输的过程，数据像水一样从一个地方流动到另一个地方，所以 C++中将此过程称为"流"。

（1）iostream 是输入输出流，C++程序通过流执行标准的输入和输出操作，实现与用户的交互。

（2）cout 是标准输出流，可以实现从程序中输出一连串的数据流到标准输出设备（显示器）。

① 格式：

```
cout<<"字符串";  //功能：输出双引号中的内容，可使用中、英文字符
```
② 格式：

```
cout<<endl;    /* endl 是 end of line 的缩写，功能为换行，即后面
                  的数据从下一行的开头输出*/
```
例 2.1 第 6 行：

```
cout<<"Hello, C++!"<<endl;    //在屏幕上显示: Hello, C++!
```
例：

```
cout<<"我开始了C++之旅! "<<endl;    //在屏幕上显示: 我开始了C++之旅!
```

练习：参照附录中的 Visual Studio 安装及操作步骤，尝试编写你的第一个 C++程序。再尝试修改 cout 语句中双引号括起的字符，观察运行结果。

（3）cin 是标准输入流，可以实现从标准输入设备（键盘）输入数据到内存变量中。

格式：

```
cin>>a;        //功能：从键盘输入数据，并将数据存放在名为 a 的变量中
```

变量可以先理解为在内存中开辟的存储空间，用于存放数据，在 2.4.2 节中将详细介绍。

更多的输入输出流操作将在 2.7 节详细介绍。

5. 程序运行结束标志

当程序运行后，出现"请按任意键继续…"或"Press any key to continue…"的系统提示信息，表示该程序正常运行结束。若没有出现该系统提示信息，则说明程序没有正常结束，比如出现了死循环。

6. C++程序框架

格式：

```
[注释程序目标]
#include  directives
using namespace std;
int main(void)
{
  [声明变量]
  [输入语句]
  [计算语句]
  [输出语句]
  return 0;
}
```

【例 2.2】求从键盘输入的两个数之和。

```
//求从键盘输入的两个数之和
#include <iostream>
using namespace std;
int main(void)
{
    double a,b,c;
    cout<<"请输入 a,b :";
    cin>>a>>b;
    c=a+b;
    cout<<"a+b="<<c<<endl;
    return 0;
}
```

内存变化如图 2-2 所示。

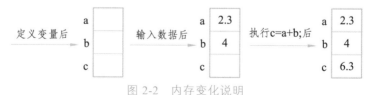

图 2-2　内存变化说明

032

运行结果如图 2-3 所示。

图 2-3　运行结果

各行代码的含义：

```
double a,b,c;        //定义三个浮点型变量 a、b、c（浮点型变量允许存放小数）
cout<<"请输入 a,b :";        /*输出提示用户从键盘输入数据的信息,双引号中的
                            字符照原样输出*/
cin>>a>>b;/*从键盘输入两个数,分别存放在变量 a、b 中
            例：从键盘依次输入：2.3、空格键、4、回车键*/
c=a+b;        /*计算 a+b 的值,存放在变量 c 中
            例：c=2.3+4,计算 2.3+4 得 6.3,将 6.3 存放在变量 c 中*/
cout<<"a+b="<<c<<endl;    /*输出 a+b=6.3。双引号中的字符照原样输出,
            输出变量 c 中的数值*/
```

注：C++的语句以分号作为结束标记，使用缩进格式书写利于阅读。除注释信息、输出的双引号中的字符串可以包含中文字符外，程序中其余代码必须使用英文字符。

练习：现在可以在 Visual Studio 环境中尝试运行例 2.2，感受从键盘输入数据、在屏幕上输出数据的过程；尝试去掉 endl、添加 endl，观察运行结果；再尝试漏写分号、使用中文分号等，观察编译失败时系统的错误提示信息。

程序设计的学习就是从模仿开始，在成功完成本节两个程序的编辑、编译、运行后，你便迈出了程序设计的第一步。多阅读程序、多编写程序、多调试程序，可以快速提高你的编程能力。

接下来会详细介绍常量、变量、表达式等基本语法知识，以及相关的经典问题。

2.2　C++基本词法

2.2.1　字符集

C++语言系统中允许使用的字符称为 C++的字符集。C++程序中除了注释信息、字符串的内容中可以出现汉字或其他字符，其余所有内容必须由 C++字符集中的字符组成。C++的字符集见表 2-3。

表 2-3　C++的字符集

26个字母的大写形式	A B C D E F G H I J K L M N O P Q R S T U V W X Y Z
26个字母的小写形式	a b c d e f g h i j k l m n o p q r s t u v w x y z
数字字符	0 1 2 3 4 5 6 7 8 9
特殊字符	空格 ! # % ^ & * _（下划线） + = — ～ <> / \ ' " ; . , （ ） [ ]　　{ }

2.2.2　常用词法符号

每种程序设计语言都有自己的一套词法符号，词法符号是由若干字符组成的具有一定意义的最小词法单元。组成词法符号的字符必须是字符集中的合法字符。

1. 标识符

（1）标识符是用来标识变量、函数、数组或任何其他用户自定义对象的名称。

（2）标识符的命名规则如下：

① 标识符是由字母（A～Z 和 a～z）、数字和下划线组成，而且第一个字符不能是数字。

② 标识符不能和 C++的关键字相同（见表 2-4）。

③ 标识符中的字母严格区分大小写，如 sum、Sum、SUM 表示不同的标识符。

④ 长度一般不超过 250 个字符。

2. 关键字

关键字是系统预先定义的、具有特定含义的单词，又称为系统保留字。程序中不允许用户重新定义关键字，即关键字不能作为常量名、变量名或其他标识符名称。标准 C++中预定义的关键字见表 2-4。

表 2-4　C++的关键字

asm	const_cast	explicit	inline	public	struct	typename
auto	continue	export	int	register	switch	union
bool	default	extern	long	reinterpret_cast	template	unsigned
break	delete	false	mutable	return	this	using
case	do	float	namespace	short	throw	virtual
catch	double	for	new	signed	true	void
char	dynamic_cast	friend	operator	sizeof	try	volatile
class	else	goto	private	static	typedef	wchar_t
const	enum	if	protected	static_cast	typeid	while

3. 运算符

运算符（如+、-、*、/等）是系统预定义的用于实现各种运算的符号，这些符号作用于被操作的对象，将获得一个结果值。这部分内容在后续章节将详细介绍。

4. 分隔符

分隔符又称为标点符号，用于分隔单词和程序正文。C++常用分隔符有：

（1）分号：语句结束符。C++的语句必须以分号结束，它表明一个逻辑实体的结束。

（2）空白符：包括空格、制表符（Tab 键产生的字符）、换行符（Enter 键产生的字符）。空白符常用来作为多个单词间的分隔符，也可以作为输入数据时自然输入项的缺省分隔符。

（3）逗号：变量说明时用于分隔多个变量。

（4）冒号：用作语句标号等。

（5）{ }：用来区分一组相对独立和完整的语句体。

5. 注释符

注释符分为单行注释和多行注释，详见 2.1 节。

2.3 数据类型

日常生活中，信息的表现形式多种多样，如学生的学号是整数、学生的成绩可能含小数、学生的姓名是字符串等。在用计算机解决问题时，首先需要将这些信息存放到内存中。为了有效地组织数据，系统把数据按不同的存储格式进行存储。数据在内存中的存储格式称为数据类型。不同类型的数据占据不同长度的存储单元，对应不同的取值范围、操作和规则。

C++提供了种类丰富的数据类型，通常可分为基本数据类型和非基本数据类型。

基本数据类型是 C++内部预先定义的数据类型，也称为内置数据类型，包括整型（int）、单精度实型（float）、双精度实型（double）、字符型（char）、布尔型（bool），以及传统 C 保留的短整型（short int）、长整型（long int）、长双精度型（long double）等。

非基本数据类型是指根据 C++语法规则由基本数据类型构造出来的类型，如数组、指针、引用、类、结构、联合、枚举等。

本章重点介绍常用的基本数据类型，常用的非基本数据类型将在后续章节介绍。

计算机的内存是以字节（Byte）为单位组织的，对于各种数据类型在内存中占用的字节数，不同的编译系统确定的长度不同。

表 2-5 以 Visual Studio 2010 为例，列出了 C++基本数据类型占用的内存字节数以及取值范围。

整型和字符型可以有符号（即有正"+"、负"-"之分），也可以无符号。在有符号类型中，字节最高位（即最左边的位）是符号位（符号位为 1 的数据被解释成负数，符号位为 0 的数据被解释为正数），余下的各位代表数值。在无符号类型中，所有的位都表示数值，详细见 1.1.4 节。

表 2-5　基本数据类型

内存单元 可存储的数据		分类符	数据类型	占用 字节数	取值范围
整型	短整型	int	short [int]	2	$-32\,768 \sim +32\,767$
	整型（默认）		int	4	$-2\,147\,483\,648 \sim +2\,147\,483\,647$
	长整型		long [int]	4	$-2\,147\,483\,648 \sim +2\,147\,483\,647$
	超长整型		long long [int]	8	$-9\,223\,372\,036\,854\,775\,808 \sim$ $+9\,223\,372\,036\,854\,775\,807$
	无符号短整型		unsigned short [int]	2	$0 \sim 65\,535$
	无符号整型		unsigned [int]	4	$0 \sim 4\,294\,967\,295$
	无符号长整型		unsigned long [int]	4	$0 \sim 4\,294\,967\,295$
	无符号超长整型		unsigned long long [int]	8	$0 \sim 18\,446\,744\,073\,709\,551\,615$
实型	单精度型	float	float	4	负数：$-3.4 \times 10^{38} \sim -3.4 \times 10^{-38}$ 正数：$3.4 \times 10^{-38} \sim 3.4 \times 10^{38}$
	双精度型（默认）	double	double	8	负数：$-1.7 \times 10^{308} \sim -1.7 \times 10^{-308}$ 正数：$1.7 \times 10^{-308} \sim 1.7 \times 10^{308}$
	长双精度型		long double	10	负数：$-1.1 \times ^{4932} \sim -3.4 \times 10^{-4932}$ 正数：$3.4 \times 10^{-4932} \sim 1.1 \times 10^{4932}$
字符型		char	char	1	$-128 \sim +127$
			unsigned char	1	$0 \sim 255$
布尔型		bool	bool	1	true，false

注：表格中[ ]中的内容可以省略，例如 short int 与 short 等价。

【例 2.3】使用 sizeof()运算符观察不同数据类型的数据占用内存单元的字节数。

问题分析：

sizeof()运算符的功能是返回一个变量或数据类型占用内存空间的字节数。

编程实现：

```cpp
// 输出常用基本数据类型的数据占用内存的字节数
#include <iostream>
using namespace std;
int main( )
{
    cout<<"char 类型占用内存单元是："<<sizeof(char)<<endl;
    cout<<"bool 类型占用内存单元是："<<sizeof(bool)<<endl;
    cout<<"int 类型占用内存单元是："<<sizeof(int)<<endl;
    cout<<"long 类型占用内存单元是："<<sizeof(long)<<endl;
```

```
cout<<"float 类型占用内存单元是: "<<sizeof(float)<<endl;
cout<<"double 类型占用内存单元是: "<<sizeof(double)<<endl;
return 0;
}
```
运行结果如图 2-4 所示。

图 2-4 运行结果

2.4 常量与变量

2.4.1 常 量

常量是在程序运行过程中值不会发生变化的量，可以分为字面常量和符号常量。字面常量也称为字面值或常数，直接输出或直接参与运算时不占用内存空间，如 38、-2.15、'x'、"sum"等。

1. 整型常量

（1）整型常量也称为整数，包括正整数、负整数和零。

（2）正整数前面的"+"可以省略，但负整数前面的"-"不能省略。

（3）C++中的整型常量有八进制、十进制、十六进制三种表现形式，见表 2-6。

表 2-6 整型常量

进制	可用来表示数据的数码	前缀	举例
八进制	0 1 2 3 4 5 6 7（共 8 个）	0	073
十进制	0 1 2 3 4 5 6 7 8 9（共 10 个）	无	287
十六进制	0~9，A~F（或 a~f）（共 16 个）	0x 或 0X	0x1AF

【例 2.4】整型常量的三种表现形式。

问题分析：

观察十进制、八进制、十六进制整型常量的书写形式。

编程实现：

```
// 整型常量的三种表现形式
#include <iostream>
using namespace std;
```

037

```
int main(void)
{
    cout<<100<<endl;      //十进制 100，无前缀
    cout<<0100<<endl;     //八进制 100 等价于十进制 64。前缀为 0
    cout<<0x100<<endl;    //十六进制 100 等价于十进制 256。前缀为 0x 或 0X
    return 0;
}
```

运行结果如图 2-5 所示。

（4）整数常量也可以带后缀，后缀是 U 和 L 的组合，U 表示无符号整数（unsigned），L 表示长整型整数（long）。后缀可以是大写，也可以是小写，U 和 L 的顺序任意。

例：12L 表示长整型整数 12；23U 表示无符号整数 23；30ul、30lu 表示无符号长整型整数 30。

图 2-5　运行结果

2. 实型常量

实型常量也称为实数或浮点数，是包含小数点的数。C++中的实型常量只允许使用十进制，有两种表示法。

（1）浮点表示法（也称为小数形式）：由正负号、数字和小数点组成，必须有且仅有一个小数点，小数点的前后至少一边要有数字。例如：0.0、0.126、.126、126.0、126.、-0.126 等，其中，.126、126.分别是 0.126、126.0 的简写。

（2）科学计数法（也称为指数形式）：由正负号、数字和字母 e（或 E）组成，中间不能有空格。

格式：尾数 e 或 E 指数

式中：e（或 E）是指数的标志，e（或 E）前必须有数字，e（或 E）后必须为整数。

例：3.14e7 和 2.06E-22 是合法的实数，而 E8 和 0.3e3.2 是非法的实数。

① 科学记数法一般用于表示很大或很小的实数，如普朗克常数 6.626×10^{-34}，可以表示为 6.626e-34，也可以表示为 0.6626e-33、66.26e-35。

② 系统规定：当 e 前的尾数部分的小数点左边为一位非零数时，称为"规范化的指数形式"，系统输出时均按规范化的指数形式输出。

例：12.6E6、126E5 都表示 126×10^5，规范化的指数形式为 1.26E7。

③ 在 C++中，默认的实型常量类型是 double 型。如 0.126，C++会按 double 型为其分配 8 字节的内存空间。若要表示为 float 型的实型常量，可加后缀 f 或 F，如 0.126f。

3. 字符常量

（1）普通字符常量：是指使用一对单引号括起来的单个字符，用于数字、字母、标点符号等可见字符。如：'A'、'a'、'$'、'!'、'5'、' '（空格符），而'AB'是非法的。字符常量在内存中占用一个字节的存储空间。

（2）转义字符常量：对于回车符、退格符等控制字符，不能在屏幕上显示，只能用转义字符来表示。转义字符由一个反斜杠"\"加上一个或多个字符组成，它把反斜

杠后面的字符转换成别的意义。例如：'\n'代表"换行"符。虽然转义字符形式上是由多个字符组成，但它是字符常量，只代表一个字符，占用一个字节的存储空间。表 2-7 中列出了 C++中常用的转义字符。

表 2-7　常用转义字符

转义字符	功　能	转义字符	功　能
\a	响铃	\v	垂直制表
\b	退格，将当前位置移到前一列	\'	单引号（因单引号是字符类型的开头和结尾）
\f	换页，将当前位置移到下一页开头	\"	双引号（因双引号是字符串的开头和结尾）
\n	换行，将当前位置移到下一行开头	\\	反斜杠（因反斜杠是转义字符的开头）
\r	回车，将当前位置移到本行开头	\nnn	1～3 位八进制数所代表的任意字符
\t	水平制表，跳到下一个 Tab 位置	\xnn	十六进制所代表的任意字符

注：一个 Tab 是 8 个空格的长度，但是 Tab 不完全等于 8 个空格。如果前面已有 0~7 个字符，再输出\t（相当于按键盘上的 Tab 键），那么将跳到第 9 个位置；如果前面已有 8~15 个字符，再输出\t，那么将跳到第 17 个位置。也即：\t 后面的内容总是从第 9、17、25…个位置开始输出，且与\t 前面的内容保持 1~8 个空格的间隔。例如：

```
cout<<'\\'<<'\t'<<'\"'  <<  '\\'<<'\\'<<'\''<<'\n';
// 输出：\□□□□□□□"  \\'  （□表示空格，共输出 7 个空格，"输出在第 9 个位置）
cout<<'\t'<<'\"'  <<  '\102'<<'\x61'<<'\n';
/* 输出：□□□□□□□□"Ba  （□表示空格，共输出 8 个空格，"输出在第 9 个位
   置。'\102'和'\x61'分别表示八进制数 102 和十六进制数 61 所对应的字符，
   可查看附录 B 的 ASCII 码表）  */
```

注：反斜杠"\"后的单引号、双引号等必须是英文字符。

4. 字符串常量

（1）字符串常量是用双引号引起来的若干个（含 0 个）字符，如""、"B"、"23.56"、"Month"。

（2）字符串长度是指字符串中的字符个数，如"Month"的长度为 5。

（3）当使用字符数组存储字符串常量时，系统将自动在其尾部追加一个'\0'字符（其 ASCII 码为 0）作为该字符串的结束符。因此，长度为 n 的字符串常量（即含 n 个字符），在内存中占用 $n+1$ 字节的内存空间。

例：""是空字符串，由一个结束符'\0'组成，所以占用 1 字节的内存空间。

字符常量和字符串常量的区别见表 2-8。

表 2-8　字符常量与字符串常量的比较

分类	特　点	存储空间	示例	备　注
字符常量	由单引号引起的单个字符	1 字节	'A'	存储空间为 1 字节，存放字符'A'
字符串常量	由双引号引起的若干个字符（含 0 个）	（字符个数+1）字节	"A"	存储空间为 2 字节，分别存放字符'A'和'\0'

例：将字符串"love1314\t love1314\n"存入内存中，需要占多少字节的内存空间？

分析：每个普通字符占 1 字节，第 2 个 love 前有一个空格，所以普通字符占 17 字节。每个转义字符占 1 字节，即\t、\n 共占 2 字节。系统自动添加的字符串结束符\0 占 1 字节。所以共占用 20 字节。可以使用 cout<<sizeof("love1314\t love1314\n");观察结果。

5. 布尔型常量

布尔型常量的取值只有两种：true（逻辑真）、false（逻辑假）。

2.4.2 变　量

在利用计算机程序处理问题时，往往需要与用户交互，获取由用户输入的数据；在问题处理的过程中，也需要对原有的数据值进行修改或需要存储运算结果等，为此，需要引入变量来存放这些数据。所谓变量就是指在程序运行过程中值可以发生改变(可以被修改）的量。

C++规定，变量必须"先定义、后使用"。变量的定义，即给变量命名、指定数据类型以及赋初值等。

1. 变量的命名

（1）程序运行时，系统为定义的变量分配内存空间，用于存放对应类型的数据，因而变量名就是对应内存空间的名字。

（2）变量的命名必须遵循 C++的自定义标识符命名规则。命名规则见 2.2.2 节。

（3）为提高程序的可读性，应尽量采用与所要描述的对象用途接近的名称，即见名识义。

例：描述用户名的变量用 userName 表示，描述速度的变量用 speed 表示等。

（4）大小写字母代表不同的变量标识。

例：SUM、sum、Sum 分别表示三个不同的变量。

（5）为提高程序的可读性，变量命名时习惯用小写字母。

（6）几种经典的变量命名方法：

① 匈牙利命名法：以 1 个或多个小写字母（用于指出变量的数据类型）开头，之后由 1 个或多个首字母大写的单词（用于指出变量的用途）构成。例如：iUserName，i 表示变量的数据类型为 int 型。

② 帕斯卡命名法：由 1 个或多个单词构成，所有单词的首字母大写。单词用于指出变量的用途。例如：UserName。

③ 骆驼式命名法：由 1 个或多个单词构成，第一个单词的首字母小写，其余单词的首字母大写。单词用于指出变量的用途。例如：userName。

例：判断下列变量名是否正确。

sum_2	正确
3a	错误（原因：不能以数字开头）
int	错误（原因：不能使用系统关键字）

2. 变量的定义

定义一个变量，需要给出该变量的名称和数据类型。其语法格式见表2-9。

表 2-9　变量的定义格式

语　法	示　例	说　明
数据类型　变量名;	double speed;	定义了一个名为 speed 的实型变量
数据类型 变量名 1，变量名 2，…，变量名 *n*;	int i,j,k;	定义了 i、j、k 三个整型变量

一般单行定义需要解释用途的变量，加注释说明该变量的用途；不需要解释用途的变量可按类型用一条语句定义多个（如定义多个循环控制变量等）。例如：

```
int sum;    //存放累和值
```

3. 变量的初值

定义变量后，计算机会根据变量的数据类型分配相应大小的存储空间，此时变量的值是其所在内存单元被释放前存储的数据，是不确定的，称为垃圾数据。变量只有获得确定的数值后才能参与运算。变量获取初值的方法见表2-10，其中初值可以是常量、变量以及其他各类表达式等。

表 2-10　变量获取初值的方法

方　法	语　法	示　例

1. 变量的初始化(在定义变量的同时给其赋初值)	① 数据类型　变量名 = 初值;
	
	② 数据类型　变量名（初值）;
		① int max = 0;
		float grade= 0.0;
		double score= 0.0;
		char op =' ';
		bool flag = true;
		② float grade(0.0);
		double score(0.0);

2. 使用赋值运算为变量赋初值	① 数据类型　变量名;
	变量名 = 初值;
	② 数据类型　变量名 1，变量名 2，…，变量名 *n*;
	变量名 1 = 初值;
	变量名 2 = 初值;
	⋮
	变量名 *n* = 初值;
		① int num;
		num = 56*24;
		char ch;
		ch = 'A';
		
		② int a,b,c;
		a=1;
		b=3;
		c=4;

3. 使用输入语句为变量赋初值	数据类型　变量名; cin>>变量名;	int a; cin>>a;
4. 从文件中读取数据赋值给变量	参见第 10 章	

说明：

（1）在系统学习运算符和表达式之前，我们先了解一下赋值运算符=和简单的算术运算符+、-、*。

算术运算符+、-、*：功能是实现加、减、乘的算术运算。运算规则为先乘除后加减，优先级相同的情况下结合方向是自左向右（左结合性）。

赋值运算符=：功能是将=右侧的表达式的值赋值给=左侧的变量。

例如：a=1;　　//将1赋值给变量a

注：=左侧只允许是变量。=右侧可以是常量、变量、函数、表达式等。

赋值运算符的优先级低于算术运算符，结合方向是自右向左（右结合性）。

（2）给变量赋初值时，=右侧值的数据类型必须与=左侧变量的数据类型一致，否则系统会进行自动类型转换，见2.6.1节。

（3）程序员常常初始化int、float、double、char类型的变量为0、0.0、0.0、' '（空格）。

（4）变量只有获得确定的数值后才能参与运算，因此建议养成给变量初始化的好习惯。例如：

```
int a,b;        // 定义了两个整型变量a、b
cout<<a;        // 输出变量a中的值。因a中无确定的值，所以出错
a=b-1;          // 变量b中无确定的值，所以出错
```

（5）在确定变量的数据类型时，需要考虑数据溢出问题。当欲存储的数据超出该数据类型的表示范围时，会出现数据溢出现象，解决办法是定义更大存储空间的数据类型存放该数据。每种数据类型的表示范围见表2-5。例如：

```
short int a=32768;   //short int 存储数据范围是-32768～32767
cout<<a;     //输出-32768。数据超出范围的最大值时，又从最小值开始计数
int b=2147483649;    //int存储数据范围是-2147483648~2147483647
cout<<b;             //输出-2147483647
```

【例2.5】求圆的面积和周长。

问题分析：

从键盘输入一个圆的半径，计算并输出其面积和周长。

算法分析：

（1）定义三个double型变量r、area、circum；

（2）提示用户输入半径，从键盘输入半径值到r变量；

（3）计算3.14×r×r的结果存入area变量中；

（4）计算2×3.14×r的结果存入circum变量中；

（5）将area、circum的值输出到屏幕。

编程实现：

```
//求圆的面积与周长
#include <iostream>
using namespace std;
int main(void )
```

```
{
    double r, area, circum;
    cout<<"请输入半径:";
    cin>>r;
    area=3.14*r*r;
    circum=2*3.14*r;
    cout<<"面积为:"<< area <<endl;
    cout<<"周长为:"<< circum <<endl;
    return 0;
}
```

运行结果如图 2-6 所示。

图 2-6   运行结果

延展学习：

例 2.5 中两处使用到圆周率 3.14，如果需要改变圆周率的精度为 3.14159，则需要在源程序中修改两处。若程序中出现 n 次 3.14，则需要修改 n 次，很容易出现遗漏现象。为避免此类问题，建议使用符号常量 PI 代替 3.14，可以达到一改全改的效果，见 2.4.3 符号常量。

2.4.3   符号常量

符号常量是用标识符代表一个常量，对应着一个存储空间。符号常量必须先定义后使用，命名遵循 C++的标识符命名规则，习惯使用大写字母。符号常量在定义时必须进行初始化，即给该存储空间赋初值。在程序运行过程中该存储空间中的值不可改变，即只允许读取它的值，而不允许再次赋值。

符号常量定义的语法格式见表 2-11。

表 2-11   符号常量的定义格式

语 法	示 例

const 数据类型 常量名 = 初值;
数据类型 const 常量名 = 初值;
	const int PRICE = 20;
	const double PI = 3.14159;
	char const FLAG = 'Y';

注：① 建议使用符号常量，而不要使用字面常量。
    ② 符号常量的特点：含义清楚，一改全改。

043

【例 2.6】求圆的面积和周长（使用符号常量 PI 代替圆周率 π）。

编程实现：

```cpp
#include <iostream>
using namespace std;
int main(void )
{
    double r, area, circum;
    const double PI = 3.14;       // 使用符号常量 PI
    cout<<"请输入半径:";
    cin>>r;
    area=PI*r*r;
    circum=2*PI*r;
    cout<<"面积为:"<< area <<endl;
    cout<<"周长为:"<< circum <<endl;
    return 0;
}
```

2.5 基本运算符与表达式

2.5.1 运算符与表达式

1. 运算符

运算符指计算机能够对数据完成的基本操作，从功能上可以分为：算术运算符、关系运算符、逻辑运算符等；从操作数（即运算对象）的个数可以分为：单目运算符、双目运算符和三目运算符。例如：-3 中的-号需要一个操作数，即单目运算符；3+2 中的+号需要两个操作数，即双目运算符；后面将要学到的条件运算符?:是三目运算符。

2. 表达式

表达式是用于计算的式子，由运算符（如+、-、*、/等）、操作数（可以是常量、变量等）等组成。运算符指定对操作数所做的运算，一个表达式的运算结果是一个值，即表达式的值。

C++提供了丰富的运算符，根据使用的运算符类型，可把表达式分为：算术表达式、赋值表达式、关系表达式、逻辑表达式、条件表达式、逗号表达式等。

3. 运算符的优先级和结合性

（1）优先级：表示不同运算符参与运算时的先后顺序，先进行优先级高的运算，再进行优先级低的运算。单目运算符的优先级高于双目运算符。

例：* / 的优先级高于+ -；负号的优先级高于减号。

（2）结合性：当优先级相同时，按照运算符的结合方向确定运算的顺序。自左向右的顺序运算称为左结合，自右向左的顺序运算称为右结合。大多数C++运算符都是采用左结合方式。

例：1+2+3，+号是左结合；a=3;赋值号是右结合。

含有多种运算符或含有不同类型的操作数的表达式称为混合运算表达式，运算顺序除需要考虑优先级和结合性外，还要考虑参与运算的操作数是否具有相同的数据类型、是否需要进行数据类型转换。有关类型转换的知识将在2.6节介绍。

C++运算符的优先级和结合性，详见附录A。

2.5.2　算术运算符与算术表达式

基本算术运算符的功能、优先级别见表2-12，数字越小，优先级越高。

表 2-12　基本算术运算符

运　算　符	运　　　算	优先级	结合性
（ ）	改变正常优先级	2	自左向右
-	负号	3	自右向左
*、/、%	乘法、除法、求余运算	4	自左向右
+、-	加、减法	5	自左向右

1. 求余运算符 %（模运算）

（1）用于计算两个整数相除的余数，如5%3的值为2、3%5的值为3。

（2）求余运算的两个操作数必须是整型，如5%2.5为非法表达式。

（3）求余运算的结果的符号与被除数相同，如-10 % 3 的值为-1，10 % -3 的值为1。

2. 除法运算符/

（1）普通除法运算：当两个操作数中至少有一个是浮点数时，为普通的除法运算，如 1.0/2、1/2.0、1.0/2.0的结果都为 0.5。

（2）除法取整运算：当两个操作数都是整型数时，除法运算的结果取整，如 1/2的结果为 0，8/3的结果为 2。

3. 改变优先级使用 （ ）

表达式中的括号均使用（ ），不能用[ ]、{ }，如 5*3/((6-(7+5))*2)。

4. 常用运算举例

（1）取整数的某位数码（字）：

例：已知 int num=2573，则 num%10 的值为个位数字 3，num/10%10 的值为十位数字 7，num/100%10 的值为百位数字 5，num/1000%10 或 num/1000 的值为千位数字 2。

规律：num%10 得到 num 的最后一位数码。num/10 得到 num 去除最后一位数码后的数。

（2）判断一个数是否是另一个数的倍数：

num%2 的值为 0，表示 num 为偶数。

num%2 的值为 1，表示 num 为奇数。

num%5 的值为 0，表示 num 能被 5 整除、num 是 5 的倍数。

5. 易错点

算术运算常见错误见表 2-13。

表 2-13　算术运算常见错误

错误写法	正确写法	错误原因
5x	5*x	漏写乘号
(x+y)(x-y)	(x+y)*(x-y)	漏写乘号
a/2b	a/(2*b) 或 a/2b	漏写乘号、分母是表达式时注意加（）
x=3/4*y;	x=3.0/4*y; 或 x=3/4.0*y; 或 x=3.0/4.0*y;	3 和 4 均为整型，所以 3/4 的值为 0

2.5.3　赋值运算符与赋值表达式

1. 赋值运算

赋值运算的语法格式见表 2-14。

表 2-14　赋值运算

语　法	功　能	示　例

变量名 = 表达式；	将表达式的值赋值给操作符 "=" 左侧的变量	score=85.5;
		s=3.14*r*r;
		age=age+1;

（1）功能是将赋值运算符 "=" 右侧表达式的值赋值给 "=" 左侧的变量。变量每次只能存储一个值，当把新值赋给该变量后，新值会取代原有的值。例如：

```
int age=1;  age =3;  cout<<age;    //输出 3
int a=1,b=2,t;  t=a;  a=b;  b=t;
                //t=1, a=2, b=1（通过 t 变量实现了 a、b 数据交换）
int a=1,b=2;  a=a+b;  b=a-b;  a=a-b;
                        // a=2, b=1（实现了 a、b 数据交换）
```

（2）赋值运算符的优先级低于算术运算符，结合方向是自右向左（右结合性）。例如：

```
int age=1; age=age+1; cout<<age;
                //先计算 age+1 的值，再赋值给 age 变量。输出 2
```

（3）不能使用赋值运算符给常量赋值。"=" 左侧只允许是变量，不能是常量、表达式或其他。"="右侧可以是常量、变量、函数、表达式等。例如：

```
x+y=5;   6=i+1;              //均为错误语句
```

（4）表达式的值的数据类型必须和被赋值变量的数据类型匹配。不匹配时系统会进行自动类型转换，即将表达式的类型转换成要赋值变量的类型，详细规则见 2.6.1 节。例如：

```
int a; a=2.6;    //a 实际得到的值是 2（取整、舍去小数部分）
```

（5）赋值表达式也是有值的，它的值就是左侧变量的值。如果将赋值表达式的值再赋值给另外一个变量，就构成了连续赋值。例如：

```
x=y=z=3;            //正确。其赋值过程等效于 z=3;y=3;x=3;
```

注：C++允许多重赋值，但变量定义语句中不允许采用多重赋值。例：

```
int x=y=z=3;    //错误。可修改为 int x=3, y=3, z=3;
```

2. 复合赋值运算

C++提供了复合赋值运算符，即在赋值号"="前加上其他运算符。复合赋值运算符是一种缩写形式，使得程序代码更为简洁，如+=（加赋值）、-=（减赋值）、*=（乘赋值）、/=（除赋值）、%=（取余赋值）、&=（按位与赋值）、^=（按位异或赋值）、|=（按位或赋值）、<<=（按位左移赋值）、>>=（按位右移赋值）等。C++常用的复合赋值运算符见表 2-15。

表 2-15 复合赋值运算

运算符	示　例	功　能	说　明
+=	a+=3;	等价于 a=a+3;	
-=	b-=18;	等价于 b=b-18;	
*=	y*=x-8;	等价于 y=y*(x-8);	复合赋值运算符的右侧是一个整体
/=	y/=x+6;	等价于 y=y/(x+6);	复合赋值运算符的右侧是一个整体
%=	x%=5	等价于 x=x%5;	

例：已知 int x=2; 求执行 x+=x-=x*x 后 x 的值。

分析：赋值运算符具有右结合性，所以先执行 x-=x*x，等价于 x=x-x*x；则 x 得 -2。再执行 x+=x，等价于 x=x+x；则 x 得-4。

3. 自增自减运算

（1）C++提供了自增运算符（++）、自减运算符（--），作用是使变量的值增加 1、减少 1，如 i++、++i、i--、--i。

（2）自增（++）、自减（--）运算符是单目运算符，只能用于变量，不能用于常量。

（3）格式：++变量名 / --变量名　//++、--称为前置运算符，功能为"先加/减 1，后使用变量"。

变量名++ / 变量名--　//++、--称为后置运算符，功能为"先使用变量，后加/减 1"。

例：假设 i 的初始值为 1，s 的初始值为 2，分别执行表 2-16 中的语句后，变量 i、a、s 的值各为多少？

表 2-16　自增自减运算符举例

示　例	功　能	说　明	i	a	s
i++;	等价于 i=i+1;	完整的语句，自加 1，同 ++i;	2		
i--;	等价于 i=i-1;	完整的语句，自减 1，同 --i;	0		
++i;	等价于 i=i+1;	完整的语句，自加 1，同 i++;	2		
--i;	等价于 i=i-1;	完整的语句，自减 1，同 i--;	0		
a=s++;	等价于 a=s; s=s+1;	++后置，先使用，再自加 1		2	3
a=++s;	等价于 s=s+1; a=s;	++前置，先自加 1，再使用		3	3
a=s--;	等价于 a=s; s=s-1;	--后置，先使用，再自减 1		2	1
a=--s;	等价于 s=s-1; a=s;	--前置，先自减 1，再使用		1	1

为了增加程序的可读性，在使用自增自减运算时，最好单独使用，不要和其他运算混合在一起组成表达式，如 x=a---b;相当于 x=(a--)-b;，容易产生二义性。

【例 2.7】已知甲乙两车所在地的距离和车速（匀速行驶），两车同时相向而行，求相遇的时间。

问题分析：

从键盘输入距离和车速，计算并输出相遇的时间。

算法分析：

（1）定义四个 double 型变量：时间 t、距离 s、车速 v1 和 v2；

（2）从键盘输入距离 s、车速 v1 和 v2（输入语句前应该有友好的提示信息）；

（3）使用 t=s/(v1+v2); 得到 t 的值；

（4）输出时间 t。

编程实现：

```
1    //两车同时相向而行，求相遇的时间
2    #include <iostream>
3    using namespace std;
4    int main(void)
5    {
6        double t,s,v1,v2;
7        cout<<"请输入距离（公里）和两车的车速（公里/小时）: ";
8        cin>>s>>v1>>v2;
9        t=s/(v1+v2);
10       cout<<"相遇时间为: "<<t<<"小时"<<endl;
11       return 0;
12   }
```

运行结果如图 2-7 所示。

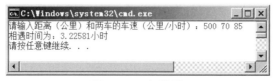

图 2-7　运行结果

048

关键知识点：

（1）用计算机解决问题的步骤：

① 思考：输出什么？必不可少的输入是什么？数据结构？如何将输入变成输出？

② 设计算法、检验算法、将算法编码实现。在 Visual Studio 2010 环境中：编辑代码、编译、运行。

③ 设计算法的基本步骤：定义数据结构+数据赋值+计算+输出。

（2）顺序结构程序中的"计算"一般是利用算术表达式实现。要输出计算结果，需要将算术表达式的值赋值给某个变量，即输出变量=输入变量的相关计算；如本例 t=s/(v1+v2);，然后输出变量的值即可。

课堂测试：
基本运算符与
表达式

延展学习：

（1）如果希望输出的结果保留两位小数，如何实现？参见 2.8 节。

（2）可以仿照本例解决问题的步骤，解决其他顺序结构的实际问题。

2.5.4　逗号运算符与逗号表达式

逗号表达式的格式：

表达式 1,表达式 2,表达式 3,…,表达式 n

（1）逗号表达式的运算过程为：从左往右依次计算各表达式。

（2）逗号表达式作为一个整体，它的值为最后一个表达式（也即表达式 n）的值。

（3）逗号运算符的优先级在所有运算符中最低。

（4）逗号表达式常用在 for 语句中，详见第 4 章。

例：求表达式 a=3,b=5,b+=a,c=b*5 的值？

依次执行各语句，a 得 3，b 得 5，b+=a 即 b 得 8，c=b*5 即 c 得 40，所以表达式的值是 40。

若想输出该表达式的值，可以写成：int d=(a=3,b=5,b+=a,c=b*5); cout<<d; 或者cout<<(a=3,b=5,b+=a,c=b*5);，因为逗号运算符的优先级最低，所以此处必须加（ ）。

例：若 t 为 int 类型，表达式 t=1,t+5,t++的值是多少？

执行 t=1、t+5 得 6（t 的值并没有改变，仍然是 1）、t++是后置运算，即先使用 t 的值 1，所以表达式的值是 1，t 的值为 2。

例：若已定义 x 和 y 为 int 类型，则表达式 x=1,y=x+3/2 的值是多少？

依次执行 x=1、y=x+3/2 即 y=1+1 得 2，所以表达式的值是 2。

2.6　类型转换

在 C++中，如果一个表达式中含有不同类型的常量或变量，在计算时，系统会将它们自动转换为同一种类型，称为隐式类型转换，也称为自动类型转换。还可以根据需要对某些数据的类型进行强制转换，称为显式类型转换，也称为强制类型转换。

2.6.1 隐式类型转换

隐式类型转换由编译系统自动完成。发生隐式类型转换时，编译器可能会给出警告信息，因此编程时应避免出现隐式类型转换。

1. 算术运算中的类型转换

当多种类型的数据进行混合运算时，低级别类型向高级别类型转换。一般来说，占用的存储空间越大，数据类型的级别越高，反之，占用的存储空间越小，数据类型的级别越低。常用的类型转换如图 2-8 所示。

图 2-8　类型转换示意图

例：计算机在计算表达式 5.0/2 时，由于 5.0 是 double 型、2 是 int 型，两个数的类型不同，先将 2 转换成 double 型，然后和 5.0 进行运算，运算结果为 2.5，其数据类型为 double 型。

2. 赋值运算中的类型转换

在执行赋值运算时，若赋值运算符两侧的数据类型不同，赋值号右侧的数据类型转换为赋值号左侧变量的类型。

1）高类型向低类型转换

```
int a;  a=15.5;   // 结果为 a=15（取整，舍去小数部分）
```

分析：15.5 是 double 型，占 8 字节，a 是 int 型，占 4 字节，隐式类型转换时会将 double 型数据的整数部分赋值给 a，小数部分直接丢弃（称为数据的截断）。此时将丢失一部分数据，数据的精度会降低。

若 double 型数据的整数部分超出了 int 型的表示范围，则会发生数据溢出，最终得到错误的结果。

例：int b;　b=3456789012.9;若输出 b 的值，结果是一个负数，这是因为 3456789012 超出了 int 型的表示范围，发生了数据溢出。

2）低类型向高类型转换

```
double a;  a=10;   // a 的值为 10.0（数值不变，以实数形式存储）
cout<<a/4;         // 输出结果为 2.5，因为 a 是 double 型数据
```

分析：10 是 int 型，占 4 字节，a 是 double 型，占 8 字节，隐式类型转换时编译

器会将 10 转换成 double 型的格式进行存储，占 8 字节。

扩展学习：数据的存储及表示

1996 年 6 月 4 日，由欧洲航天局及法国国家太空研究中心出资建造的阿丽亚娜 5 型运载火箭首次发射。火箭在发射升空后的 36 秒内出现了多次计算机故障，工程师不得不按下自毁按钮。两声巨大的爆炸声从 4000 米高空传来，伴随着一团橘黄色的巨大火球，火箭碎块带着火星散落在直径约两千米的地面上。

阿丽亚娜 5 号火箭的研发历时 10 年，开发成本接近 80 亿美元，并携带了造价 5 亿美元的卫星，全在刹那间化为灰烬。事故调查委员会给出了爆炸原因，声称是由惯性参考系统的一个软件错误引发的爆炸。原来研发人员在阿丽亚娜 4 型运载火箭的基础上进行软件代码重用时，忽略了数据存储和数据大小的变化，将 64 位浮点数转化为 16 位带符号整数时导致数据溢出，产生了算子错误。这是历史上损失最惨重的软件故障事件。

3. 常见的隐式类型转换规则

（1）字符型转换为整型：取字符的 ASCII 码值；

（2）实型转换为整型：取整，舍去小数部分；

（3）整型转换为实型：数值不变，以实数形式存储；

（4）double 型转换为 float 型：截取前 7 位有效数字（float 型数据的有效位数为 6 ~ 7 位）。

【例 2.8】将键盘输入的大写字母转换为小写字母，输出该小写字母及 ASCII 值。

问题分析：

在 1.1.5 节我们了解到 ASCII 码表中，'A' ~ 'Z'、'a' ~ 'z'、'0' ~ '9'均是连续编码的（即各个字符的 ASCII 值是连续的，依次增加 1，例如'A'的 ASCII 值是 65，'B'的 ASCII 值是 66），且大小写字母的 ASCII 码值相差 32，即 $C_大 = C_小 - 32$。

算法分析：

（1）定义一个 char 型变量 ch，用于存放从键盘输入的大写字母；

（2）将键盘输入的大写字母存放在 ch 中（输入语句前应该有友好的提示信息）；

（3）使用 ch=ch+32; 得到对应的小写字母；

（4）输出小写字母、ASCII 值。

编程实现：

```
1    //大写字母转换为小写字母
2    #include <iostream>
3    using namespace std;
4    int main(void )
5    {
6        char ch;
7        cout<<"请输入一个大写字母: ";
8        cin>>ch;
9        ch=ch+32;                    //大写字母转换成小写字母
```

```
10     cout<<"对应的小写字母是: "<<ch<< endl;
11     cout<<ch<<" 的 ASCII 值是: "<<ch+0<< endl;
                              //ch+0 是算术运算，结果为整型数值
12     return 0;
13   }
```

运行结果如图 2-9 所示。

图 2-8　运行结果

关键知识点：

（1）字符型数据在内存中存储的是其 ASCII 码值，如字符'A'的 ASCII 值为 01000001，即十进制的 65。因此，字符型数据可以以其 ASCII 码值参与算术运算。

（2）第 9 行 ch=ch+32;分析：char 型变量 ch 先转换成 int 型参与算术运算，若从键盘输入的大写字母是 D，则相当于 ch=68+32，即将计算结果 100 存入 ch 中。

（3）第 10 行 cout<<"对应的小写字母是: "<<ch<< endl;分析：ch 是 char 型变量，所以以字符形式输出，即字母 d。

（4）第 11 行 cout<<ch<<" 的 ASCII 值是: "<<ch+0<< endl;分析：ch+0 是算术运算，结果为整型数值，本例相当于 100+0，输出 100。

延展学习：

大小写字母转换还可以使用：$ch_小=ch_大 - 'A'+'a'$;　$ch_大=ch_小 - 'a'+'A'$; 的方法实现。

2.6.2　显式类型转换

在例 2.8 中，如果不通过 ch+0 计算，如何输出字符型变量 ch 所对应的 ASCII 值？又如 int x=10, y=4; x/y 的结果为 2，如何得到 2.5？为了解决这些问题，我们需要将某一类型的数据强制转换为另一种类型，称为显式类型转换，也称为强制类型转换。

格式：

(数据类型) 变量或常量　　或　　数据类型 (变量或常量)　　或　　数据类型 (表达式)

例：

```
cout<<(int)3.5+4.8;
             //先将 3.5 转换为 int 型的 3，然后计算 3+4.8，结果为 7.8
cout<<int(3.5+4.8);
             //先计算 3.5+4.8 得 8.3，然后将 8.3 转换为 int 型，结果为 8
cout<<int(ch)<<endl;
             //输出 ch 的 ASCII 码值。如果 ch 中存储的是'A'，则输出 65
```

例：int x=10, y=4; double(x)/y、(double)x/y、x/double(y)、x/(double)y、double(x)/double(y) 等均可以得到结果 2.5，但是 double(x/y)得到的结果为 2。

例：float d=float(1.5) ; //C++中非 0.0 的浮点数均按 double 型存储，所以 1.5 需要进行强制类型转换，转换成 float 型。

注：

（1）强制转换变量的类型只得到中间结果，原变量的类型不发生变化。上例中 double(x)/y 的值为 2.5，但 x 仍然为 int 型。

（2）在强制类型转换中，从高级别类型转换为低级别类型时，容易引起数据的丢失。如实型数据强制转换为整型时直接取整数部分、double 型数据强制转换为 float 型时直接截取前 7 位有效数字，舍弃多余位数。

【例 2.9】从键盘输入一个小写字母（'b'~'y'），输出其前驱和后继字母及相应的 ASCII 值，输出其对应的大写字母。

问题分析：

因'A'~'Z'、'a'~'z'均是连续编码的，所以 ASCII 码值-1 得到前驱字母，ASCII 码值+1 得到后继字母。

算法分析：

（1）定义 char 型变量 y、x、z，分别存放从键盘输入的小写字母、前驱字母、后继字母；

（2）从键盘输入小写字母存放在 y 中（输入语句前应该有友好的提示信息）；

（3）使用 x=y-1; z=y+1; 得到前驱字母、后继字母；

（4）输出前驱和后继字母及相应的 ASCII 值，输出其对应的大写字母。

编程实现：

```
1    #include<iostream>
2    using namespace std;
3    int main(void )
4    {
5        char x,y,z;
6        cout<<"请输入一个 b~y 之间的小写字母: ";
7        cin>>y;
8        x=y-1;
9        z=y+1;
10       cout<<y<<"的前驱、后继字母是: "<<x<<"、"<<z<<endl;
11       cout<<y<<"的前驱、后继字母的 ASCII 值是: "<<int(x)<<"、
         "<<int(z)<<endl;
12       cout<<y<<"对应的大写字母是: "<<char(y-32)<<endl;
13       return 0;
14   }
```

运行结果如图 2-10 所示。

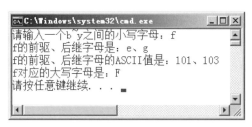

图 2-10 　运行结果

关键知识点：

（1）第 11 行中的 int(x)、int(z) 是将 char 型变量 x、z 强制类型转换为 int 型输出。

（2）第 12 行中的 char(y-32) 是将 y-32 的整型结果强制类型转换为 char 型输出。

延展学习：

写出以下程序段的运行结果：

char ch=98;　cout<<ch-32;　cout<<ch;　ch=ch-32;　cout<<ch;　cout<<int(ch);

2.7 　基本输入/输出

在 2.1 节我们了解了 C++ 通过流执行标准的输入和输出操作。cin 是标准输入流，可以获取从键盘输入的数据。cout 是标准输出流，可以把数据输出到显示屏。接下来我们系统学习输入输出流的操作。

1. 输出（cout）

格式：

```
cout << X₁<<X₂<<…<<Xₙ;
```

式中：X_1, X_2, …, X_n 可以是常量、变量、表达式。"<<" 称为流插入运算符。

作用：将各表达式的值输出（显示）到屏幕上当前光标位置处。

例：已知 int a=4,b=5;，尝试运行表 2-17 中的示例。

表 2-17 　输出用法举例

示　例	输　出	说　明
cout<<"**大家好!**"; 或 cout<<"**"<<"大家好!**";	**大家好!**请按任意键继续...	输出字符串,双引号括起的字符照样输出
cout<<"**大家好!**"<<endl;	**大家好!** 请按任意键继续...	末尾增加 <<endl;换行功能,系统的提示信息在下一行显示
cout<<3<<90<<endl<<' '; cout<<2.5<<"　"<<'a';	390 2.5 a请按任意键继续...	输出常量（int 型、double 型、字符串、字符）
cout<<a;　cout<<b; 或 cout<<a<<b;	45 请按任意键继续...	输出变量中存放的数据
cout<<a<<b<<endl; 或　cout<<a<<b<<'\n'; 或　cout<<a<<b<< "\n";	45 请按任意键继续...	输出变量中存放的数据; 换行的三种写法 endl、'\n'、"\n"

示　例	输　出	说　明
cout<<a<<endl; cout<<b<<endl; 或 cout<<a<<endl <<b<<endl;	4 5 请按任意键继续...	换行可以根据需要出现在输出流中的不同位置
cout<<a<<'+'<<b<<'='<<a+b<<endl;	4+5=9 请按任意键继续...	输出字符'+'、'='; 输出 a+b 表达式的值

2. 输入（cin）

（1）格式：

cin >>X₁>>X₂>>…>>Xₙ;

式中：X_1, X_2, …, X_n 为变量名，"＞＞"称为流提取运算符。

作用：等待用户从键盘输入数据，接收数据后依次存入变量 X_1, X_2, …, X_n 中。

例：已知 int a,b;，尝试运行表 2-18 中的示例，表中的回车表示 Enter 键。

表 2-18　输入用法举例

示　例	从键盘依次输入	说　明
cin>>a;	5 回车	从键盘输入一个整型数存入变量 a 中，a 得到 5。 所有输入数据完成后用回车键表示输入结束
cin>>a;	2.6 回车	输入浮点数，与 int 型变量 a 的类型不一致，则进行隐式类型转换，a 得到 2。但这会导致下一个数据被错误接收，因此在输入时应注意类型一致
cin>>a; cin>>b; 或 cin>>a>>b;	方法 1：5 空格键 8 回车 方法 2：5 Tab 键 8 回车 方法 3：5 回车 8 回车	从键盘输入两个整型数 5、8 存入变量 a、b 中。 输入多个数据时，数据之间的间隔符为：空格、回车、Tab，所有输入数据完成后用回车键表示输入结束
cin>>3;	错误写法、编译错误	cin >>后必须是变量名，不能是常量
cin>>5+2;	错误写法、编译错误	cin >>后必须是变量名，不能是表达式
cin>>endl;	错误写法、编译错误	endl 只能用于 cout 语句，不能用于 cin 语句
cin>>a,b;	错误写法、但编译正确	只能正常输入 a 的值，b 无法获得数值

（2）在程序中如果需要用户从键盘输入数据，通常在输入语句之前增加一条输出语句，提示用户输入数据的数量、类型等要求，以提升程序的友好性。例如：

cout<<"请输入两个整数："; cin>>a>>b;

2.8　格式化输出

C++中提供了多种控制输出格式的方法，常用的有数据输出宽度、输出精度的控制等。

1. 设置输出宽度和对齐方式

在输出数据时，可以通过输出空格将多个数据间隔开，但当我们需要将某一列数

课堂测试：
输入与输出

据左对齐或右对齐输出时，使用空格则显得不够灵活，有时甚至无法达到对齐的效果。假设有代码 int x,y; cin>>x>>y; cout<<x<<endl; cout<<y<<endl;，因为不知道用户输入的 x 和 y 是几位数，通过输出空格的方法无法实现输出 x 和 y 时右对齐的效果。

针对上述情况，我们可以用控制符 setw(n)或函数 cout.width(n)进行输出宽度的设置。输出数据时，一个英文字符占一个宽度，一个中文字符占两个宽度。

setw(n)和 cout.width(n)的作用相同，但其使用形式不同。具体如下：

（1）格式：

```
setw(n)    //n 为输出数据所占的字符宽度
```

① setw( )是在头文件 iomanip.h 中定义的，必须使用预编译命令#include <iomanip>。

② setw( )所设置的字符宽度只作用于紧随其后输出的一个数据。

③ 如果数据本身所含字符数比 n 少，则在数据字符前显示空格（默认右对齐）；如果数据本身所含字符数比 n 多，则该数据全部输出，相当于 setw(n)无效。例如：

```
cout<< setw(5)<<"**"<<setw(10)<<"科目"<<setw(12)<<"成绩"<<"**";
```

输出：□□□**□□□□□□科目□□□□□□□□成绩**   （□表示空格）

说明：

① "**" 的输出宽度为 5，即在输出"**" 之前需要输出 5-2=3 个空格。

② "科目"的输出宽度为 10，即在输出"科目" 之前需要输出 10-4=6 个空格。

③ "成绩"的输出宽度为 12，即在输出"成绩" 之前需要输出 12-4=8 个空格。

④ setw(12)只对紧随其后的"成绩"有效，而对"**"无效，故输出"**"时左边没有空格。

（2）格式：

```
cout.width(n);   //n 为输出数据所占的字符宽度
```

说明：

① cout.width(n);是流对象 cout 的成员函数。

② cout.width(n);所设置的字符宽度只作用于紧随其后输出的一个数据。

③ 如果数据本身所含字符数比 n 少，则在数据字符前显示空格（默认右对齐）；如果数据本身所含字符数比 n 多，则该数据全部输出，相当于 cout.width(n);无效。例如：

```
cout.width(10);   cout<<"科目";
//不能写成 cout<<cout.width(10)<<"科目";
cout.width(12);   cout<<"成绩"<<endl;
```

输出：□□□□□□科目□□□□□□□□成绩

（3）输出对齐方式。

输出流默认的对齐方式为右对齐。若要改变输出流的对齐方式，可使用控制符 left（或 right）设置左对齐（或右对齐）。left（或 right）的设置是一直有效的，除非遇到 right（或 left）改变了对齐方式。其用法如下：

```
double score1,score2;
cin>>score1>>score2;    // 假设输入 91    93.5
cout<<left<<setw(8)<<"姓名"<<right<<setw(6)<<"高数"<<
    setw(10)<<"程序设计"<<endl;
```

```
cout<<left<<setw(8)<<"王一可"<<right<<setw(6)<<score1<<
    setw(10)<<score2<<endl;
```

输出：姓名□□□□□高数□□ 程序设计 （□表示空格）

　　　　王一可□□□□□91□□□□□93.5

说明：在输出"姓名"时左对齐，右侧补 8-4=4 个空格，在输出"高数"时右对齐，左侧补 6-4=2 个空格，在输出"程序设计"时右对齐仍然有效，左侧补 10-8=2 个空格。第二行与第一行类似。

上面的代码实现了：不管输入的数据是几位数、是否含小数，只要在 setw 指定的宽度范围内，都可以达到第一列左对齐，第二列和第三列右对齐的效果。

2. 设置输出精度

（1）系统默认输出浮点数的规则：系统对浮点数的默认输出有效位数是 6 位。当整数部分没有超过 6 位时，采用小数形式输出。当整数部分超过 6 位时，采用指数形式输出。例如：

```
cout<<3456.7891;        //输出 3456.79，会四舍五入
cout<<123456.7891;    //输出 123457
cout<<1234567.7891;  //输出 1.23457e+006
```

（2）改变有效位数：

方法一：

```
cout<<setprecision(n)<<a;   //设置输出有效位数为 n 位
cout<<setprecision(0)<<a;   //恢复到系统默认显示方式,即 6 位有效数字
```

方法二：

```
cout.precision(n); cout<<a; //设置输出有效位数为 n 位
cout.precision(0); cout<<a; //恢复到系统默认显示方式,即 6 位有效数字
```

方法一和方法二的使用形式不同，但作用相同。例如：

```
cout<<setprecision(3)<<12345678.56789;    //输出 1.23e+007
cout<<setprecision(10)<<12345678.56789;   //输出 12345678.57
cout<<setprecision(0)<<12345678.56789;    //输出 1.23457e+007
```

（3）改变输出方式：小数形式（定点格式）/指数形式（科学记数法形式）

小数形式：

```
cout<<fixed; 或 cout<<setiosflags(ios::fixed);
// 设置后面输出数据时均以小数形式输出
```

指数形式（科学记数法形式）：

```
cout<<scientific; 或 cout<<setiosflags(ios::scientific);
// 设置后面输出数据时均以规范化的指数形式输出
```

（4）设置小数位数：

```
cout<<fixed;
cout<<setprecision(n); 或 cout.precision(n);
// 两句合用的功能：控制后面输出数据的小数位数为 n 位
```

若需改变小数位数为 m 位，再次使用 cout<<setprecision(m); 即可。

以上第（2）、（3）、（4）部分介绍的几种设置语句，从其出现开始一直到程序结束都有效，除非遇到了新的设置语句。例如：

```
#include <iomanip>
    ⋮
cout<<123456789.1011121324<<endl; //输出 1.23457e+008
cout<<fixed;
cout.precision(6);                    //和上一行合用，设置小数位数为 6 位
cout<<123456789.1011121324<<endl; //输出 123456789.101112,
                                      //小数部分 6 位
cout<<123456789.1011<<endl;      //输出 123456789.101100,小数部分 6 位
cout.precision(2);
cout<<123456789.1011121324<<endl;
//输出 123456789.10，小数部分 2 位
cout.precision(0);
cout<<123456789.1011121324<<endl; //输出 123456789，小数部分 0 位
cout<<scientific;                 //设置后面数据均以规范化的指数形式输出
cout<<123456789.1011121324<<endl; //输出 1.234568e+008
```

注：cout<<fixed;只需使用一次。使用 set 开头的控制符前需要包含头文件 iomanip。使用 cout. 开头的函数不需要包含额外的头文件。

3. 设置输出进制

C++在 iostream.h 头文件中定义了控制符 hex、dec、oct，分别对应十六进制、十进制和八进制数的显示。例如：

```
cout<<dec<<100<<" "<<oct<<100<<" "<<hex<<100;  //输出100  144  64
```

4. 设置填充字符

（1）默认情况下，流使用空格符来保证字符间的正确间隔。

（2）用 setfill 控制符可以确定一个非空格的间隔符：

```
setfill('填充字符')
```

（3）setfill 在头文件 iomanip.h 中定义。例如：

```
cout<<setfill('*')<<setw(4)<<12<<endl;              //输出**12
cout<<setw(3)<<12<< " "<<setw(5)<<34<<endl;  //输出*12  ***34
cout<<setfill(' ');       //恢复默认，使用空格符来保证字符间的正确间隔
cout<<setw(4)<<12<<endl;                            //输出□□12
```

【例 2.10】输入一位学生各科的成绩，并计算总分和平均成绩，要求按图 2-11 所示的格式进行输入/输出。

问题分析：

（1）使用算术运算符计算学生的总分和平均成绩；

图 2-11　学生成绩管理信息系统界面

（2）由于计算出的总分和平均成绩可能有多位小数，所以使用 fixed、setprecision(n)合用，设置小数点后 *n* 位小数。

算法分析：

（1）定义数据结构：姓名（string student_name）、学号（string student_ID）、英语成绩（double English）、数学成绩（double Math）、线性代数成绩（double Algebra）、平均成绩（double avg）、总成绩（double sum）。

（2）输入相应的姓名、学号和成绩。

（3）计算总成绩和平均成绩。

（4）按照题目所需输出相应格式的成绩单。

编程实现：

```
1   //输入一位学生各科的成绩，并计算总分和平均成绩
2   #include <iostream>
3   #include <string>        //使用字符串
4   #include <iomanip>
    //使用 setw(n) 设置输出宽度时需包含 iomanip 头文件
5   using namespace std;
6   int main(void )
7   {   //使用字符和文本构成学生成绩管理系统的初始界面
8       cout<<"********************************************"<<endl;
9       cout<<"*                                        *"<<endl;
10      cout<<"*          学生成绩管理信息系统          *"<<endl;
11      cout<<"*                                        *"<<endl;
12      cout<<"********************************************"<<endl;
```

```
13      cout<<endl;
14      cout<<" 欢迎进入学生成绩管理信息系统！"<<endl<<endl;
15      string student_name,student_ID;
        //定义 string 型变量，用于存放字符串
16      double English,Math,Algebra,sum,ave;
17      cout<<"请输入学生姓名：";
18      cin>>student_name;              //从键盘输入不含空格的字符串
19      cout<<"请输入学生学号：";
20      cin>>student_ID;               //从键盘输入不含空格的字符串
21      cout<<"请输入学生的英语成绩：";
22      cin>>English;
23      cout<<"请输入学生的高等数学成绩：";
24      cin>>Math;
25      cout<<"请输入学生的线性代数成绩：";
26      cin>>Algebra;
27      sum = English + Math +Algebra;
28      ave= sum/3;
29      cout<<"                成绩单"<<endl;
30      cout<<"*********************************************"<<endl;
31      //实型数据均使用小数点形式输出，并使用 precision 控制小数位数
32      cout<<fixed;
33      cout.precision(2);
34      cout<<setw(4)<<"姓名"<<setw(8)<<student_name
35          <<setw(14)<<"学号"<<setw(10)<<student_ID<<endl<<endl;
36      cout<<"科目"<<setw(18)<<"成绩"<<endl;
37      cout<< "英语"<<setw(18)<<English<<endl;
38      cout<< "高等数学"<<setw(14)<<Math<<endl;
39      cout<<"线性代数"<<setw(14)<<Algebra<<endl;
40      cout<<"-------------------------------------"<<endl;
41      cout<<"总分"<<setw(18)<<sum<<endl;
42      cout<<"平均成绩"<<setw(14)<<ave<<endl;
43      cout<<"*********************************************"<<endl;
44      return 0;
45  }
```

关键知识点：

（1）学号 student_ID 也可定义为 int 型，但只能输入 10 位以内的整数，否则会溢出。

（2）string 类是 C++提供的处理字符串的方法，定义 string 型变量，实际上是创建 string 类的对象，在第 6 章会系统介绍 string 类，在第 9 章会系统介绍类与对象。在此为便于初

学者使用 string 类实现字符串的简单操作，可以先理解为 string 类型，用法如下：

```
#include <string>      //使用 string 型变量必须加预编译命令
string name;           //定义 string 型变量
cin>> name;            //从键盘输入字符串（不含空格）
cout<< name;           //输出字符串
```

（3）第 36～39 行、第 41～42 行代码进行输出时，由于第 1 列的字符个数不相同，为了保证第 2 列右对齐，故在设置第 2 列的宽度时，有的是 18，有的是 14。若想将第 2 列的宽度都设成一样的，使其不受第 1 列的字符个数的影响，可将第 36～39 行、第 41～42 行修改成如下形式：

```
cout<<left<<setw(14)<<"科目"<<right<<setw(8)<<"成绩"<<endl;
```

延展学习：

（1）如何判断用户输入的学生成绩的合法性（是否为有效数据）？见第 3 章选择结构。

（2）如何输入多名学生的成绩并进行相应的成绩计算？见第 4 章循环结构。

（3）如何输入含空格的字符串？见第 6 章字符串。

2.9　常见错误小结

常见错误小结请扫二维码查看。

第 2 章
常见错误小结

习题与答案解析

第 2 章
在线测试

一、单项选择题

1. C++源程序文件的扩展名是（　　）。

    A. .cpp　　　　　　B. .obj　　　　　　C. .c　　　　　　D. .exe

2. 下列 C++标点符号中表示一条语句结束的是（　　）。

    A. #　　　　　　　B. //　　　　　　　C. }　　　　　　　D. ;

3. 下列 C++标点符号中表示一条预处理命令开始的是（　　）。

    A. #　　　　　　　B. //　　　　　　　C. }　　　　　　　D. ;

4. 一个 C++源程序总是从（　　）开始执行。

    A. 程序的第一个函数　　B. 主函数　　C. 子程序　　D. 主程序

5. 设有定义：int a, b; 当执行 cin>>a>>b; 时，输入 a、b 的值，作为数据的分隔符不能是（　　）。

    A. 空格　　　　　　B. 回车　　　　　　C. Tab 键　　　　D. Ctrl 键

6. 下面哪个是对符号常量 M 的正确定义（　　）。

    A. const M=10;　　　　　　　　　　B. CONST　 M=10;

    C. int　 M=10;　　　　　　　　　　D. int const M=10;

7. 下列变量名中，（　　）是合法的。

    A. double　　　　B. A+a　　　　　C. CHINA　　　D. 5s

8. 下面哪个是正确命名的用户自定义标识符（   ）。

　　A. 1c2w 　　　　　　B. if 　　　　　　C. _2\w/h 　　　　D. _3c2

9. （   ）不是 C++的基本数据类型。

　　A. 字符类型 　　　　B. 数组类型 　　　　C. 整数类型 　　　　D. 布尔类型

10. 在 C++语言中，080 是（   ）。

　　A. 八进制数 　　　　B. 十进制数 　　　　C. 十六进制数 　　　D. 非法数

11. 下面哪个数最大（   ）。

　　A. 0x11 　　　　　　B. 19 　　　　　　　C. 012 　　　　　　D. 11L

12. double 型变量在内存中占用的字节数是（   ）个。

　　A. 1 　　　　　　　 B. 2 　　　　　　　　C. 4 　　　　　　　D. 8

13. 下面（   ）表示的是正确的转义字符。

　　A. "\n" 　　　　　　B. '/t' 　　　　　　　C. endl 　　　　　　D. '\b'

14. 字符串常量"ME"占用的内存空间是（   ）字节。

　　A. 4 　　　　　　　 B. 3 　　　　　　　　C. 2 　　　　　　　D. 1

15. 下列各运算符中，（   ）只能用于整型数据的运算。

　　A. + 　　　　　　　 B. / 　　　　　　　　C. * 　　　　　　　D. %

16. 若有定义 int i=2；int j=3；则 i/j 的结果是（   ）。

　　A. 0.7 　　　　　　 B. 0.66667 　　　　　C. 0.666666··· 　　　D. 0

17. 若有定义 int n=10，i=4；则语句 n%=i+1；执行后 n 的值是（   ）。

　　A. 0 　　　　　　　 B. 3 　　　　　　　　C. 2 　　　　　　　D. 1

18. 下列运算符中，优先级最高的是（   ）。

　　A. % 　　　　　　　 B. ! 　　　　　　　　C. >= 　　　　　　　D. /

19. 整型变量 i 定义后赋初值的结果是（   ）。

　　int i=2.8*6；

　　A. 12 　　　　　　　B. 16 　　　　　　　 C. 17 　　　　　　　D. 18

20. 若有定义 int m=31；则表达式（m++*1/2）的值是（   ）。

　　A. 0 　　　　　　　 B. 15 　　　　　　　　C. 15.5 　　　　　　D. 16

21. 若有语句：int a=5，x；x=(a=3*5，a*4)；则 x 的值是（   ）。

　　A. 5 　　　　　　　 B. 15 　　　　　　　　C. 20 　　　　　　　D. 60

22. 语句 n1=2,n2=++n1,n1=n2++，执行后变量 n1、n2 的值分别是（   ）。

　　A. 3，4 　　　　　　B. 3，3 　　　　　　　C. 2，3 　　　　　　D. 2，4

23. 若有 int i=2，则表达式（++i/3*5）的值是（   ）。

　　A. 45 　　　　　　　B. 17 　　　　　　　　C. 5 　　　　　　　D. 0

24. 若有 int a=2，执行 a+=a-=a*a；后，a 的值是（   ）。

　　A. −4 　　　　　　　B. −2 　　　　　　　　C. 0 　　　　　　　D. 4

25. 下列程序段执行后输出结果是（   ）。

　　char a=' a '；cout<<"a="<<a-32<<endl；

　　A. a=A 　　　　　　B. a=33 　　　　　　　C. a=65 　　　　　　D. a=A-32

26. 语句：char c='b'；c=c-32；cout<<c；执行后，输出结果是（   ）。

A. b　　　　　　B. B　　　　　　C. e　　　　　　D. 66

27. 已知语句 char c='a'; 在输出语句中，能将字母由小写转换为大写并输出的表达式是（　　　　）。

A. c+32　　　　　B. c-32　　　　　C. (char)(c+32)　　D. (char)(c-32)

28. main()中唯一一条语句是 cout<<setprecision(4)<<3456.78912；输出的结果是（　　　）。

A. 3457　　　　　B. 3456.7891　　　C. 3456.789120　　D. 3456.78912

29. 若有定义：int a；float f；double i；表达式 10+a+i*f 的结果类型是（　　　　）。

A. int　　　　　　B. float　　　　　C. double　　　　　D. 不确定

30. 若有程序代码段如下：

double fl；int a1=2, b1=5；fl=(double)a1/b1；

执行完毕后，变量 fl 的值是（　　　　）。

A. 0　　　　　　　B. 0.4　　　　　　C. 0.5　　　　　　D. 1.0

二、判断题

1. C++编译系统对源程序编译时，可以检查出注释语句中的语法错误。

（　　　）

2. C++程序中，主函数 main 至少要有一个。　　　　　　　　　　（　　　）

3. 算法的运行时间越少、占用的存储空间越小，算法效率越高。　　（　　　）

4. "C"是字符常量。　　　　　　　　　　　　　　　　　　　　　（　　　）

5. 在 C++中，变量 position 和 Position 是不同的。　　　　　　　（　　　）

6. C++程序中，对变量一定要先定义再使用，定义只要在使用之前就可以。

（　　　）

7. 执行语句 const int x=10;后，可以重新对 x 赋值。　　　　　　（　　　）

8. 语句 a_char ='\n'表示将小写字母 n 赋值给字符变量 a_char。　（　　　）

9. short、int 都是 C++语言的关键字。　　　　　　　　　　　　　（　　　）

10. 对于强制类型转换，若有如下语句：i=(int)x；语句执行后 x 的类型仍为原本的类型。　　　　　　　　　　　　　　　　　　　　　　　　　　（　　　）

三、阅读程序，写出运行结果

程序代码：

```cpp
#include <iostream>
using namespace std;
void main( )
{
    double x=0.0;
    int i=0;
    char c1='A',c2='b';    //字符 b 的 ASCII 码为 98
    x=3.6;
```

```
    i=(int)x;
    cout<<i<<" "<<x<<endl;
    c1=c1+32;
    cout<<int(c1);
    cout<<c1;
    cout<<c2-32;
    cout<<char(c2-32)<<endl;
}
```

四、程序改错题

1. 程序功能：求从键盘输入的三个数的平均数，并输出。（6个错误）

```
1    /*求三个整数的平均数
2    #include <iostream>
3    using namespace std;
4    int main(void)
5    {
6        int a,b,c,sum;
7        double avg;
8        cout<<"请输入三个整数: /n";
9        cin>>a>>b>>c>>endl;
10       sum=a+b+c
11        avg=sum/3;
12        cout<<'平均数是: '<<avg;
13        return 0;
14       }
```

运行结果如图2-12所示。

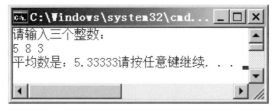

图 2-12   运行结果

2. 程序功能：求从键盘输入的两个整数的商，并输出。（6个错误）

```
1    //求两个整数的商
2     #include <iostream>
3    using namespace std;
4    void main(void)
5    {
```

```
6        int i,j,k;
7        cout>>"请输入两个整数: ">>endl;
8        cin<<a,b;
9        k=float(i/j);
10       cout>>"商是: ">>k;
11       return 0;
     }
```

运行结果如图 2-13 所示。

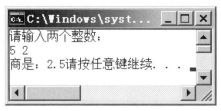

图 2-13　运行结果

五、程序填空题

1. 程序功能：求 25 除以 3 的结果，计算结果的有效位数限定为 6 位。输入/输出格式参见运行结果。

```
#include <iostream>
using namespace std;
int main(void)
  {
      double a;
          ①        ;
          ②        ;
      cout <<a <<endl;
      return 0;
  }
```

运行结果如图 2-14 所示。

图 2-14　运行结果

2. 程序功能：输入一个'b' ~ 'y'之间的字母并找出该字母的前驱字母和后继字母，输出这三个字母和其对应的 ASCII 码值，输入/输出格式参见运行结果。

```
#include <iostream>
```

065

```
using namespace std;
int main()
{
    char x,y,z;
    cout<<"请输入一个b~y之间的字母"<<endl;
    cin>>y;
    _____①_____;
    _____②_____;
    cout<<x<<","<<y<<","<<z<<endl;
    cout<<____③____<<","<<____④____<<","<<____⑤____<<endl;
    return 0;
}
```

运行结果如图 2-15 所示。

六、编程题

编程计算某同学三门课程的平均成绩，保留两位小数，并注意输入科目成绩时的格式要美观，做到每一项对齐。输入/输出格式参见运行结果（图 2-16）。

图 2-15 运行结果

图 2-16 运行结果

成绩	

学生作业报告

专业_____ 班级_____ 学号_____ 姓名_____

第 **3** 章

选择控制结构

学习要点

利用计算机解决实际问题，有时需要根据条件作出判断然后执行相应的操作，这类处理可以用选择结构来实现。选择结构又称分支结构，要求设定一个或多个要评估或测试的条件，以及条件为真时要执行的语句（必需项）和条件为假时要执行的语句（可选项）。本章将详细介绍选择控制结构。具体内容如下：

（1）关系运算符与关系表达式；

（2）逻辑运算符与逻辑表达式；

（3）单分支结构；

（4）双分支结构；

（5）多分支结构。

3.1　关系运算符与关系表达式

在 C++中，如果要表示大于、小于等关系，可以使用关系运算符。C++提供的关系运算符见表 3-1。关系运算符的结合性为自左向右结合。

表 3-1　关系运算符

运算符	运算	优先级	结合方向
<	小于	7	自左向右
<=	小于等于		
>	大于		
>=	大于等于		
= =	等于	8	
!=	不等于		

用关系运算符将两个表达式连接起来的式子称为关系表达式。一般语法格式如下：

```
<表达式> 关系运算符 <表达式>
```

其中，表达式可以是常量、变量、算术表达式、关系表达式、逻辑表达式和赋值表达式等。关系运算的结果是一个布尔值（bool 型），如果条件满足，关系表达式的值为真（true）；如果条件不满足，关系表达式的值为假（false）。下面都是合法的关系表达式：

```
x>y,x+z>y+z, (x==10)<(y==12),'x'<'y', (x>y)>(y>z)。
```

其中，>、>=、<、<=四种运算符的优先级别相同，!=和==的优先级别相同，并且前四种高于后两种。关系运算符的优先级别高于赋值运算符，低于算术运算符，如图 3-1 所示。

图 3-1　关系运算符优先级

例：

```
x>y+z    等价于 x>(y+z)
x=y>z    等价于 x=(y>z)
x=y==z   等价于 x=(y==z)
```

设有 int x=2, y=3 和 c=5，则：

（y+3 > x*c）表达式的值为 0。在表达式中代入各变量的值，实际执行的是（3+3 > 2*5），即 6>10，大于关系不成立，所以结果为 false，即 0。bool 型数据允许用数值型数据描述或参与运算，false 即为 0，true 即为 1。

((x=3)==y) 表达式的值为 1。实际执行时，先执行 x=3，x 的值为 3，然后执行 3==3，相等关系成立，结果为 true，即 1。

c=x<y 表达式的值为 1。因为"<"运算符优先级别高于"="，先执行 x<y，即 2<3，结果为 true，即 1。将其赋值给整型变量 c，c 的值为 1。

关键知识点：

（1）关系运算符的两个字符之间不能加空格。

（2）"="与"=="的区别："="运算符是将它右侧表达式的值（即右值）赋给其左侧的变量（即左值），并且左值只能是变量，而不能是常量或表达式；"=="运算符比较它两侧的值是否相等，结果为一个逻辑值。"=="的左右两侧可以是变量、常量或表达式。例如：x==1 为关系表达式，判断 x 是否等于 1；x=1 为赋值表达式。另外，如果为了避免出错，可以采取将常量或表达式放在左边的方法，比如 1==x，这样就不容易写错了。

（3）对实数一般不做"=="判断，因为实数（浮点数）在内存中的存储机制和整数不同，因为无法精确表示而有近似或舍入。在判断浮点数相等时，一般通过设置范围来确定，若在某一范围内，就认为相等。例如，比较两个 double 型变量 a、b 是否相等，可通过判断关系式：（fabs(a-b)<1e-8）是否成立来确定。

3.2 逻辑运算符与逻辑表达式

3.2.1 逻辑运算符

逻辑运算符也称布尔运算符，包括逻辑与&&、逻辑或||和逻辑非! 三种运算符。"&&"和"||"是二元（双目）运算符，在运算符两侧各有一个运算量，如 4&&6、a&&b、8|| c、a+b||x+y 等。"!"为一元（单目）运算符，其右侧只能有一个运算量，如!5、!a、!(x+y)等。

逻辑运算的结果是一个布尔值（bool 型），结果只有 true 或 false。运算规则见表 3-2 和表 3-3（假设两个操作数分别为 a 或 b）。

表 3-2　逻辑运算符

运算符	运算	优先级	结合方向
!	逻辑非	3	自右向左
&&	逻辑与	12	自左向右
||	逻辑或	13	

表 3-3　逻辑运算符的应用

a	b	!a	a&&b	a || b
假	假	真	假	假
假	真	真	假	真
真	假	假	假	真
真	真	假	真	真

"&&"和"||"的结合性为自左向右结合，优先级别高于赋值运算符；"!"的结合性为自右向左结合，优先级别高于算术运算符。各种运算符的优先级如图 3-2 所示。

图 3-2　逻辑运算符优先级

071

3.2.2 逻辑表达式

由逻辑运算符连接而成的表达式称为逻辑表达式，结果为布尔值 true 或 false，主要用于选择结构的选择条件表达式，以及循环结构的循环条件表达式中。

逻辑表达式的一般语法格式如下：

<表达式 1> 逻辑运算符 <表达式 2>

表达式 1 和表达式 2 可以是常量、变量、关系表达式或其他 C++ 表达式。原则上，逻辑运算符的操作数应为 bool 型数据，但同时允许是数值型数据。此时，0 等价于 false，非 0 等价于 true。

例：!(3==3) 表达式的值为 0。因为表达式（3==3）的值为 true，对其进行非 ! 运算，则 true 变为 false，即 0。

!(9<=7) 表达式的值为 1。因为（9 <= 7）的值为 false，对其进行非 ! 运算，则 false 变为 true，即 1。

!4 的值为 0。因为 4 为非 0，等价于 true，对其进行非 ! 运算，则 true 变为 false，即 0。

5&&7 的值为 1，因为 5 和 7 为非 0，等价于 true，true 和 true 进行与运算，结果仍然为 true，即 1。

熟练掌握关系运算符和逻辑运算符后，可以巧妙地用一个逻辑表达式来表示一个复杂的条件。

例如：

（1）写出满足成绩 x 在 60 分以上（含 60 分）且 80 分以下（不含 80 分）的表达式。

x>=60&&x<80

若写成 60<=x<80，虽然语法检查时不会出错，但是它的逻辑结果有可能是不正确的。比如当 x 的值为 90 时，先执行 60<=x，为真，结果就为 1，然后再执行 1<80，最终结果为 1。但实际上 90 并不在 60 到 80 的区间范围内。

（2）写出判断一个年份是否为闰年的表达式。判断闰年需要满足下列条件中的一个：

① 能被 4 整除，但不能被 100 整除的年份；

② 能被 400 整除的年份。

如果用变量 year 表示年份，判断闰年的表达式如下：

(year%4==0)&&(year%100!=0) ||(year%400==0)

（3）为了鼓励小明好好学习，他的家中设置了家庭奖学金，如果每次考试，小明的数学成绩达到 95 分以上并且语文成绩达到 85 分以上，或者数学成绩达到 85 分以上并且语文成绩达到 90 分以上，那么可以获得家庭奖学金。所以判断小明是否能得到奖学金的表达式如下：

(math>=95)&&(chinese>=85)||(math>=85)&&(chinese>=90)

3.2.3 短路表达式

在逻辑表达式的运算过程中，并不是所有的运算符都会被执行，只有在必须执行下一个逻辑运算符才能求解出表达式的值时，才会进行该运算，这种逻辑表达式称为短路表达式。例如：

```
a&&b&&c    //只有当 a 为 true 时才会继续右边的运算
a||b||c    //只有当 a 为 false 时才会继续右边的运算
```

多个表达式用&&连接，如果其中一个表达式的值为 false，不必计算每一个步骤，最后的结果值一定为 false。多个表达式用||连接，如果其中一个表达式的值为 true，不必计算每一个步骤，最后的结果值一定为 true。

例：x&&y&&0&&z，因为 0（false）参与连续的逻辑与运算，表达式结果一定为 false，即 0；x||y||1||z，因为 1（true）参与了连续的逻辑或运算，表达式结果一定为 true，即 1。

3.3　选择控制结构

用于实现选择控制结构的语句有 if 语句、if-else 语句和 switch 语句。if 语句用于判断给定的条件是否成立，条件成立执行相应语句，也称为一路分支；if-else 语句适用于两路分支的情况，嵌套方式的 if-else 语句和 switch 语句则适用于多分支选择结构。

3.3.1　一路分支结构

一路分支选择结构用 if 语句实现（其流程图见图 3-3）。一般语法格式如下：

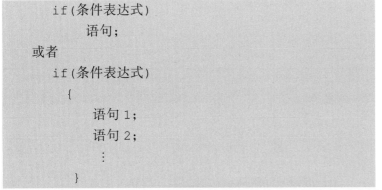

图 3-3　一路分支流程图

其中，条件表达式也称为选择结构的判定条件，一般为关系表达式和逻辑表达式。"语句"可以是一条执行语句，也可以是由花括号括起来的多条执行语句（复合语句）。如果只有一条语句，花括号可省略；如果是复合语句，花括号不能省略。

if 语句的执行过程：

（1）测试"条件"，即计算条件表达式的值。

（2）如果"条件"成立（条件表达式的值为 true，或数值不为 0），则执行 if 条件后的一组语句；如果"条件"不成立（条件表达式的值为 0），则结束 if 一路分支结构，执行程序中的下一条语句。

【例 3.1】从键盘输入一个实数 x，求 x 的绝对值。

问题分析：

本例题实质是根据 x 的正负值进行相应的处理。如果 x 为正数或 0，它的绝对值就是原值，输出原值即可；如果 x 为负数，输出-x，可得到 x 的绝对值。

算法分析：

定义 1 个 double 型变量 x，用于存放一个实数。

算法流程图如图 3-4 所示。

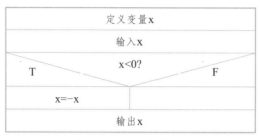

图 3-4　算法流程图

编程实现：

```cpp
//求 x 的绝对值
#include <iostream>
using namespace std;
int main(void)
{
  double x;
  cout<<"请输入 x 的值 :";
  cin>>x;
  if(x<0)
     x=-x;
  cout<<"该数的绝对值为"<<x<<endl;
  return 0;
}
```

运行结果如图 3-5 所示。

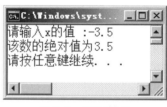

图 3-5　运行结果

关键知识点：

一路分支 if 语句的条件表达式后面没有分号。一路分支 if 语句的条件表达式如果不成立，则直接执行后续语句。

延展学习：

如果需要在条件不成立的时候执行相应的语句，又该如何实现呢？

【例 3.2】从键盘输入两个实数 x 和 y，在 x 中保存较大的那个数，顺序输出 x, y 中的值。

问题分析：

本例题实质上是对 x 和 y 排序，x 中保存较大的数，y 中保存较小的数，然后按照顺序输出 x 和 y 中的值。如果 x>y(y<=x)，则直接输出 x，y；如果 x<y(y>=x)，则先交换 x，y 的值，然后输出 x，y。问题的关键是如何交换 x 和 y 的值。

如果直接将 y 的值赋给 x，则 x 的值会被覆盖掉。可以设置一个中间变量，用它来保留 x 的值，再将 y 的值赋给 x，然后将中间变量的值赋给 y，从而实现值的互换。

算法分析：

规划数据结构如下：

（1）定义 1 个 double 型变量 x，用于存放一个实数；

（2）定义 1 个 double 型变量 y，用于存放另一个实数；

（3）定义 1 个 double 型变量 temp，用于存放中间变量。

算法流程如图 3-6 所示。

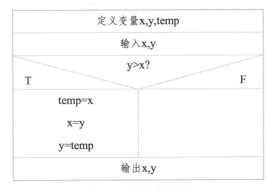

图 3-6　算法流程图

编程实现：

```cpp
//两个数从大到小输出
#include <iostream>
using namespace std;
int main(void)
{
  double x,y,temp;
  cout<<"input x and y :";
  cin>>x>>y;
  if(y>x)
    {
      temp=x;
      x=y;
      y=temp;
```

```
        }
    cout<<x<<','<<y<<endl;
    return 0;
}
```

运行结果如图3-7所示。

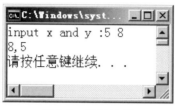

图 3-7   运行结果

关键知识点：

由于变量中只能存储一个最新的值，新值会覆盖原有的旧值，所以交换过程中需要引入中间变量暂存旧值。

延展学习：

如果不引入中间变量temp，仅使用两个变量 x 和 y，如何实现变量 x 和 y 的数值交换？

3.3.2　两路分支选择结构

两路分支选择结构用 if-else 语句实现（其流程图见图 3-8 和图 3-9）。一般语法格式为：

```
if(条件表达式)
        {
            语句1;
        }
else
        {
            语句2;
        }
```

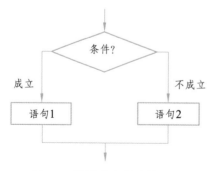

图 3-8   两路分支传统流程图

图 3-9   两路分支 N-S 流程图

if-else 语句的执行过程：

（1）测试"条件"，即计算条件表达式的值。

（2）当条件成立时，跟在 if 条件后的一条或一组语句被执行。if 条件后面的语句被称为真路径——当条件为真时执行的语句（语句 1）。当条件为假时，则执行 else 后的语句，它们被称为假路径——当条件为假时执行的语句（语句 2）。

说明：

（1）"语句 1"和"语句 2"可以是各种可执行的单语句（只有一条执行语句）或复合语句（有多条执行语句）。如果是单语句，花括号可省略；如果是复合语句，花括号不能省略。

（2）else 分句不能单独使用，必须和 if 进行配对使用。配对规则：else 总是和它上方的最近的未配对的 if 进行配对。例如：

```
if(a>b)
    a=5;
b=10;
else
    c=12;
```

上述语句由于 if 语句没有加花括号，所以条件成立时其实只有一条执行语句 a=5;，而赋值语句 b=10;是与一路分支 if 语句成顺序关系的一条语句，它总会被执行。因此造成后续 else 分句单独使用，程序编译时会报错。正确的使用方法是：

```
if(a>b)
  { a=5;
    b=10;
  }
else
    c=12;
```

【例 3.3】根据输入年份，判断该年是否为闰年。要求用 if-else 语句实现。

问题分析：

闰年的判断条件是能被 4 整除但不能被 100 整除，或者能被 400 整除的年份是闰年。若用 if-else 语句实现，year%4==0&&year%100!=0 ||year%400==0 表达式值为 true，则是闰年，否则为非闰年。

算法分析：

规划数据结构如下：

定义 1 个 int 型变量 year。算法流程图如图 3-10 所示。

图 3-10　设计算法

编程实现：

```cpp
#include <iostream>
using namespace std;
int main()
{
    int year;
    cout<<"请输入需要判断的年份: "<<endl;
    cin>>year;
    if(year%4==0&&year%100!=0 ||year%400==0)
        cout<<year<<" is a leap year."<<endl;
    else
        cout<<year<<" is not a leap year."<<endl;
    return 0;
}
```

运行结果如图 3-11 所示。

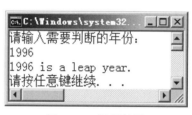

图 3-11　运行结果

延展学习：

在两路分支选择结构中，不论被判别表达式的值为"真"还是"假"，都给同一个变量赋值时，可以用条件运算符处理，以便简化代码。例如：

```cpp
if(x>y)
    max=x;
else
    max=y;
```

可以用语句 max=x>y?x:y;达到相同的效果。其中？：是条件运算符，x>y?x:y 是一个条件表达式。

条件运算符是 C++中唯一的一个三目运算符，有三个操作数，每个操作数可以是任意类型的表达式。一般语法格式如下：

表达式 1?表达式 2:表达式 3

其中的"表达式 1"通常是一个关系表达式或逻辑表达式，结果一般是布尔类型；"表达式 2"和"表达式 3"可以是一个具体的数值，也可以是一个表达式。

条件表达式的执行过程是：首先计算"表达式 1"的值，如果表达式 1 的值为 true 或非 0，则取"表达式 2"的值作为整个条件表达式的值；否则，取"表达式 3"的值。

前面提到的 max=x>y?x:y，若 x>y 为真，则取表达式 2 的值（即 x）作为条件表达式的值，否则取表达式 3 的值（即 y）。因此，不论 x 和 y 的大小关系如何，总是将较大的那个数赋值给 max。

例：

```
5<3?a+b:a-b     //返回 a-b
x<y?x:y         //返回 x 和 y 中的较小值
```

条件运算符的优先级高于赋值运算符，低于关系运算符和逻辑运算符，结合方向是自右向左。

例：int x=4,y=3,m; 求 m=x>y?x:y 的值。先求解 x>y，即 4>3 为真，所以 m 的值为 x 的值 4。

设有 int a=1,b=2,c=3,d=4,e=5,f=6,g=7, m;则执行语句 "m=a>b?c:d>e?f:g;" 之后，变量 m 的值为 7。因为条件运算符是右结合的，所以先计算 d>e?f:g，d>e 为假，所以取 g 的值，即 7；题中的语句等价于：m=a>b?c:7，a>b 为假，所以条件表达式的值为 7，将其赋值给 m，因此 m 的值为 7。

表达式 2 和表达式 3 的值的数据类型可以不同，条件表达式的值的最终类型为表达式 2 和表达式 3 中较高的类型。例如表达式 2 为 int，表达式 3 为 double，则条件表达式最终数据类型为 double。

3.3.3 多路分支结构

在选择结构中，如果条件成立时执行的语句中或者条件不成立时执行的语句中又包含另一个选择结构，称为嵌套选择结构（多路分支选择结构）。多路分支选择结构（其流程图见图 3-12），可以采用 if-else 语句嵌套方式实现。对于特殊的多路分支选择结构，采用 switch 开关分支结构来实现会更加简洁。

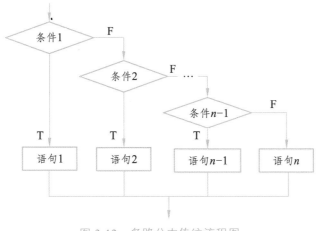

图 3-12　多路分支传统流程图

1. if-else 多路分支语法结构

多层嵌套 if-else 语句的一般语法格式：

```
if(条件 1)
    语句 1;
else if(条件 2)
      语句 2 ;
    else if(条件 3)
            ⋮
        else if(条件 n-1)
                语句 n-1;
              else
                语句  n;
```

对于嵌套的选择结构，由外层选择结构执行的判断，称为主要判定。由内层选择结构执行的判断，称为次要判定。次要判定依赖于主要判定。

嵌套结构既可以只发生在 if 分支中，也可只发生在 else 分支中，也可以在两个分支中都发生。例如上述语句就是只有 else 部分嵌套有内层选择结构，此时通常将内层选择结构的 if 和外层选择结构的 else 书写在同一行。这种嵌套的层次通常可以无限增加，用于实现多路分支选择结构。

例如，在 if 和 else 分支中都存在嵌套选择的话，其嵌套选择结构的一般形式如下：

```
if(   )//主要判定
    if(   ) 语句 1; //次要判定
    else    语句 2;
else
    if(   ) 语句 1; //次要判定
    else    语句 2;
```

如果没有括号显式地表示 if-else 的配对关系，编译系统默认的配对规则是将 else 与它上方的最近的尚未配对的 if 匹配。例如在上面语句中，第一个 else 与第二个 if（在 else 上方，最近，且未配对）配对。在第二个 else 的上方有两个 if，它离第二个 if 更近，但该 if 已经配对，所以与之配对的是第一个 if。同样地，第三个 else 与第三个 if 配对。

例：某公司有全职和兼职两种类型的员工，其带薪休假制度规定见表 3-4。

表 3-4　带薪休假制度

休假周数	员工类型	公司工龄
0	兼职员工（P）	任意
2	全职员工（F）	≤5 年
3	全职员工（F）	>5 年

正确算法：

（1）输入员工的类型和工龄。

（2）程序结构：

```
if(员工类型是F)    //主要判定
    if(工龄大于5)     //次要判定
            显示 "3-week vacation"
    else
            显示 "2-week vacation"
    //end if
else
    显示"no vacation"
//end if
```

其中，第一个 else 和第二个 if 配对，第二个 else 和第一个 if 配对。主要判定和次要判定的条件也是根据题目要求来确定，不能颠倒。如果写为

```
if(工龄大于5)
    if(员工类型是F)
            显示 "3-week vacation"
    else
            显示 "2-week vacation"
else
    显示"no vacation"
```

则不能得到完全正确的结果，比如工龄小于 5 年的全职员工也是没有假期。

【例 3.4】从键盘任意输入三个数，计算并输出它们的最大数。

问题分析：

假设用 a、b、c 分别表示输入的三个数。首先判断 a 是否为三者中的最大值，如果是，则最大值为 a。否则，最大值在 b、c 中。接着判断 b 和 c 的大小关系，如果 b 大于 c，则最大值为 b，否则最大值为 c。

算法分析：

规划数据结构如下：

（1）定义 3 个 double 型变量 a、b、c。

（2）定义 1 个 double 型变量 max，用于存放最大值。

算法流程图如图 3-13 所示。

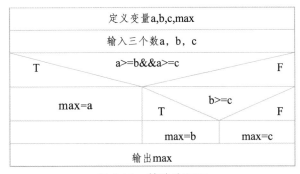

图 3-13　算法流程图

编程实现:

```cpp
#include <iostream>
using namespace std;
int main(void)
{
  double a,b,c,max;
  cout<<"input a,b,c :";
  cin>>a>>b>>c;
  if(a>=b&&a>=c)
     max=a;
  else
     if (b>=c )
        max=b;
     else
        max=c;
  cout<<"max="<<max<<endl;
  return 0;
}
```

运行结果如图 3-14 所示。

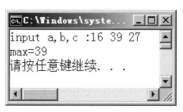

图 3-14　运行结果

改进算法流程图如图 3-15 所示。

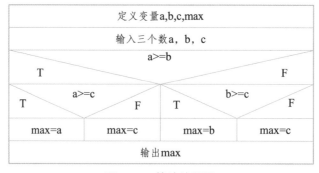

图 3-15　算法流程图

编程实现:

```cpp
//求三个数的最大数的改进算法
```

```cpp
#include <iostream>
using namespace std;
int main(void)
{
  double a,b,c,max;
  cout<<"input a,b,c :";
  cin>>a>>b>>c;
  if(a>=b )
    {
      if(a>=c)
          max=a;
      else
          max=c;
    }
  else
    {
     if(b>=c)
          max=b;
     else
          max=c;
    }
  cout<<"max="<<max<<endl;
  return 0;
}
```

运行结果如图 3-16 所示。

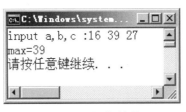

图 3-16　运行结果

关键知识点：

在 if 和 else 分支中都有嵌套选择结构。利用 if-else 把需要满足的条件进一步分解，逻辑上更容易理解。

延展学习：

比较分析：只在 else 部分嵌套选择结构，与同时在 if 部分和 else 部分嵌套选择结构的优缺点。

【例 3.5】根据输入年份，判断该年是否为闰年。要求用 if-else 语句实现。

问题分析：

闰年的判断条件是能被 4 整除但不能被 100 整除，或者能被 400 整除的年份是闰年。表达式为：(year%4==0)&&(year%100!=0) ||(year%400==0)。若用 if-else 语句实现，首先需要判断 year 是否能整除 4，如果不能整除，则是非闰年。如果可以整除，则继续判断 year 是否能整除 100，如果不能整除，则是闰年，否则继续判断 year 是否能整除 400，如果能整除，则是闰年，否则为非闰年。

算法分析：

规划数据结构如下：

定义 1 个 int 型变量 year。

算法流程图如图 3-17 所示。

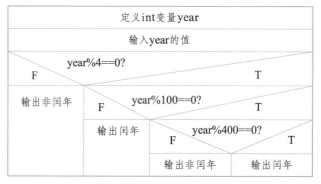

图 3-17　算法流程图

编程实现：

```cpp
#include <iostream>
using namespace std;
int main()
{
    int year,leap;
    cout<<"请输入需要判断的年份: "<<endl;
    cin>>year;
    if(year%4!=0)
        leap=0;
    else    if(year%100!=0)
            leap=1;
        else if(year%400!=0)
            leap=0;
            else
                leap=1;
    if(leap)
        cout<<year<<" is a leap year."<<endl;
```

```
else
    cout<<year<<" is not a leap year."<<endl;
return 0;
}
```

运行结果如图 3-18 所示。

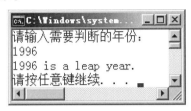

图 3-18　运行结果

关键知识点：

为了使程序更简化，可以定义一个 int 型变量 leap，作为是否为闰年的标志。

延展学习：

将此方法和之前直接用表达式来判断闰年的方法进行比较，进一步分析两种方法的特点。

【例 3.6】编程实现一个简易计算器。要求由键盘输入一个四则运算式，输出该运算式和运算结果。

问题分析：

设输入的数据分别为 x、y，运算符号为 op，根据运算符号 op 的值决定对 x、y 两个数据执行何种算术运算。

算法分析：

规划数据结构如下：

（1）定义 2 个 double 类型变量 x 和 y，用于存放两个操作数；

（2）定义 1 个 char 型变量 op，用于存放运算符。

算法流程图如图 3-19 所示。

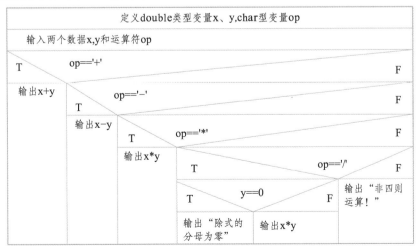

图 3-19　算法流程图

编程实现:

```cpp
//简易计算器
#include <iostream>
using namespace std;
int main(void)
{
  double x, y;
  char op;
  cout<<"请输入算式: "<<endl;
  cin>>x>>op>>y;
  if(op=='+')
    cout<<x<<'+'<<y<<'='<<x+y<<endl;
  else
    if(op=='-')
      cout<<x<<'-'<<y<<'='<<x-y<<endl;
    else
      if(op=='*')
        cout<<x<<'*'<<y<<'='<<x*y<<endl;
      else
        if(op=='/')
          if(y==0.0)
            cout<<"除式的分母为零!"<<endl;
          else
            cout<<x<<'/'<<y<<'='<<x/y<<endl;
        else
          cout<<"非四则运算!"<<endl;
  return 0;
}
```

运行结果如图 3-20 所示。

图 3-20 运行结果

关键知识点:

多路分支要包含所有的可能情况,并进行嵌套处理;对于"/"运算符,当被除数和除数都为整数时,执行的是整除操作;字符类型的操作运算符要用单引号' '括起来。

086

延展学习：

将上述程序改用 if 部分和 else 部分都进行嵌套的方式来实现。

2. switch 结构

有些问题，虽然需要进行多次选择判断，但是每次判断都依据同一表达式的值，这样就没有必要在每个嵌套的 if 语句中计算一遍表达式的值。C++中用 switch 语句来解决这类问题。switch 结构传统流程图如图 3-21 所示。其一般语法格式如下：

```
switch （表达式）
{
    case 常量表达式 1: 语句序列 1;
    case 常量表达式 2: 语句序列 2;
                ⋮
    case 常量表达式 n: 语句序列 n;
    default: 语句;
}
```

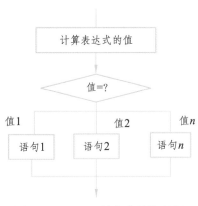

图 3-21　switch 结构传统流程图

如果执行了匹配的 case 语句后要退出 switch，不再执行 switch 中其他 case 或 default 语句，需要在每个 case 分支的最后加 break 语句，用来结束整个 switch 选择结构。其语法结构如下：

```
switch （表达式）
{
    case 常量表达式 1: 语句序列 1;break;
    case 常量表达式 2: 语句序列 2;break;
                ⋮
    case 常量表达式 n: 语句序列 n;break;
    default: 语句;
}
```

switch 语句的执行过程：

（1）先计算 switch 语句中表达式的值，此表达式可以包含常量、变量、函数和运算符的组合，结果应该是整型、字符型或枚举型。

（2）每个 case 后的值称为"开关常数"，为整数、字符型常量或枚举型常量，值不能相同，只起入口标号的作用。

（3）寻找与表达式值匹配的 case 语句，由此开始执行此 case 以后的所有语句。在转入某 case 后面语句序列中的第一条语句开始执行以后，将依次顺序执行下去，直到遇到 break 语句后跳出 switch 语句，或者遇到 switch 语句体的反括号"}"结束。如果没有找到与之匹配的 case 语句，则从 default 语句开始执行。default 语句是可选的，作用好比 if-else 中的最后一个 else 语句。如果"表达式"的结果值不匹配任何一个开关常数，程序就转去执行 default 分句。

（4）break 语句起着结束 switch 语句执行的作用。一旦 switch 语句定义了一个入口，程序将转入执行后面的语句序列，直到遇到 break 语句和"}"退出该 switch 结构，执行 switch 的后续语句。

【例 3.7】由键盘输入一个四则运算式，输出该运算式子和运算结果。改用 switch 开关语句实现。

问题分析：

当选择分支比较多，且每次条件判断都是对同一表达式进行判断时，可使用 switch 语句（开关语句）实现，比 if-else 嵌套语句显得逻辑更为清晰。本例中，开关常数取值为'+'、'-'、'*'、'/'。

算法分析：同例 3.6。

算法流程图如图 3-22 所示。

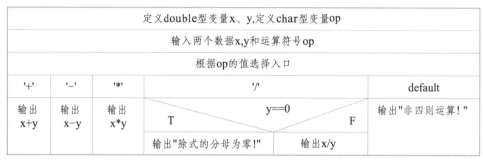

图 3-22　算法流程图

编程实现：

```cpp
//简易计算器
#include <iostream>
using namespace std;
int main(void)
{
    double x, y;
    char op;
    cout<<"请输入算式：(例如 12*34)"<<endl;
    cin>>x>>op>>y;
    switch(op)
     {
        case '+' :
            cout<<x<<'+'<<y<<'='<<x+y<<endl;
            break;
        case '-' :
            cout<<x<<'-'<<y<<'='<<x-y<<endl;
            break;
        case '*' :
            cout<<x<<'*'<<y<<'='<<x*y<<endl;
```

```
            break;
        case '/' :
            if(y==0.0)
                cout<<"除式的分母为零!"<<endl;
            else
                cout<<x<<'/'<<y<<'='<<x/y<<endl;
            break;
        default :
            cout<<"非四则运算!"<<endl;
    }
    return 0;
    }
```

运行结果如图 3-23 所示。

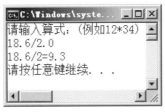

图 3-23　运行结果

关键知识点：

（1）表达式值的数据类型，只允许是整型、字符型以及枚举型，用于和后面的 case 分句中的常量表达式进行比较。

（2）常量表达式也称为开关常数，只起到入口标号的作用。同样地，它也只允许是整型、字符型以及枚举型常量，并且每个 case 分句的开关常数互不相同。

（3）各 case 分句和 default 分句的出现次序，在都有 break 语句的情况下，不影响执行结果。

（4）在 case 分句中，使用复合语句时可以不加花括号。

延展学习：

利用 switch 结构完成包括算术运算、关系运算和逻辑运算的计算器。

【例 3.8】给学生写评语，要求将学生的考试成绩从百分制转换为四级制。成绩分数段 90 至 100 分，对应等级 A；80 至 89 分，对应等级 B；60 至 79 分对应等级 C；60 分以下为等级 D。

问题分析：

根据成绩所属分数段确定相应的等级。问题的关键是对分数段的描述。

C++的除法运算/具有以下特点：当除数和被除数均为整数，/为整除。因此，可以构造一个整型表达式 grade/10 用于将分数段化为单个整数值。

算法分析：

规划数据结构如下：

（1）定义 1 个 int 型变量 grade，用于存放用户输入学生的成绩；

（2）定义 1 个 char 型变量 x，用于存放学生成绩对应的等级。

算法流程图（见图 3-24）为：

（1）提示用户输入学生成绩，并存放在变量 grade 中；

（2）利用 grade/10 将分数段转化为单个整数值。

（3）采用 switch 结构，根据输入的整数值，进行学生成绩的等级判定。

（4）输出结果。

定义 int 型变量 grade，char 型变量 x			
从键盘输入 grade 的值			
根据 grade/10 的值选择入口			
9或10	8	7或6	default
x='A'	x='B'	x='C'	x='D'
输出 x 的值			

图 3-24　算法流程图

编程实现：

```cpp
//给学生写评语。将成绩由百分制转换为四级制。
#include <iostream>
using namespace std;
int main(void)
{
    int grade;
    char x;
    cout<<"请输入该学生的百分制成绩:"<<endl;
    cin>>grade;
    switch(grade/10)
      {
        case 10:
        case 9:        x='A';break;
        case 8:        x='B';break;
        case 7:
        case 6:        x='C';break;
        default:       x='D';
      }
    cout<<"该学生成绩等级为:"<<x<<endl;
    return 0;
}
```

运行结果如图 3-25 所示。

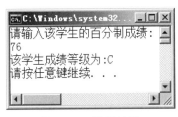

图 3-25　运行结果

关键知识点：

（1）break 语句用来结束 switch 语句的执行。如果没有遇到 break 语句，将一直执行后面的语句序列，直到遇到 break 语句结束执行并退出该 switch 语句。

（2）当 switch 表达式的值在某个范围内，均执行相同的操作，switch 语句可表示如下：

```
switch（表达式）
{
case  常量表达式1:
case  常量表达式2:
        ⋮
case  常量表达式n-1:语句序列n-1;break;
default:
        语句序列n;
}
```

当表达式的值与常量表达式 1 的值或常量表达式 2 的值，…，或常量表达式 n-1 的值之一匹配时，都执行语句序列 n-1；否则，执行语句序列 n。在本例中，学生成绩为 76 的时候，case 7 后就是缺省，所以从 case 7 入口进入后，继续执行 case 6 后面的语句，将'C'赋值给变量 x。

延展学习：

（1）如果成绩含小数，如何修改程序？

（2）编程实现：输入某年某月某日，判断这一天是这一年的第几天。

3.4　常见错误小结

常见错误小结请扫二维码查看。

微课：输入年月日，判断这一年的第几天

第 3 章
常见错误小结

第 3 章
在线测试

习题与答案解析

一、单项选择题

1. 下列运算符中，（　　　）的优先级别最高。

　　A. 赋值运算符　　　B. 算术运算符　　　C. 逗号运算符　　　D. 关系运算符

2. 下列运算符中，（ ）的优先级别最低。

    A. !   B. >=   C. ==   D. ||

3. 已知 int x=2,y=1,z=2；则 !x+y||z 的结果为（ ）。

    A. 0   B. 1   C. 2   D. 3

4. 表达式 2+3< 1*4==1 的值为（ ）。

    A. 0   B. 1   C. 2   D. 3

5. 设有 M=1, N=2 和 K=3；则表达式 M=N==K>2 值是（ ）。

    A. 0   B. 1   C. 10   D. 20

6. 下面（ ）表达式用来判断变量 year 是否为闰年。

    A. year%4==0||year%100!=0 || year%400==0

    B. year%4==0&&year%100!=0 && year%400==0

    C. year%4==0||year%100!=0 && year%400==0

    D. year%4==0&&year%100!=0 || year%400==0

7. 已设定 a=3,b=2,c=1，则表达式 f=a>b==c 的值为（ ）。

    A. 0   B. 1   C. 2   D. 3

8. 若有 int M=0,N=1,J=2,K=3;则 result=2+M&&N&&J||K;的结果为（ ）。

    A. 0   B. 1   C. 2   D. 3

9. C++语言中，逻辑"真"是（ ）。

    A. 大于 0 的数   B. 大于等于 0 的数

    C. 非零的数   D. 小于 0 的数

10. 能表示整型变量 x 为偶数的表达式是（ ）。

    A. x/2==0   B. x/2!=0   C. x%2==0   D. x%2!=0

11. C++语言的 switch 语句中，case 分句后的内容说法错误的是（ ）。

    A. 可以为整型常量   B. 可以为字符型常量

    C. 可以为字符串常量   D. 不能是浮点型常量

12. 如果用 isSunday 变量取值为 true 表示今天是星期天；isSunny 变量取值为 true 表示天气晴朗；isinteresting 变量取值为 true 表示要去上兴趣班。小明每逢星期天、如果天气晴朗，并且不上兴趣班，就可以去打篮球。判断小明今天是否可以打篮球的表达式为（ ）。

    A. isSunday && isSunny && isinteresting

    B. isSunday && isSunny &&! isinteresting

    C. isSunday &&isSunny || isinteresting

    D. isSunday || isSunny ||! isinteresting

13. 设有 int x=1,y=2,z=3，则 x&&y&&z 的结果是（ ）。

    A. 0   B. 1   C. 2   D. 3

14. 逻辑运算符两侧运算对象的数据类型（ ）。

    A. 只能是 true 或者 false   B. 只能是整数

    C. 只能是整型或字符型数据   D. 可以是任何类型的数据

15. 已知 x=12,ch='a',y=0;则表达式 x>=y&&ch<'b'&&!y 的值是（ ）。

A. 0   B. 1   C. 语法错误   D. 假

16. 若有 int a=7,b=8,w=1,x=2,y=3,z=4;则表达式（a=w>x）&&(b=y>z)的值为（   ）。

A. 7   B. 0   C. 2   D. 1

17. 若有 int x=12, y;则 y=x>12?x+10:x-12 的结果是（   ）。

A. 0   B. 22   C. 12   D. 10

18. 若有 int x=2,y；则执行 y=x&&1 的结果是（   ）。

A. 0   B. 1   C. 2   D. 语法错误

19. 下面表达式中能表示 x 在 20 到 50 之间的是（   ）。

A. x>20&x<50   B. !(x>50||x<20)

C. 20<x<50   D. !(x<50&&x>20)

20. 为了避免 if-else 的二义性，C++规定 else 总是和（   ）组成配对关系。

A. 与 else 对齐的 if

B. 在其之前的第一个未被配对的 if

C. 在其之前的离其最近的未被配对的 if

D. 在其之后的离其最近的未被配对的 if

21. 若有 int x,a,b;则下列选项中（   ）是错误的。

A. if a==b x++;   B. if(a<=b) x++;

C. if(a-b) x++;   D. if(a) x++;

22. 下列四个选项中，有一个选项和其他三个选项含义不同。这个选项是（   ）。

A. x%2   B. x%2==1

C. (x%2)!=0   D. !x%2==0

23. 下面四个选项中，不能看作一条语句的是（   ）。

A. {;}   B. x=0,y=0,z=0;

C. if(x>0) x++;   D. if(y==0) a=1;b=2;

24. if 语句的语法结构：

```
if(表达式)
   {
      语句；
      ……
   }
```

关于"表达式"描述正确的是（   ）。

A. 必须是逻辑值   B. 必须是整数值

C. 必须是正数   D. 可以是任何合法的数值

25. 下面叙述正确的是（   ）。

A. 在 switch 结构中，不一定使用 break 语句

B. 在 switch 结构中，必须使用 default 语句

C. 在 switch 结构中，case 分句中的开关常数可以相同

D. 在 switch 结构中，break 必须要与一个 case 分句配对

二、判断题

1. C++中运算符的结合顺序是从左向右结合。　　　　　　　　（　　）

2. C++中=运算符的优先级别要高于==。　　　　　　　　　　（　　）

3. else 总是和它上面的、未被配对的 if 进行配对。　　　　　（　　）

4. 条件运算符优先级高于赋值运算符，低于逻辑运算符。　　（　　）

5. 逻辑||运算符的优先级别高于逻辑与&&运算符。　　　　　（　　）

6. C++语言中的 switch 语句中，case 分句后的常数可以相同。　（　　）

7. 算术运算符的优先级别高于关系运算符,关系运算符的优先级别高于逻辑运算符。

　　　　　　　　　　　　　　　　　　　　　　　　　　　　（　　）

8. 2 == 2 && 4 >5,返回 0。　　　　　　　　　　　　　　　　（　　）

9. 原则上，逻辑运算符的操作数应为 bool 型数据，但同时允许是数值型数据，此时，0 等价于 true，非 0 等价于 false。　　　　　　　　　（　　）

10. 如果多个表达式用&&连接,若一个表达式的值为 false,将使整个连接的值为假。

　　　　　　　　　　　　　　　　　　　　　　　　　　　　（　　）

三、阅读程序，写出运行结果

1.

```cpp
#include <iostream>
using namespace std;
int main(void)
{
    double  a=2.0,b=5.0,c=3.0,m;
    m=b*b-4*a*c;
    if(m>0)
        cout<<(-b-sqrt(m))/(2*a)<<"和"<<(-b+sqrt(m))/(2*a)<<endl;
    else if(m==0)
        cout<<-b/(2*a)<<endl;
    else if(m<0)
        cout<<"无实数解"<<endl;
    return 0;
}
```

2.

```cpp
#include <iostream>
using namespace std;
int main(void)
{
    int a=8,b=9,c=10,d=4,e=5,f=6,g=7;
    int m;
```

```
    m=a>b?c:d>e?f:g;
    cout<<"m="<<m<<endl;
    return 0;
}
```

四、程序填空题

1. 程序功能：判断三角形情况。输入三个整数，表示三角形的三个边长。当任意两边之和大于第三边时，需要进一步判断是普通三角形还是直角三角形；否则，输出："不是三角形"。

输入/输出格式参见运行结果。

```
#include <iostream>
using namespace std;
int main(void)
{
    int a,b,c;
    cout<<"输入三边长度:";
    cin>>a>>b>>c;
    if(a+b>c&&a+c>b&&_____①_____>a)
        {
            if(a*a==_____②_____||b*b==a*a+c*c||_____③_____==a*a+b*b)
                cout<<"是一个直角三角形"<<endl;
            else
                cout<<"是三角形，但不是直角三角形"<<endl;
        }
    else
        cout<<"不是三角形"<<endl;
    return 0;
}
```

运行结果如图 3-26 所示。

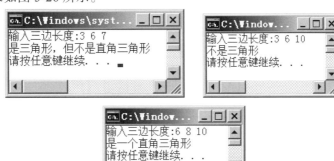

图 3-26　运行结果

095

2. 程序功能：利润提成程序。根据年利润提成，计算企业发放的年度奖金。利润低于或等于 10 万元的部分，奖金按 10%提取；利润高于 10 万元，低于或等于 20 万元的部分，奖金按 7.5%提取；20 万元到 40 万元之间的部分，可提成 5%；40 万元到 60 万元之间的部分，可提成 3%；60 万元到 100 万元之间的部分，可提成 1.5%；超过 100 万元的部分按 1%提取。从键盘输入当月利润，求应发放奖金总数。输入/输出格式参见运行结果。

```cpp
#include <iostream>
using namespace std;
int main(void)
{
    int a; //利润变量
    double result;//奖金变量
    cout<<"请输入利润: ";
    cin>>  ①  ;
    if(a<=10)
            result=0.1*a;
    else if(a<=20)
            result=1+(a-10)*0.075;
    else if(a<=40)
            result=1.75+(a-20)*0.05;
    else if(a<=60)
            result=2.75+  ②  *0.03;
    else if(a<=100)
            result=  ③  + (a-60)*0.015;
    else
            result=3.95+(a-100)*0.01;
    cout<<"奖金是: "<<result<<endl;
    return 0;
}
```

运行结果如图 3-27 所示。

图 3-27 运行结果

3. 程序功能：计算某年某月有多少天。根据历法，凡是 1、3、5、7、8、10、12 月，每月 31 天；凡是 4、6、9、11 月，每月 30 天；2 月闰年 29 天，平年 28 天。编程输入年、月，输出该月的天数。输入/输出格式参见运行结果。

```cpp
#include <iostream>
using namespace std;
int main(void)
{
    int year,month,num;
    cout<<"输入年和月: ";
    cin>>year>>month;
    switch(____①____)
    {
        case 1:
        case 3:
        case 5:
        case 7:
        case 8:
        case 10:
        case 12: num=31;break;
        case 4:
        case 6:
        case 9:
        case 11:num=____②____;break;
        default: if(year%400==0||year%4==0&&____③____!=0)
                num=29;
            else
                num=28;
    }
    cout<<year<<"年"<<month<<"月有"<<num<<"天"<<endl;
}
```

运行结果如图 3-28 所示。

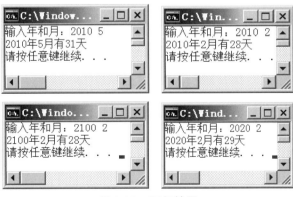

图 3-28 运行结果

097

五、程序改错题

1. 程序功能：从键盘输入一个 5 位数，判断它是不是回文数。输入/输出格式参见运行结果。（3 个错误）

```
1  #include <iostream>
2  using namespace std;
3  int main(void)
4  {
5    int num,g,s,q,w;
6    cout<<"输入 num:";
7    cin>>num;
8    g=num/10;          //求个位数字
9    s=num/10%10;       //求十位数字
10   q=num%1000/10;     //求千位数字
11   w=num/10000;       //求万位数字
12   if(g==q&&s==w)
13      cout<<num<<"是回文数"<<endl;
14   else
15      cout<<num<<"不是回文数"<<endl;
16   return 0;
17 }
```

运行结果如图 3-29 所示。

图 3-29 运行结果

2. 程序功能：计算一个月的上网费用。计算方法如下：若上网时间<10 h，网费为 30 元；若 10 h<=上网时间<30 h，网费为 3 元/h；若上网时间>=30 h，网费为 2.5 元/h。要求输入该月上网小时数，显示该月总的上网费用。输入/输出格式参见运行结果。（3 个错误）

```
1  #include <iostream>
2  using namespace std;
3  int main(void)
4  {
5    int  hours;
6    double  total;
7    cout<<"输入 hours:";
```

098

```
8      cin>>hours;
9      switch(hours%10)
10      {
11       case 0: total=30.0;
12       case 1:
13       case '2':total=3.0*hours; break;
14       default:  total=2.5*hours;
15       }
16     cout<<"上网费用为: "<<total<<"元"<<endl;
17     return 0;
18    }
```

运行结果如图 3-30 所示。

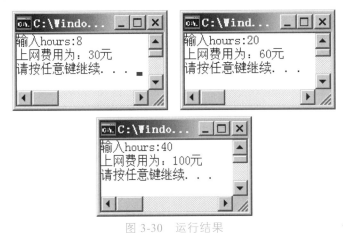

图 3-30　运行结果

3. 程序功能：输入某年某月某日，判断这一天是这一年的第几天。输入/输出格式参见运行结果。（3 个错误）

```
1   #include <iostream>
2   using namespace std;
3   int  main(void)
4   {
5     int year,month,day,sum_day=0;
6     cout<<"请输入年、月、日: ";
7     cin>>year>>month>>day;
8     switch(year)
9     {
10     case 12:sum_day=30+sum_day;
11     case 11:sum_day=31+sum_day;
12     case 10:sum_day=30+sum_day;
13     case 9:sum_day=31+sum_day;
```

```
14    case 8:sum_day=31+sum_day;
15    case 7:sum_day=30+sum_day;
16    case 6:sum_day=31+sum_day;
17    case 5:sum_day=30+sum_day;
18    case 4:sum_day=31+sum_day;
19    case 3:if(year%4==0&&year%100!=0||year/400==0)
20            sum_day=29+sum_day;
21        else
22            sum_day=30+sum_day;
23    case 2:sum_day=31+sum_day;
24    case 1:sum_day=day+sum_day;
25    }
26    cout<<"是这一年的第"<<sum_day<<"天"<<endl;
27    return 0;
28 }
```

运行结果如图 3-31 所示。

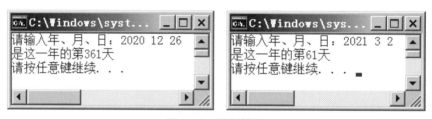

图 3-31　运行结果

六、编程题

1. 字母转换。编写程序,要求输入一个字母,若为大写字母,将其转换成相应小写字母输出,否则,原样输出该字母。输入/输出格式参见运行结果。

运行结果如图 3-32 所示。

图 3-32　运行结果

100

2. 判断肺活量是否达标。正常成人男性肺活量要大于或等于 3500 mL，成年女性肺活量要大于或等于 2500 mL。编写程序，输入性别 sex（1 代表男性，0 代表女性）和肺活量 num，如果达标则输出"性别 达标"，否则，输出"性别 不达标"。输入/输出格式参见运行结果，如图 3-33 所示。

图 3-33　运行结果

3. 计算员工工资，采用 if-else 结构实现。某公司的工资根据工作时间发放如下：

（1）时间在 4 h 以内（含 4 h），工资为 50 元；

（2）时间在 4~8 h（含 8 h），在 4 h 50 元的基础上，超出 4 h 的时间按 20 元/h 计算；

（3）时间超过 8 h，在前 8 h 的工资基础上超出时间按 30 元/h 计算；

请根据以上关系，输入工作小时数 hours，输出应发的工资 wage。

输入/输出格式参见运行结果，如图 3-34 所示。

图 3-34　运行结果

4. 学校购买教材，购买教材数量不同，则每本单价不同（见表 3-6）。采用 switch 结构编程实现，计算购买 num 本教材需要多少钱（total 表示需付总金额）？输入/输出格式参见运行结果。

表 3-6　教材单价

购买教材数量 num	每本单价 price
0<=num<50	31
50<=num<100	30
100<=num<200	28
200<=num<250	25
num>=250	23

运行结果如图 3-35 所示。

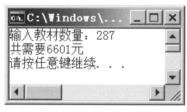

图 3-35　运行结果

5. 模拟二人猜拳游戏：剪刀石头布。

要求：给出选项菜单如下：

**********新一局**********

　　1. 出剪子

　　2. 出石头

　　3. 出布

****

请输入甲、乙猜拳代码：

根据键盘输入的甲乙猜拳代码，给出猜拳"战况"："甲胜"or"乙胜"or"平局"的结果。要求用 switch 语句实现。输入/输出格式参见运行结果，如图 3-36 所示。

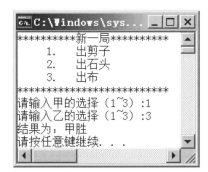
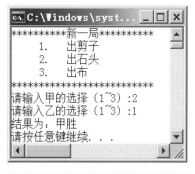
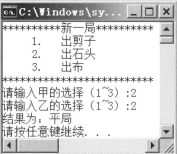
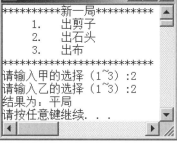

图 3-36 运行结果

学生作业报告

专业_____ 班级_____ 学号_____ 姓名_____

第4章

学习要点

在程序设计中，如果一组操作需要反复多次地执行，则需要使用"循环结构"来实现。循环结构既可以简化程序的代码量，又可以提高程序的效率。本章具体内容如下：

（1）循环基本结构；

（2）循环控制语句；

（3）循环嵌套；

（4）程序设计基本方法简介。

4.1　循环基本结构

C++中用于实现循环结构的控制语句主要有三种：while 语句、do-while 语句和 for 语句。这三种语句在功能和用法上各有特点，熟练掌握将有助于编写复杂程序。

4.1.1　while 语句

while 语句实现当型循环，其流程图如图 4-1 所示。

语句格式：

```
while（条件）
        循环体
```

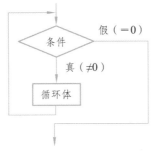

图 4-1　while 语句流程图

while 语句的执行过程：先判断循环的条件，当条件成立，则执行循环体，然后重复"判断—执行"的过程，直到循环的条件不成立时，退出 while 语句，结束循环，执行其后续语句。

说明：

（1）while 语句的循环体是单个语句或语句组（复合语句）。语句组是指两条或两条以上的语句，需要用花括号{ }括起来，称为复合语句。

（2）while 语句用来实现当型循环结构，它会在执行循环体之前测试条件，当循环条件为真时，执行循环体，当循环条件不成立时，结束循环，继而执行后续的语句。所以，while 语句的循环体有可能一次都不会被执行。

（3）如果循环条件永远为真，则循环将变成无限循环，又称为"死循环"。为了避免陷入"死循环"，while 语句的循环体中应含有修正与循环控制条件相关的变量的语句，或含有使循环结束的语句（如 break）。

【例 4.1】编程求 $n!$，n 从键盘输入。要求用 while 语句实现。

问题分析：

本例的实质是计算 $1*2*3*\cdots*(n-1)*n$ 的结果，即多次进行两个数相乘的操作（操作次数与 n 有关），只不过每次进行相乘操作的乘数和被乘数不一样。

算法分析：

规划数据结构如下：

（1）定义 int 型变量 mul，用于存储被乘数；

（2）定义 int 型变量 i，用于存储乘数，通过循环依次取值 1,2,3,$\cdots$,n。

算法流程图如图 4-2 所示。

图 4-2　算法流程图

编程实现：

```cpp
#include <iostream>
using namespace std;
int main(void)
{
    int i,n,mul;
    cout<<"输入一个正整数: ";
    cin>>n;
    i=1;
```

```
    mul=1;
    while(i<=n)
    {
        mul*=i;
        i++;
    }
    cout<<n<<"的阶乘为: "<<mul<<endl;
    return 0;
}
```

运行结果如图 4-3 所示。

图 4-3　运行结果

关键知识点：

（1）循环体由两条语句构成，所以需要加{ }形成复合语句；

（2）循环体中的语句 i=i+1 修改了循环控制变量 i 的值，使得每执行一次循环，变量 i 的值都要增加。这样，当循环到一定次数的时候，循环条件 i<=n 就会不成立，从而结束循环。

延展学习：

当 n 大于 12 时，试试结果是否正确，此时程序该如何处理？

【例 4.2】计算并输出一个正整数的反序数。

问题分析：

反序数是指将整数的数字倒排形成的数，如正序数 369 的反序数为 963。由于不知道该数有几位，所以从个位起，逐位取出各位数字，直到所有数位取完为止。如正序数为 369,先通过 369%10 取出个位数 9，正序数 369/10 改变为 36;第二次通过 36%10 取出数字 6，正序数 36/10 改变为 3，将 9*10+6 得到反序数 96;第三次通过 3%10 取出数字 3，正序数 3/10 改变为 0，将 96*10+3 得到反序数 963;此时正序数为 0，说明已经取完所有数字，循环结束。

算法分析：

规划数据结构如下：

（1）定义 int 型变量 positive，用于存储正序数；

（2）定义 int 型变量 reverse，用于存储反序数，初始值为 0。

算法流程图如图 4-4 所示。

107

输入正序数positive		
反序数reverse赋初值0		
正序数positive >0		
	将反序数reverse左移1位（乘以10），然后加上正序数positive的个位数	
	去掉正序数positive的个位数	
输出反序数reverse		

图 4-4　算法流程图

编程实现：

```
#include <iostream>
using namespace std;
int main(void)
{
    int positive,reverse=0;
    cout<<"输入一个正整数: ";
    cin>>positive;
    while(positive>0)
    {
        reverse=reverse*10+positive%10;
        positive=positive/10;
    }
    cout<<"反序数为: "<<reverse<<endl;
    return 0;
}
```

运行结果如图 4-5 所示。

图 4-5　运行结果

关键知识点：

（1）positive%10 可以得到正序数的个位数；

（2）reverse=reverse*10;使得反序数左移一位，reverse=reverse*10+positive%10 将新取到的数字加到反序数的个位，构成新的反序数。

（3）positive/10 可以去掉正序数的个位数。

延展学习：

如果最后要输出正序数，如何修改程序？

4.1.2 do-while 语句

直到型循环用 do-while 语句来实现（其流程图见图 4-6），语句格式为：

```
do
       循环体
while（条件）;
```

说明：

（1）do-while 语句的循环体可以是单个语句，也可以是复合语句；若是复合语句，需要用花括号括起来。

（2）while（条件）后面的分号是 do-while 语句的结束符，不能省略。

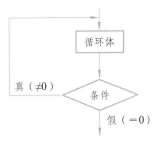

图 4-6　do-while 语句流程图

语句执行过程：首先执行循环体，然后重复"判断条件—执行循环体"的过程，直到循环条件不成立，退出 do-while 语句，结束循环，执行其后继语句。

do-while 语句用来实现"直到型"循环，同 while 语句一样，使用 do-while 语句时，要防止陷入死循环。

（3）while 语句和 do-while 语句的区别，除了在语法格式上有区别，还包括：如果循环条件一开始并不成立（为假），while 语句中的循环体得不到执行；但对于 do-while 语句，不管循环条件一开始是否成立，循环体至少会执行一次。

【例 4.3】编程求 $n!$，n 从键盘输入。要求用 do-while 语句实现。

问题分析：

本例实质与例 4.1 一致，只不过实现循环的语句不一样。

算法分析：

规划数据结构如下：

（1）定义 int 型变量 mul，用于存储被乘数；

（2）定义 int 型变量 i，用于存储乘数，通过循环依次取值 1,2,3,…,n。

算法流程图如图 4-7 所示。

图 4-7　算法流程图

编程实现：

```
#include <iostream>
using namespace std;
int main(void)
```

```
{
    int i,n,mul;
    cout<<"输入一个正整数：";
    cin>>n;
    i=1;
    mul=1;
    do
    {
        mul*=i;
        i++;
    }while(i<=n);
    cout<<n<<"的阶乘为："<<mul<<endl;
    return 0;
}
```

运行结果如图 4-8 所示。

图 4-8　运行结果

关键知识点：

（1）循环体由两条语句构成，所以需要加{ }形成复合语句；

（2）do-while 语句要注意 while 后面要加分号。

（3）C++有三种实现循环结构的语句：for、while 和 do-while，三种语句均是循环条件成立时执行循环体。本书中的流程图，为了保持和 C++语法的一致性，直到型循环均是按"条件成立时执行循环体"的原则画的，部分书籍中的直到型循环是"条件不成立时执行循环体"，两者都是正确的。

【例 4.4】从键盘输入一个十进制整数，编程实现将其转换为八进制输出。

问题分析：

十进制整数转换为八进制的方法是：除以基数取余数，直到商为 0。余数按从下到上的顺序排列。例如：要将十进制数 1000 转换为八进制，就是用 1000 除以 8，商为 125，余数为 0，再用 125 继续除以 8，商为 15，余数为 5，一直除到商为 0。最后将得到的余数从下往上顺序排列，就得到八进制 1750。转换过程如图 4-9 所示。

图 4-9　十进制转八进制示意图

算法分析：

规划数据结构如下：

（1）定义 int 型变量 n，用于存储十进制整数；

（2）定义 int 型变量 result，用于存储转换后的八进制整数。

算法流程图如图 4-10 所示。

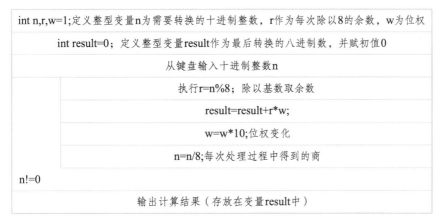

int n,r,w=1;定义整型变量n为需要转换的十进制整数，r作为每次除以8的余数，w为位权		
int result=0；定义整型变量result作为最后转换的八进制数，并赋初值0		
从键盘输入十进制整数n		
	执行r=n%8；除以基数取余数	
	result=result+r*w;	
	w=w*10;位权变化	
	n=n/8;每次处理过程中得到的商	
n!=0		
输出计算结果（存放在变量result中）		

图 4-10　算法流程图

编程实现：

```cpp
#include <iostream>
using namespace std;
int main(void)
{
    int n,r,w=1;
    int result=0;
    cout<<"请输入一个十进制整数：";
    cin>>n;
    do
    {
        r=n%8;
        result=result+r*w;
        w=w*10;
        n=n/8;
    }while(n!=0);
    cout<<"该数转换为八进制是："<<result<<endl;
    return 0;
}
```

运行结果如图 4-11 所示。

图 4-11　运行结果

关键知识点：

十进制整数转换成八进制的方法是除以基数取余数，余数从下往上排列。

延展学习：

（1）把八进制整数转换成十进制数并输出。

（2）把二进制整数转换成十进制数并输出。

（3）把十进制整数转换成二进制数并输出。

【例 4.5】使用辗转相除法求两个整数的最大公约数。

问题分析：

辗转相除法，即设 p、q 为输入的两个整数，然后通过 r=p%q 求出余数 r，如果 r!＝0 则重复执行以下操作：p=q，q=r，r=p%q；直到 r 等于 0 为止，q 中存放的即为最大公约数。

算法分析：

规划数据结构如下：

（1）定义 int 型变量 p 和 q，用于存储输入的两个整数；

（2）定义 int 型变量 r，用于存储 p 除以 q 的余数。

算法流程图如图 4-12 所示。

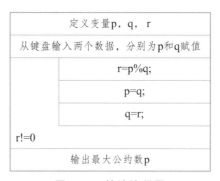

图 4-12　算法流程图

编程实现：

```
1  #include <iostream>
2  using namespace std;
3  int main(void)
4  {
```

```
5      int p,q,r;
6      cout<<"请输入两个正整数: ";
7      cin>>p>>q;
8      do
9      {   r=p%q;
10        p=q;
11        q=r;
12     } while(r!=0);
13     cout<<"最大公约数为"<<p<<endl;
14     return 0;
15     }
```

运行结果如图 4-13 所示。

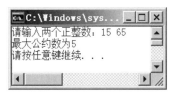

图 4-13　运行结果

关键知识点:

（1）最后一次循环执行到第 9 行 r=p%q; 时 r 的值为 0，最大公约数存放在 q 中。继续执行第 10 行时，该最大公约数赋值存放在了变量 p 中。

（2）本程序是用 do-while 语句实现的循环，也可以用 while 语句实现。

延展学习:

已知两个整数 p 和 q，它们的最小公倍数如何得到?

【例 4.6】计算 $1 - 1/2 + 1/3 - 1/4 + \cdots$，直到最后一项 $1/n$ 的值小于 0.03 为止。

问题分析:

本例是求 $1 \sim 1/n$ 的累加求和，只不过各累加项的值是正负交替的。可设置一个变量，它的值为 1 或 -1，当用该变量去乘累加项时，就相当于给了累加项一个正负符号。

算法分析:

规划数据结构如下:

（1）定义 double 型变量 sum，用于存储累加和（被加数）;

（2）定义 double 型变量 term，用于存储累加项（加数）;

（3）定义 int 型变量 sign，用于表示正负符号，它的值为 1 或 -1。

算法流程图如图 4-14 所示。

为被加数变量sum赋值0	
为项数变量n赋值1、为加数绝对值变量term赋值1	
为符号变量赋值1	
	执行sum= sum+sign*term
	将项数n增加1
	使用新的项数n计算下一项的绝对值term
	执行sign=-1*sign，改变下一项的正负符号
直到term>=0.03	
输出计算结果（存放在被加数变量sum中）	

图 4-14　算法流程图

编程实现：

```cpp
#include<iostream>
using namespace std;
int main(void)
{
    double sum=0,term=1.0;
    int sign=1,n=1;
    do{
        sum=sum+sign*term;
        n=n+1;
        term=1.0/n;
        sign=-1*sign;
    }while(term>=0.03);
    cout<<"sum="<<sum<<endl;
    return 0;
}
```

运行结果如图 4-15 所示。

图 4-15　运行结果

关键知识点：

存储符号的变量 sign 每次乘以 - 1，就可以在正负符号之间进行转换。

延展学习：

如何用 if 语句来处理正负符号的问题。

114

4.1.3 for 语句

for 语句也用于实现当型循环（其流程图见图 4-16），语句格式为：

```
for（表达式 1；表达式 2；表达式 3）
     循环体
```

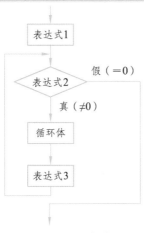

图 4-16 for 语句流程图

说明：

（1）for 语句的执行过程：首先求解表达式 1，然后判断表达式 2（即循环的条件）是否成立，如果成立，则执行循环体，然后求解表达式 3。之后重复"判断表达式 2—执行循环体—求解表达式 3"的过程，直到表达式 2 的值为 false（即循环的条件不成立）时，退出 for 语句，结束循环，执行其后续语句。

（2）表达式 1 的作用是为有关变量赋初值；表达式 2 用于控制循环的条件；表达式 3 用于修正有关变量的值。表达式 1 和表达式 3 可以是逗号表达式，如 for(sum=0, i=1;i<n;i++)。

（3）表达式 1、表达式 2 和表达式 3 都可以省略，但表达式间的分号不能省略。如果省略表达式 1，表示不需赋初值（这部分任务可在 for 语句前完成）；如果省略表达式 2，表示循环条件永远为真；如果省略表达式 3，表示没有修正部分（注意：这时应在循环体内完成这部分的任务，以确保循环能正常结束）。

（4）如果同时省略表达式 1 和表达式 3，则 for 语句就等效于 while 语句，即

```
for（ ;条件 ;）等同于 while（条件）
```

（5）如果同时省略 3 个表达式，则循环永真，即

```
for( ; ; ) 等同于 while(true)
```

（6）循环体可以是单条语句，也可以是复合语句。复合语句必须使用{}。

【例 4.7】编程求 $n!$，n 从键盘输入。要求用 for 语句实现。

问题分析：

本例实质与例 4.1 一致，只不过实现循环的语句不一样。

算法分析：

规划数据结构如下：

（1）定义 int 型变量 mul，用于存储被乘数；

（2）定义 int 型变量 i，用于存储乘数，通过循环依次取值 1,2,3,…,n。

算法流程图如图 4-17 所示。

输入一个正整数n
为第一个乘数变量i赋值1、为被乘数变量mul赋值1
乘数i小于或等于n
将被乘数mul与乘数i进行相乘，并将计算结果作为下次相乘操作的被乘数
修改乘数i：在原乘数i的基础上增加1
输出计算结果（存放在被乘数变量mul中）

图 4-17 算法流程图

编程实现：

```
#include <iostream>
using namespace std;
int main(void)
{
    int  i,n,mul;
    cout<<"输入一个正整数: ";
    cin>>n;
    for(i=1,mul=1;i<=n;i++)
        mul*=i;
    cout<<n<<"的阶乘为: "<<mul<<endl;
    return 0;
}
```

运行结果如图 4-18 所示。

图 4-18 运行结果

关键知识点：

（1）for 语句的表达式 1 可同时为变量 i 和 mul 赋初值；

（2）复合赋值语句 mul*=i 相当于 mul=mul*i。

延展学习：

三种循环语句的特点分别是什么？有什么区别和联系？

【例 4.8】如果一个三位数的个位数、十位数和百位数的立方和等于自身，则称该数为水仙花数，找出所有的水仙花数。

116

问题分析：

本例实质是对 100~999 之间的每个数进行判断，看该数是否为水仙花数。判断数 n 是否为水仙花数，需要分离出该数的个位数、十位数和百位数，然后再判断这三个数的立方和是否等于该数本身。

算法分析：

规划数据结构如下：

（1）定义 int 型变量 n，用于存储需要判断是否为水仙花数的整数；

（2）定义 int 型变量 i、j、k，分别用于存储数 n 的百位、十位和个位。

算法流程图如图 4-19 所示。

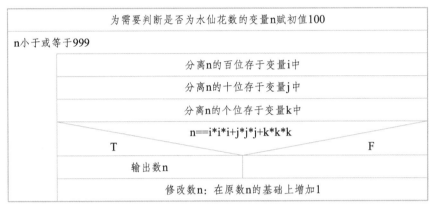

图 4-19　算法流程图

编程实现：

```cpp
#include <iostream>
using namespace std;
int main(void)
{
    int n,i,j,k;
    for (n=100; n<=999; n++)
    {
        i=n/100;
        j=n/10%10;
        k=n%10;
        if (n==i*i*i+j*j*j+k*k*k)
            cout<<n<<endl;
    }
    return 0;
}
```

运行结果如图 4-20 所示。

117

图 4-20　运行结果

关键知识点：

（1）对 100~999 之间的每个数进行判断，循环次数确定，适合用 for 语句；

（2）n/100、(n/10)%10、n%10 分别计算出数 n 的百位数、十位数、个位数。

延展学习：

如何计算并输出 100~999 之间各位数字之和是 15 的数？

4.1.4　三种循环语句的特点和使用

C++中实现循环既可以用 while 语句，也可以用 do-while，或 for 语句。三种循环语句之间可以相互转化。但在实际应用中，通常会根据具体情况来选用不同的循环语句，选用的一般原则是：

（1）如果循环次数确定，一般用 for 语句；如果循环次数视循环体的执行情况而定，采用 while 语句或 do-while 语句。

（2）循环体需至少执行一次，采用 do-while 语句；如果循环体可能一次也不执行，选用 while 或 for 语句。

（3）使用 while 语句、do-while 语句时，循环变量的初始赋值操作应放在 while 语句和 do-while 语句之前完成。通常在表达式 1 中对 for 语句的循环控制变量赋初值，也可以在 for 语句的前面赋值。

for 语句与 while 语句的相互转化如图 4-21 所示。

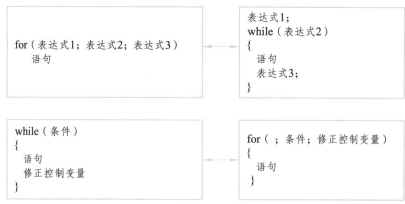

图 4-21　for 语句与 while 语句的相互转化

例 4.1、例 4.3、例 4.7 分别使用三种结构实现求解 n!，可以比较学习。

4.2 循环控制语句

4.2.1 break 语句

break 语句又称为跳转语句,作用是退出包含该 break 语句的本层循环或 switch 语句,转向执行其后续语句。

语句格式:

```
break;
```

该语句有两个功能:第一个功能是在 switch 语句中,当程序执行到 break 时,退出 switch 语句;第二个功能是在循环结构中,当程序执行到 break 时,会跳出其所在的本层循环结构,而继续后续语句的执行。因此,如果希望在循环结构或 switch 结构中,程序执行到某一位置之后退出该结构,可以使用 break 语句来实现。

当 break 语句出现在嵌套循环结构中时,只能结束 break 语句所在的那一层循环,见 4.3 节。

【例 4.9】阅读以下程序,结合程序运行结果理解 break 语句的作用。

```cpp
#include <iostream>
using namespace std;
int main(void)
{
    int i,num1=0,num2=0;
    for(i=1;i<=10;i++)
    {
        num1++;
        if(i>5)
            break;
        num2++;
    }
    cout<<"num1="<<num1<<endl;
    cout<<"num2="<<num2<<endl;
    return 0;
}
```

运行结果如图 4-22 所示。

图 4-22　运行结果

关键知识点：

当循环至 i 等于 6 时，循环体中的 if 条件成立，执行 break 语句，整个循环结束。

【例 4.10】判断整数 m 是否为素数。

问题分析：

素数又称为质数，是指一个大于 1 的自然数，该数除了 1 和它本身之外，不再有其他的因数。

因此，如果 m 不能被 2，3，…，$m-1$ 中的所有数整除，m 就是素数；否则，只要 m 能被其中任何一个数整除，m 就不是素数。

算法分析：

规划数据结构如下：

（1）定义 int 型变量 i，通过循环依次取值 2,3,…,m-1，用于判断 m 是否为素数；

（2）定义 int 型变量 f，用于表示 m 是否为素数（存储数值 1 代表是素数，存储数值 0 代表不是素数）。

算法流程图如图 4-23 所示。

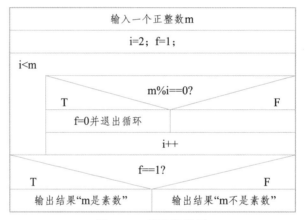

图 4-23　算法流程图

编程实现一：

```
#include <iostream>
using namespace std;
int main(void)
{
    int m,i,f=1;
    cout<<"请输入一整数: "<<endl;
    cin>>m;
    for(i=2;i<m;i++)
        if(m%i==0)
          { f=0;
            break;
          }
```

120

```
    if(f==1)
        cout<<m<<"是素数。" <<endl;
    else
        cout<<m<<"不是素数。" <<endl;
return 0;
}
```

运行结果如图 4-24 所示。

图 4-24　运行结果

关键知识点：

（1）用变量 f 记录整数 m 能否被 2~m-1 中的某一个数整除。

（2）通过 for 循环使变量 i 依次取值 2,3,…,m-1。在循环体中判断整数 m 和 i 是否存在整除关系。如果能整除，则修改变量 f 的值。

（3）退出循环后，通过判断变量 f 的值，可以确定 m 是否为素数，即 f 为 1 则表示 m 为素数，f 为 0 则表示 m 为非素数。

延展学习：

（1）循环控制条件可修改为 i<=m/2 或 i<=$\sqrt{m}$ ，减少了测试次数，算法效率提高。

（2）如何确定 break 语句是否被执行过呢？可以通过判断循环条件是否依然成立来确定。循环结束后，若循环条件依然成立，则说明该循环是执行了 break 语句而提前终止退出的；如果循环条件不成立，则说明该循环是正常退出的，未执行过 break 语句。

编程实现二：

```
#include <iostream>
using namespace std;
int main(void)
{
    int m,i;
    cout<<"请输入一整数: "<<endl;
    cin>>m;
    for(i=2;i<m;i++)
        if(m%i==0)
            break;
    if(i>=m)
        cout<<m<<"是素数。" <<endl;
    else
```

```
        cout<<m<<"不是素数。" <<endl;
    return 0;
}
```

4.2.2 continue 语句

循环控制语句 continue 的作用是结束本次循环（即跳过循环体中尚未执行的语句），直接进行循环条件的判断，继续下一次循环。其语句格式：

```
continue;
```

continue 语句仅能用于循环结构中。在 while 或 do-while 语句中，执行到 continue 语句时，程序会跳过该语句后的所有循环体语句，开始新一轮的"测试循环条件—执行循环体"；在 for 语句中，执行到 continue 语句时，程序会跳过该语句后的所有循环体语句，直接执行表达式 3，然后开始新一轮的"测试循环条件—执行循环体—执行表达式 3"。

【例 4.11】阅读以下程序，结合程序运行结果理解 continue 语句的作用。

```
1   #include <iostream>
2   using namespace std;
3   int main(void)
4   {
5       int i,num1=0,num2=0;
6       for(i=1;i<=10;i++)
7       {
8           num1++;
9           if(i>5)
10              continue;
11          num2++;
12      }
13      cout<<"num1="<<num1<<endl;
14      cout<<"num2="<<num2<<endl;
15      return 0;
16  }
```

运行结果如图 4-25 所示。

图 4-25 运行结果

122

关键知识点：

当循环至 i 等于 6 时，循环体中的 if 条件成立，执行 continue 语句，本次循环结束，程序转向执行 i++，然后进行下一次的循环。

延展学习：

程序第 9 行修改为：if(i%3==1)，运行结果会是什么？

4.3　循环嵌套

当一个循环结构的循环体中包含另一个完整的循环结构时（内层循环必须完全包含于外层循环之内，即不允许构成交叉），称为嵌套的循环结构。三种基本循环语句允许相互嵌套使用。

在程序设计中，如果要处理的一组操作，在循环处理的过程中含有需要以循环方式才能完成的操作，就会使用"嵌套的循环结构"来完成。

C++对循环嵌套的深度没有限制，但嵌套的内、外层循环的循环控制变量一般不能同名。

例：

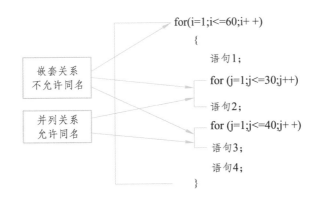

【例 4.12】编程找出 m 到 n 之间的所有素数。

问题分析：

如果要求找出 m～n 的所有素数，可利用例 4.10 中判断素数的功能代码段，对 m 到 n 之间的每一个整数都进行判断，因此需要用到循环的嵌套。

算法分析：

规划数据结构如下：

（1）定义 int 型变量 i，通过循环依次取值 m,m+1,…,n；

（2）定义 int 型变量 j，通过循环依次取值 2,3,…,i-1，用于判断 i 是否为素数；

（3）定义 int 型变量 f，用于表示 m 是否为素数（存储数值 1 代表是素数，存储数值 0 代表不是素数）。

算法流程图如图 4-26 所示。

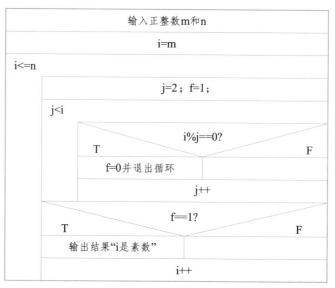

输入正整数m和n		
i=m		
i<=n		
	j=2；f=1；	
	j<i	
	i%j==0?	
	T	F
	f=0并退出循环	
	j++	
	f==1?	
	T	F
	输出结果"i是素数"	
	i++	

图 4-26　算法流程图

编程实现：

```cpp
#include <iostream>
using namespace std;
int main(void)
{
    int m,n,i,j,f;
    cout<<"请从小到大输入两个正整数："<<endl;
    cin>>m>>n;
    for(i=m;i<=n;i++)
    {
        f=1;
        for(j=2;j<i;j++)
          if(i%j==0)
            {   f=0;
                break;
            }
        if(f==1)
            cout<<i<<"是素数。" <<endl;
    }
    return 0;
}
```

运行结果如图 4-27 所示。

124

图 4-27　运行结果

关键知识点：

在外循环中，每次判断 i 是否为素数时，变量 f 都要初始化为 1，因此对 f 的初始化必须放在外层循环的循环体内。

延展学习：

（1）如何实现一行输出多个结果？

（2）如何避免用户从大到小输入两个正整数？

根据键盘输入的行数，输出如下等腰三角形图案。

```
   *
  ***
 *****
*******
```

问题分析：

图案的输出实质上是将构成图案的符号输出到屏幕相应位置，可采用嵌套的循环结构实现图案输出。外层循环控制输出图案的行数；内层循环控制每行输出的内容，包括每一行的星号及星号左边的空格。

算法分析：

规划数据结构如下：

（1）定义 int 型变量 i，用于控制输出图案的行数；

（2）定义 int 型变量 j，用于控制每行输出的空格和星号的个数。

算法流程图如图 4-28 所示。

课堂测试：嵌套循环

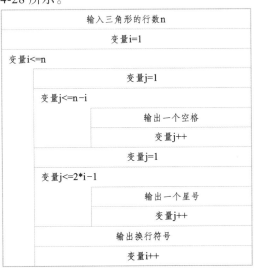

图 4-28　算法流程图

125

编程实现:

```cpp
#include <iostream>
using namespace std;
int main(void)
{
    int i, j,n;
    cout<<"请输入三角形的行数: ";
    cin>>n;
    for(i=1;i<=n;i++)
    {
        for(j=1;j<=n-i;j++)
            cout<<" ";      //输出一个空格
        for(j=1;j<=2*i-1;j++)
                cout<<"*";
        cout<<endl;
    }
    return 0;
}
```

运行结果如图 4-29 所示。

关键知识点:

（1）外循环的循环次数与图形的行数相同，每循环一次，输出一行；

（2）第一个内循环控制输出的空格，其循环次数与空格的个数相同；

（3）第二个内循环控制输出的星号，其循环次数与星号的个数相同。

图 4-29　运行结果

延展学习:

（1）输出倒等腰三角图案；

（2）输出等腰梯形图案；

（3）如果循环控制变量 i,j 的初值从 0 开始，内外层循环的循环控制条件该如何修改?

4.4　程序设计基本方法简介

4.4.1　枚举法

枚举法是利用计算机运算速度快、精确度高的特点，对要解决问题的所有可能情况，一个不漏地进行检验，从中找出符合要求的答案，因此枚举法是通过牺牲时间来换取答案的全面性。

枚举法是将问题的所有可能答案一一列举，然后根据条件判断答案是否合适，合适就保留，不合适就丢弃。例如：找出 1 到 100 之间的素数，需要将 1 到 100 之间的所有整数进行判断。因此，枚举算法具有以下几个特点：

126

（1）得到的结果肯定是正确的；

（2）可能做了很多的无用功，浪费了宝贵的时间，效率低下；

（3）通常会涉及求最值（如最大、最小、最重等）；

（4）数据量大的话，可能会造成时间崩溃。

采用枚举算法解题的基本思路：

（1）确定枚举对象、枚举范围和判定条件；

（2）枚举可能的解，验证是否是问题的解。

【例4.14】求一个整数 n 的所有真因子。

问题分析：

一个整数的真因子指的是所有可以整除这个数的整数，不包含这个数本身。

算法分析：

规划数据结构如下：

定义 int 型变量 i，通过循环依次取值 1,2,3,…,n-1，用于判断 i 是否为整数 n 的真因子。

算法流程图如图 4-30 所示。

图 4-30　算法流程图

编程实现：

```cpp
#include <iostream>
using namespace std;
int main(void)
{
    int n, i;
    cout<<"输入一个正整数：";
    cin>>n;
    cout<<n<<"的真因子有：";
    for(i=1;i<n;i++)
        if(n%i==0)
            cout<<i<<"    ";
    cout<<endl;
    return 0;
}
```

运行结果如图 4-31 所示。

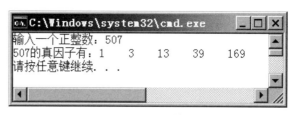

图 4-31　运行结果

关键知识点：

（1）在 for 语句中使用变量 i 枚举所有可能的真因子 1～n-1；

（2）循环体中使用 if 语句验证变量 i 是否是 n 的真因子。

延展学习：

（1）因子包含该整数自身，若要输出所有的因子，程序该如何修改？

（2）如何减少枚举量，提高算法效率？

微课：
枚举法

【例 4.15】口袋中装有 12 个彩球，其中有 3 个红色、4 个白色、5 个黑色，若要从中取出 6 个彩球，共有多少种不同的颜色搭配方案？

问题分析：

可能取出的红球数量为 0～3，白球数量为 0～4，黑球数量为 0～5。使用枚举法列出所有可能的取法，再验证该取法的彩球总数是否为 6 个。

算法分析：

规划数据结构如下：

（1）定义 int 型变量 red，用于存储红球的数量，通过循环依次取值 0~3；

（2）定义 int 型变量 white，用于存储白球的数量，通过循环依次取值 0~4；

（3）定义 int 型变量 black，用于存储黑球的数量，通过循环依次取值 0~5；

（4）定义 int 型变量 count，用于存储颜色搭配数，初始值为 0。

算法流程图如图 4-32 所示。

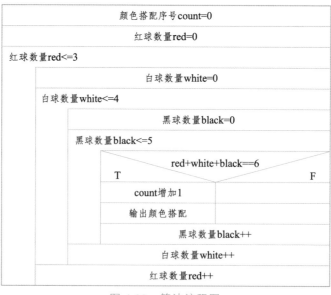

图 4-32　算法流程图

编程实现：

```cpp
#include <iostream>
#include <iomanip>
using namespace std;
int main(void)
{
    int red,white,black,count=0;
    cout<<"     红球   白球   黑球"<<endl;
    cout<<"====================== "<<endl;
    for(red=0;red<=3;red++)
      for(white=0;white<=4;white++)
        for(black=0;black<=5;black++)
          if(red+white+black==6)
            { count++;
              cout<<setw(2)<<count<<setw(6)<<red<<setw(6)
              <<white<<setw(6)<<black<<endl;
            }
    return 0;
}
```

运行结果如图 4-33 所示。

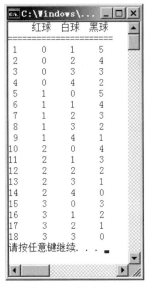

图 4-33   运行结果

关键知识点：

（1）通过三重 for 循环的嵌套枚举所有可能的彩球取法；

（2）循环体中使用 if 语句验证该种取法的彩球总数是否为 6。

129

延展学习：

如何减少枚举量，提高算法效率？

微课：
递推法

4.4.2 递推法

给定一个数的序列 $H_0, H_1, \cdots, H_n, \cdots$，若存在整数 n_0，当 $n > n_0$ 时，可以用等号（或大于号、小于号）将 H_n 与其前面的某些项 H_i（$0 < i < n$）联系起来，这样的式子就叫作递推关系式。

递推算法是一种简单的算法，即通过已知条件，利用特定关系得出中间推论，直至得到结果的算法。递推算法分为顺推和逆推两种。

所谓顺推法是从已知条件出发，逐步推算出要解决问题的方法。

所谓逆推法是从已知问题的结果出发，用递推关系式逐步推算出问题的开始条件，即顺推法的逆过程。

【例 4.16】计算斐波那契数列的第 n 项。

问题分析：

设斐波那契数列的第 n 项为 f_n，已知第 1、2 项的值分别为 $f_1=1$，$f_2=1$，则第 n 项可表示为：$f_n = f_{n-2} + f_{n-1}$（$n \geqslant 3, n \in \mathbb{N}$）。通过顺推可知：$f_3 = f_1 + f_2 = 2$，$f_4 = f_2 + f_3 = 3 \cdots$ 直至求到所需要的解。

算法分析：

规划数据结构如下：

（1）定义 int 型变量 f1 和 f2，用于存储当前项的前面两项，其初始值均为 1；int 型变量 f3，用于存储当前项。

（2）定义 int 型变量 i，通过循环依次取值 3,4,$\cdots$,n，用于计算斐波那契数列的第 i 项。

算法流程图如图 4-34 所示。

输入项数n	
为变量f1、f2赋值1	
为项序i赋值3	
i<=n	
	计算第i项的值f3=f1+f2
	修改前两项的值：f1=f2; f2=f3;
	项序i增加1
输出第n项的结果（存放在变量f3中）	

图 4-34　算法流程图

编程实现：

```
#include <iostream>
using namespace std;
```

130

```
int main(void)
{
    int i,n,f1,f2,f3;
    cout<<"要计算斐波那契数列的第几项: ";
    cin>>n;
    f1=1,f2=1;
    for(i=3;i<=n;i++)
    {
        f3=f1+f2;
        f1=f2;
        f2=f3;
    }
    cout<<"斐波那契数列的第"<<n<<"项为: "<<f3<<endl;
    return 0;
}
```

运行结果如图 4-35 所示。

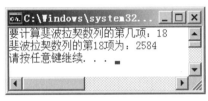

图 4-35 运行结果

关键知识点:

（1）利用顺推公式 f3=f1+f2 计算下一项;

（2）通过 f1=f2;f2=f3;修改下次计算时前两项的值。

延展学习:

输入的 n 值为 1 或 2，会是什么结果？要想得到正确的结果，程序该如何修改？

【例 4.17】求 $e = 1+(1/1!)+(1/2!)+\cdots+(1/n!)+\cdots$，当通项 $1/n!<1.0\mathrm{e}\text{-}4$ 时停止计算。

问题分析:

这是一个累加求和的问题，其中各累加项之间存在递推关系 f(n)=f(n-1)/n。

算法分析:

规划数据结构如下:

（1）定义 double 型变量 e，用于存储累加和（被加数），初始值为 1;

（2）定义 double 型变量 term，用于存储累加项（加数）。

算法流程图如图 4-36 所示。

131

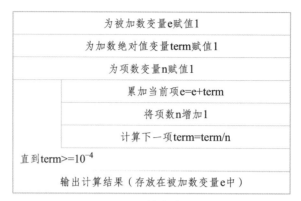

| 为被加数变量e赋值1 |
| 为加数绝对值变量term赋值1 |
| 为项数变量n赋值1 |

	累加当前项e=e+term
	将项数n增加1
	计算下一项term=term/n

直到term>=10^{-4}

输出计算结果（存放在被加数变量e中）

图 4-36　算法流程图

编程实现:

```cpp
#include <iostream>
using namespace std;
int main(void)
{
    double e=1.0,term=1.0;
    int n=1;
    do{
        e=e+term;
        n=n+1;
        term=term/n;
    }while(term>=1.0e-4);
    cout<<"e="<<e<<",(n="<<n<<")"<<endl;
    return 0;
}
```

运行结果如图 4-37 所示。

图 4-37　运行结果

关键知识点:

（1）多项式中的第一项不参与循环累加，直接以初始值的方式存在累加和变量 e 中;

（2）累加项之间的递推关系 f(n)=f(n-1)/n 由循环体中的 term=term/n;语句实现。

延展学习:

我们知道，常数 e 的值是 2.71828，本程序的计算结果为 2.71825，存在较大的误

132

差。如何修改程序，可以提高计算精度，减小这个误差呢？

4.4.3　迭代法

微课：
迭代法

迭代法也称辗转法，是一种不断用变量的旧值递推新值的过程，跟迭代法相对应的是直接法（或者称为一次解法），即一次性解决问题。

在数值分析中,迭代是通过从一个初始估计出发寻找一系列近似解来解决问题（一般是解方程或者方程组）的过程，为实现这一过程所使用的方法统称为迭代法。

最常见的迭代法是牛顿法。

【例 4.18】使用二分法求方程 $x^3 + 4x^2 + x + 1 = 0$ 在[-5，5]的近似根，误差为 10^{-4}。

问题分析：

若函数有实根，则函数的曲线应与 x 轴有交点，在根附近的左右区间内，函数值的符号应当相反。利用这一原理，逐步缩小区间的范围，保持在区间的两个端点处函数值的符号相反，就可以逐步逼近函数的根。设 $f(x)$ 在[a, b]上连续，且 $f(a)f(b) < 0$，找使 $f(x) = 0$ 的点。

二分法的步骤如下：① 取区间[a, b]中点 $x = (a+b)/2$；② 若 $f(x) = 0$，则 $(a+b)/2$ 为方程的根；③ 否则，若 $f(x)$ 与 $f(a)$ 同号，则变区间为[x, b]，若 $f(x)$ 与 f(a) 异号，则变区间为[a, x]；④ 重复步骤①~③，直到取到近似根为止。

算法分析：

规划数据结构如下：

（1）定义 double 型变量 a，b，x，用于存储区间的起始以及中点的值；

（2）定义 double 型变量 fa，fb，fx，用于存储 a，b，x 分别代入该方程式后的值。

算法流程图如图 4-38 所示。

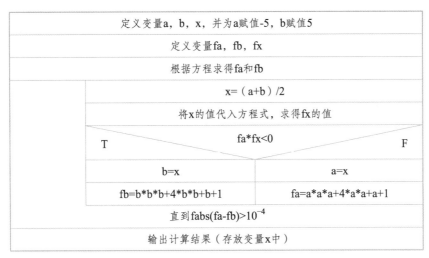

图 4-38　算法流程图

编程实现：

```
#include <iostream>
```

```cpp
#include <cmath>
using namespace std;
int main(void)
{
    double a=-5,b=5,x;
    double  fa,fb,fx;
    fa=a*a*a+4*a*a+a+1;
    fb=b*b*b+4*b*b+b+1;
    do
    {
        x=(a+b)/2;
        fx=x*x*x+4*x*x+x+1;
        if(fa*fx<0)
        {
            b=x;
            fb=b*b*b+4*b*b+b+1;
        }
        else
        {
            a=x;
            fa=a*a*a+4*a*a+a+1;
        }
    }while(fabs(fa-fb)>1e-4);
    cout<<"方程的根 x 为: "<<x<<endl;
    return 0;
}
```

运行结果如图 4-39 所示。

图 4-39　运行结果

关键知识点：

迭代法每运行一次，就会修正结果的值进一步向正确结果逼近。

延展学习：

还有哪些问题可以用迭代法求解？

4.4.4 递归法

能采用递归描述的算法通常有这样的特征：求解规模为 N 的问题，设法将它分解成规模较小的问题，然后从这些小问题的解方便地构造出大问题的解，并且这些规模较小的问题也能采用同样的分解和综合方法，分解成规模更小的问题，并从这些更小问题的解构造出规模较大问题的解。特别地，当规模 N=1 时，能直接得解。

递归算法的执行过程分递推和回归两个阶段。在递推阶段，把较复杂问题（规模为 n）的求解分解为比原问题简单一些的问题（规模小于 n）的求解。例如，求解斐波那契数列的第 n 项 fib(n)，把它分解为求解 fib(n-1) 和 fib(n-2)。也就是说，为计算 fib(n)，必须先计算 fib(n-1) 和 fib(n-2)，而计算 fib(n-1) 和 fib(n-2)，又必须先计算 fib(n-3) 和 fib(n-4)。以此类推，直至计算 fib(1) 和 fib(0)，能立即得到结果 1 和 0。在递推阶段，必须要有终止递推的情况。例如在函数 fib(n) 中，当 n 为 1 和 0 时，递推终止。

在回归阶段，当获得最简单情况的解后，逐级返回，依次得到稍复杂问题的解，例如得到 fib(1) 和 fib(0) 后，返回得到 fib(2) 的结果……在得到了 fib(n-1) 和 fib(n-2) 的结果后，返回得到 fib(n) 的结果。

递归算法的详细使用见 8.2 节。由于递归引起一系列的函数调用，并且可能会有一系列的重复计算，递归算法的执行效率相对较低。当某个递归算法能较方便地转换成递推算法时，通常按递推算法编写程序。例如例 4.16 计算斐波那契数列的第 n 项的函数 fib(n) 最好采用递推算法，即从斐波那契数列的前两项出发，逐次由前两项计算出下一项，直至计算出要求的第 n 项。

4.5 常见错误小结

常见错误小结请扫二维码查看。

第 4 章 常见错误小结

习题与答案解析

一、单项选择题

1. 以下 while 语句的循环体会执行（   ）次。

```
int x=6;
while (--x)
    cout<<x;
```

    A. 6   B. 5   C. 4   D. 无限次

2. 下面程序段中，while 语句的循环次数为（   ）。

```
int x=-9;
while (x)
    x=x+2;
```

    A. 4   B. 5   C. 9   D. 无限次

第 4 章 在线测试

3. 如下程序段的执行情况是（　　　　）。

```
int i=1,sum=0;
while(i<5,sum<100)
{
        sum+=5*i;
        ++i;
}
```

A. 循环 4 次　　　　B. 循环 5 次　　　　C. 循环 6 次　　　　D. 有语法错误

4. 以下程序段的输出结果是（　　　　）。

```
int a=1;
while(a<10)
        a=a+2;
cout<<a;
```

A. 9　　　　　　　　B. 10　　　　　　　　C. 11　　　　　　　　D. 12

5. 执行下列程序段的运行结果为（　　　　）。

```
int a=1;
while(a<30)
        a=2*a+1;
cout<<a;
```

A. 14　　　　　　　　B. 15　　　　　　　　C. 30　　　　　　　　D. 31

6. 下面程序段中，do-while 语句的循环次数为（　　　　）。

```
int m=-4;
do
        cout<<m<<endl;
while (m++);
```

A. 5　　　　　　　　B. 4　　　　　　　　C. 有语法错误　　　　D. 无限次

7. 以下 do-while 语句的循环体会执行（　　　　）次。

```
int m=15;
do
        m=m-3;
while (++m);
```

A. 5　　　　　　　　B. 7　　　　　　　　C. 8　　　　　　　　D. 无限次

8. 运行如下程序段时，循环体的执行次数是（　　　　）。

```
int a=1,b=10;
do
{
        a++;
        b--;
}while(a<5||b>4);
```

A. 4   B. 5   C. 6   D. 7

9. 以下程序段的输出结果是（   ）。

```
int y=1;
do
    y+=3;
while (y++!=16);
cout<<y;
```

     A. 16   B. 17   C. 有语法错误   D. 无限次循环

10. 执行下列程序段的运行结果为（   ）。

```
int y=1;
do
    y*=y+1;
while (y<36);
cout<<y;
```

     A. 36   B. 37   C. 42   D. 50

11. 关于循环语句，以下说法正确的是（   ）。

     A. while 和 do-while 语句实现的是当型循环

     B. while 和 for 语句实现的是当型循环

     C. do-while 和 for 语句实现的是当型循环

     D. 三条循环语句都可以实现当型循环

12. 语句 for(i=1,j=10;i!=5||j==6;i++,j--)的执行情况是（   ）。

     A. 循环 4 次   B. 循环 5 次

     C. 循环 6 次   D. 无限循环

13. 语句 for(a=1,b=10;a!=6&&b=4;a++,b--)的执行情况是（   ）。

     A. 循环 0 次   B. 循环 5 次

     C. 有语法错误   D. 无限循环

14. 执行以下程序段时，for 语句的循环体将执行（   ）次。

```
int i,num;
for(i=1,num=1;i<7&&num<40;i++)
    num=3*num-1;
```

     A. 4   B. 5   C. 6   D. 7

15. 程序中有如下循环语句 for(a=0,b=0;(a=16)&&b<7;a+=2,b++)，该程序的运行情况是（   ）。

     A. 循环 7 次   B. 循环 8 次   C. 有语法错误   D. 无限循环

16. 以下程序段的执行情况是（   ）。

```
int a,b=0;
for(a=1;a<10;a++)
    if(a=6)
        b+=3;
```

137

```
        else
                b+=2;
   cout<<b;
```
A. 输出 18　　　　　B. 输出 19　　　　　C. 有语法错误　　　D. 无限循环

17. 执行以下程序段的输出结果是（　　　）。
```
   int x,y=4;
   for(x=1;x<6;x++)
        if(x%3==2)
                y=3*y-1;
        else
                y=2*y+1;
   cout<<y;
```
A. 213　　　　　　B. 215　　　　　　C. 320　　　　　　D. 322

18. 下面这段程序的运行情况是（　　　）。
```
   int i,num=0;
   for(i=1;i<=10;i++)
        switch(i%3)
        {
        default: num+=3;
        case 0: num+=1;
        case 1: num+=2;
        }
   cout<<num;
```
A. 输出 20　　　　B. 输出 26　　　　C. 输出 35　　　D. 有语法错误

19. 执行以下程序段的结果是（　　　）。
```
   int i,num=0;
   for(i=1;i<=9;i++)
        for(i=1;i<=7;i++)
            num++;
   cout<<num;
```
A. 输出 14　　　　　B. 输出 63　　　　　C. 有语法错误　　　D. 无限循环

20. 运行下面这段程序的输出结果是（　　　）。
```
   int i,j,num=0;
   for(i=1;i<=10;i++)
   {
        j=i;
        while(j<=10)
        {
            num++;
```

```
            j++;
        }
    }
    cout<<num;
```
   A. 45   B. 55   C. 90   D. 100

21. break 语句的作用是（　　）。
   A. 结束包含该语句的各种循环语句
   B. 结束包含该语句的各种单层循环语句
   C. 结束包含该语句的各种循环语句和 switch 语句
   D. 结束包含该语句的各种单层循环语句和 switch 语句

22. 以下程序段的运行结果为（　　）。
```
    int i,num1=0,num2=0;
    for(i=1;i<=8;i++)
    {
        num1++;
        if(i>5)
            break;
        num2++;
    }
    cout<<num1<<num2;
```
   A. 55   B. 65   C. 66   D. 85

23. 以下哪句能正确描述 continue 语句的功能（　　）。
   A. 继续执行后续循环体，然后结束本层循环
   B. 继续执行后续循环体，然后结束本次循环
   C. 不再执行后续循环体，立即结束本层循环
   D. 不再执行后续循环体，立即结束本次循环

24. 下面这段程序的运行结果是（　　）。
```
    int i,num1=0,num2=0;
    for(i=1;i<=7;i++)
    {
        num1++;
        if(i%3==1)
            continue;
        num2++;
    }
    cout<<num1<<','<<num2;
```
   A. 4,4   B. 6,6   C. 7,4   D. 7,6

25. 下面这段程序中，执行完 break 语句后将执行的下一条语句是（　　）。
```
    for(i=1;i<=6;i++)
```

```
        {
            cout<<a;
            for(j=1;j<=7;j++)
            {
                cout<<b;
                if(i+j>10)
                    break;
                for(k=1;k<=8;k++)
                    cout<<c;
            }
            cout<<d;
        }
```
A. for(k=1;k<=8;k++)   B. j++

C. cout<<d;   D. i++

二、判断题

1. while 语句实现的是当型循环。   (   )
2. while 语句的循环体至少执行一次。   (   )
3. do-while 语句的循环体只有一条语句时，也必须加{ }。   (   )
4. do-while 语句实现的是直到型循环，循环条件成立时退出循环。   (   )
5. do-while(条件)；中)后的分号不能省略。   (   )
6. for 语句（   ）中的三个表达式都可以省略。   (   )
7. for 语句（   ）中的第二个表达式表示循环条件，省略时相当于
   一个永真的条件 true。   (   )
8. 三条循环语句 while、do-while、for 的循环体都有可能一次都不执行。
                                                                  (   )
9. 在循环的嵌套中，break 语句只能结束包含该语句的一层循环。   (   )
10. continue 语句会改变所有循环体的执行次数。   (   )

三、阅读程序，写出运行结果

1.

```
#include <iostream>
using namespace std;
int main(void)
{
    int i,a=0;
    for(i=1;i<=6;i++)
    switch(i%3)
    {
        case 0:   i--;
```

```
        case 1:    a-=2;    break;
        case 2:    i+=1;
        default:   ++a;
    }
    cout<<"i="<<i<<endl;
    cout<<"a="<<a<<endl;
    return 0;
}
```

2.

```cpp
#include <iostream>
using namespace std;
int main(void)
{
    int i,j;
    for(i=1;i<=9;i++)
    {
        for(j=1;j<=9-i;j++)
            cout<<'\t';
        for(j=1;j<=i;j++)
            cout<<i<<'*'<<j<<'='<<i*j<<'\t';
        cout<<endl;
    }
    return 0;
}
```

3.

```cpp
#include <iostream>
using namespace std;
int main(void)
{
    int i, j,n;
    cout<<"请输入一个一位正整数: ";
    cin>>n;
    for(i=1;i<=n;i++)
    {
        for(j=1;j<=n-i;j++)
            cout<<" ";
        for(j=1;j<=2*i-1;j++)
            cout<<"*";
        cout<<endl;
    }
```

```
    for(i=1;i<n;i++)
    {
        for(j=1;j<=i;j++)
            cout<<" ";
        for(j=1;j<=2*(n-i)-1;j++)
            cout<<"*";
        cout<<endl;
    }
    return 0;
}
```

四、程序填空题

1. 程序功能：判断一个正整数是否为回文数。输入/输出格式参见运行结果。

```
#include <iostream>
using namespace std;
int main(void)
{
    int a,b=0,temp;
    cout<<"输入一个正整数: ";
    cin>>a;
    temp=a;
    while(      ①      )
        {
            b=b*10+a%10;
            a=a/10;
        }
    cout<<temp;
    if(      ②      )
        cout<<"是回文数。"<<endl;
    else
        cout<<"不是回文数。"<<endl;
    return 0;
}
```

运行结果如图 4-40 所示。

图 4-40　运行结果

2. 程序功能：将一个十进制正整数转换成八进制数。输入/输出格式参见运行结果。

```cpp
#include <iostream>
using namespace std;
int main(void)
{
    int a,b=0,factor=1,temp;
    cout<<"输入一个正整数: ";
    cin>>a;
        ①
    while(a>0)
    {
        b=b+a%8*factor;
        a=a/8;
            ②
    }
    cout<<"十进制数"<<temp<<"转换成的八进制数为: "<<b<<endl;
    return 0;
}
```

运行结果如图 4-41 所示。

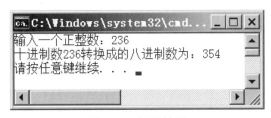

图 4-41 运行结果

3. 程序功能：计算两个正整数的最小公倍数。输入/输出格式参见运行结果。

```cpp
#include <iostream>
using namespace std;
int main(void)
{
    int a,b,r,num1,num2;
    cout<<"输入两个正整数: ";
    cin>>a>>b;
    num1=a;
    num2=b;
    do
    {
        r=a%b;
```

```
        a=b;
        b=r;
    }while(     ①     );
    cout<<num1<<"和"<<num2<<"的最小公倍数为: "<<     ②     <<endl;
    return 0;
}
```

运行结果如图 4-42 所示。

图 4-42 运行结果

4. 程序功能：计算 100 以内非零整数的阶乘。输入/输出格式参见运行结果。

```
#include <iostream>
using namespace std;
int main(void)
{
    int i, n;
    double mul=1.0;
    cout<<fixed;
    cout.precision(0);
    cout<<"输入一个非零整数: ";
    cin>>n;
    for(i=1;     ①     ;i++)
            ②
    cout<<n<<"的阶乘为: "<<mul<<endl;
    return 0;
}
```

运行结果如图 4-43 所示。

图 4-43 运行结果

144

5. 程序功能：将一个正整数分解质因数。例如：输入 150，输出 150=2*3*5*5。
输入/输出格式参见运行结果。

```cpp
#include <iostream>
using namespace std;
int main(void)
{
    int i,n;
    cout<<"输入一个正整数: ";
    cin>>n;
    _____①_____
    cout<<"分解成质因数的结果为: "<<endl;
    cout<<n<<'=';
    while(i<=n)
    {
        _____②_____ (n%i==0)
        {
            n=n/i;
            cout<<i;
            if(_____③_____)
                cout<<'*';
        }
        i++;
    }
    cout<<endl;
    return 0;
}
```

运行结果如图 4-44 所示。

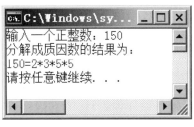

图 4-44 运行结果

6. 程序功能：找出 A、B、C、D 的值，使算式 ABCD-CDC=ABC 成立。输入/输出格式参见运行结果。

```cpp
#include <iostream>
using namespace std;
```

145

```
int main(void)
{
    int a,b,c,d,x,y,z;
    for(a=1;a<10;a++)
        for(b=0;b<10;b++)
            for(    ①    )
                for(d=0;d<10;d++)
                {
                    x=1000*a+100*b+10*c+d;
                    y=100*c+10*d+c;
                    z=100*a+10*b+c;
                    if(    ②    )
                    {
                        cout<<"    "<<x<<endl;
                        cout<<" -    "<<y<<endl;
                        cout<<"------------------"<<endl;
                        cout<<"    "<<z<<endl;
                    }
                }
    return 0;
}
```

运行结果如图 4-45 所示。

图 4-45　运行结果

五、程序改错题

1. 程序功能：利用公式 $\pi/4=1-1/3+1/5-1/7+1/9-1/11+\cdots$ 计算 π 近似值，最后一项的精度取值 10^{-6}。输入/输出格式参见运行结果。（2 个错误）

```
1  #include <iostream>
2  using namespace std;
3  int main(void)
4  {
5    double sum=0,term=1.0;
```

146

```
6    int sign=1,n=1;
7    do{
8          sum=sum+sign*term;
9          n=n+2;
10         term=1/n;
11         sign=-1*sign;
12   }while(term>=e-6);
13   sum*=4;
14   cout<<"π 的近似值为: "<<sum<<endl;
15   return 0;
16 }
```

运行结果如图 4-46 所示。

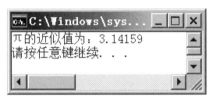

图 4-46 运行结果

2. 程序功能: 输出所有的水仙花数 (指一个 3 位数, 它的每位上的数字的 3 次幂之和等于它本身) 及其和。输入/输出格式参见运行结果。(2 个错误)

```
1    #include <iostream>
2    using namespace std;
3    int main(void)
4    {
5        int i,x,y,z,sum=0;
6        cout<<"以下这些数是水仙花数: "<<endl;
7        for(i=100;i<=999;i++)
8        {
9            x=i%10;
10           y=i%10/10;
11           z=i/100;
12           if(x^3+y^3+z^3==i)
13           {
14               cout<<i<<endl;
15               sum+=i;
16           }
17       }
18       cout<<"所有水仙花数之和为: "<<sum<<endl;
```

147

```
19  return 0;
20  }
```

运行结果如图 4-47 所示。

图 4-47 运行结果

3. 程序功能：计算 1!+2!+3!+…+n!。输入/输出格式参见运行结果。（2 个错误）

```
1   #include <iostream>
2   using namespace std;
3   int main(void)
4   {
5       int i, n;
6       double mul=0.0,sum=0.0;
7       cout<<fixed;
8       cout.precision(0);
9       cout<<"输入一个正整数: ";
10      cin>>n;
11      for(i=1;i<=n,i++)
12      {
13          mul*=i;
14          sum+=mul;
15      }
16      cout<<"1—"<<n<<"的阶乘和为: "<<sum<<endl;
17      return 0;
18  }
```

运行结果如图 4-48 所示。

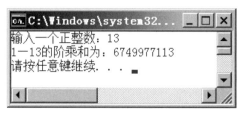

图 4-48 运行结果

148

4. 程序功能：输出整数 m 和 n 之间的所有完全数（所有的真因子之和等于它本身的数）。输入/输出格式参见运行结果。（2 个错误）

```
1   #include <iostream>
2   using namespace std;
3   int main(void)
4   {
5       int m,n,i,j,sum=0;
6       cout<<"请按由小到大的顺序输入两个正整数：";
7       cin>>m>>n;
8       cout<<m<<"——"<<n<<"之间的完全数有："<<endl;
9       for(i=m;i<=n;i++)
10      {
11          for(j=1;j<=i/2;j++)
12            if(i%j==0)
13              sum+=j;
14          if(sum==j)
15              cout<<i<<endl;
16      }
17      return 0;
18  }
```

运行结果如图 4-49 所示。

图 4-49　运行结果

5. 程序功能：百钱买百鸡问题：一个人有一百块钱，打算买一百只鸡。到市场一看，公鸡 5 元钱一只，母鸡 3 元钱一只，小鸡三只 1 元钱。请编程找出一种公鸡、母鸡和小鸡的数量组合，帮他实现计划。输入/输出格式参见运行结果。（2 个错误）

```
1   #include <iostream>
2   using namespace std;
3   int main(void)
4   {
5       int x,y,z;
6       bool flag=false;
```

```
7        for(x=0;x<=20;x++)
8        {
9          for(y=0;y<=33;y++)
10          {
11            z=100-x-y;
12            if(z%3==0&&5*x+3*y+z/3=100)
13              {
14                cout<<"cocks="<<x<<" hens="<<y<<" chicken="<<z<<endl;
15                flag=true;
16              }
17          }
18     if(flag==true)
19         continue;
20     }
21     return 0;
22  }
```

运行结果如图 4-50 所示。

图 4-50   运行结果

六、编程题

1. 从键盘输入一个角度值 x（计算时需要将角度值转换成弧度值：$y=x*PI/180$），求 $\sin x$ 的近似值，要求截断误差小于 10^{-6}，即通项式的值小于 10^{-6} 时停止计算。近似计算公式如下：

$$\sin(x) = x - \frac{x^3}{3!} + \frac{x^5}{5!} - \frac{x^7}{7!} + \cdots$$

输入/输出格式参见运行结果。

运行结果如图 4-51 所示。

图 4-51   运行结果

2. 判断键盘输入的两个正整数是否为互质数。输入/输出格式参见运行结果。

运行结果如图 4-52 所示。

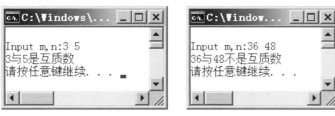

图 4-52　运行结果

3. 计算 a+aa+aaa+……+n 个 a 组成的数（a 和 n 都是 1~9 的整数）。输入/输出格式参见运行结果。

运行结果如图 4-53 所示。

图 4-53　运行结果

4. 输出 m 到 n 之间的所有回文数（每行输出 5 个数）及其和。输入/输出格式参见运行结果。

运行结果如图 4-54 所示。

第 4 章
答案解析

图 4-54　运行结果

学 生 作 业 报 告

专业_____ 班级_____ 学号_____ 姓名_____

第**5**章

函数初步

学习要点

在现实生活中，人们常常会把一个复杂的问题分解成若干个简单的问题，然后对每个简单问题进行逐一求解。这种思想同样可以应用到程序设计中，将一个复杂的程序设计问题划分为若干个简单的问题，每个简单问题使用相对独立的代码来实现，这就是 C++程序中的函数。函数是实现模块化程序设计的基础。本章将重点介绍函数在程序设计中的基本使用，具体内容如下：

（1）模块化程序设计；

（2）主函数；

（3）库函数；

（4）子函数。

5.1 模块化程序设计

模块化程序设计是用一个个功能模块（即函数）来实现整个程序功能的设计思想。其设计思路为：采用自顶向下、逐步细化的思想将程序算法按功能划分为若干个基本模块，并以基本模块为单位进行程序代码的编写。每个基本模块就是一个功能相对独立的函数。

例如：一个简单的成绩管理系统的模块化设计如图 5-1 所示。

图 5-1 成绩管理系统的模块化结构

采用模块化设计思想能够降低程序设计的复杂度，使程序设计、调试和维护等操作简单化，改变某个功能只需改变相应的功能模块即可。

5.2　主函数

在面向过程的程序设计中，函数是组成 C++程序的基本功能模块，是实现特定功能的一段相对独立的程序代码。一个 C++程序就是由一个或多个函数组成的。

根据函数在程序中的作用和使用情况，将函数分为三类：主函数、库函数和子函数。

主函数是每个程序中有且仅有一个的重要函数，它是当前程序执行的起始点和终止点，即程序是从主函数的第一条语句开始执行，直到执行完主函数的最后一条语句之后，当前程序执行完毕。因此，主函数实现的功能实际上就是当前程序要实现的功能。

在进行程序开发时，模块化程序设计可以简化主函数中程序代码的编写，使得主函数的功能结构更加简洁、清晰。将模块化程序设计中的每个基本功能模块分别用一个函数实现，主函数中只需要使用简单的函数调用语句就可以调用并实现基本模块的功能。基本模块对应的函数代码来源有两种：① 如果编译系统已经提供了实现该基本模块功能的函数，该函数被称为库函数，用户不需要再重复编写代码，只要在程序开始处用#include 命令包含该库函数所在的库文件，即可直接调用执行该函数；② 如果编译系统没有提供实现该基本模块功能的函数，就需要用户自己编写代码来实现该功能的函数，该函数被称为子函数。

采用模块化程序设计编写的 C++程序由一个主函数和零到多个子函数组成。这些函数之间的先后位置关系可以是任意的，即主函数既可以位于所有函数的最前面，也可以位于其他函数的中间或者最后。主函数可以根据需要调用其他的子函数和库函数，子函数也可以根据需要调用其他的子函数和库函数，但库函数和子函数不能调用主函数。当子函数调用自身时，形成特殊类型的子函数——递归函数。

5.3　库函数

为了简化用户的编程，编译系统提供了众多实现特定功能的函数，并将这些函数集中存放在某个程序文件中，这些函数被称为库函数（也叫系统函数），存放库函数的文件称为库文件。

用户需要使用相应的库函数时，不需要关心库函数的具体实现代码，只需要知道相关函数的调用参数，直接通过函数调用语句调用该库函数即可。（需要在程序头用#include 命令包含定义该库函数的库文件）

C++提供的库文件和库函数种类很多，下面介绍常用的数学库函数及产生随机数的库函数。

5.3.1　常用的数学库函数

常用的数学库函数在 Visual Studio 2010 版本中已经集成到了 iostream 库文件中，

所以用户要使用这些数学库函数，只需要在程序开始部分用#include 命令包含 iostream 库文件即可。

常用的数学库函数的调用语法：

幂函数：　　　　　　pow(x,y)　　　//求 x^y
　　　　　　　　　　　　　　　　　注意：x，y 中至少有一个为实型

平方根函数：　　　　sqrt(x)　　　　//求 $\sqrt{x}$
　　　　　　　　　　　　　　　　　注意：x 必须为实型数据

三角函数：　　　　　sin(x)　　　　　//求 x 的正弦值
　　　　　　　　　　cos(x)　　　　　//求 x 的余弦值
　　　　　　　　　　tan(x)　　　　　//求 x 的正切值
　　　　　　　　　　　　　　　　　注意：三角函数求解时，x 必须是弧度值

其他数学函数：　　　abs(x)　　　　　//求 x（整型）的绝对值
　　　　　　　　　　fabs(x)　　　　　//求 x（实型）的绝对值
　　　　　　　　　　exp(x)　　　　　//求指数函数 e^x
　　　　　　　　　　log(x)　　　　　//求自然对数 $\ln x$
　　　　　　　　　　log10(x)　　　　//求常用对数 $\lg x$

微课：数学函数 pow(x,y)的使用

【例 5.1】已知一个直角三角形的斜边边长及一个锐角的度数，求该直角三角形两个直角边的边长。

算法分析：

本例要求得到直角三角形两个直角边的边长，可以定义变量 a,b 分别表示这两个直角边的边长，则 a,b 为程序的输出项；要求得 a,b 的值，根据本例的条件，需要知道斜边边长及一个锐角的度数，定义变量 c 表示斜边边长，变量 angle 表示一个锐角，则 c、angle 为程序的输入项。我们可以利用三角函数求出直角三角形已知锐角相对的直角边 a，再根据勾股定理求出另一直角边 b。

算法流程图如图 5-2 所示。

图 5-2　算法流程图

编程实现：

```
//求直角边边长
#include <iostream>
using namespace std;
int main(void )
{
```

155

```
const double PI=3.1415926;
double a,b,c,angle;
cout<<"输入直角三角形斜边边长: ";
cin>>c;
cout<<"输入已知锐角的角度值: ";
cin>>angle;
angle=angle*PI/180;        //将角度值转换为弧度值
a=sin(angle)*c;            //利用三角函数求直角边 a
b=sqrt(c*c-a*a);           //利用勾股定理求直角边 b
cout<<"直角三角形的两直角边的边长分别为: "<<endl;
cout<<a<<"\t 和\t"<<b<<endl;
return 0;
}
```

运行结果如图 5-3 所示。

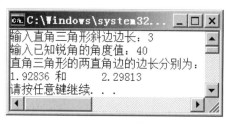

图 5-3　运行结果

5.3.2　生成随机数库函数

在实际应用中，大家会遇到很多使用随机数的情况，此时，我们就需要使用生成随机数的库函数。

生成随机数时，需要先执行一次生成随机数的初始化函数 srand( )，该函数的调用语法为：

`srand(seed);    //seed 是一个整数,我们称之为随机数种子,用来初始化 rand()`

因为每次运行程序要求 seed 是一个不同的值，我们通常采用库函数 time(NULL) 的返回值作为 seed。库函数 time(NULL) 返回的是从 1970 年 1 月 1 日 00:00:00 到当前时间的秒数值，即实际调用随机数初始化函数时，大家通常采用下面的调用语句：

`srand(time(NULL));`

执行完一次随机数初始化函数后，就可以调用生成随机数的函数 rand( )来生成随机整数了，rand( )函数的调用语句：

`rand();`

该函数调用语句每执行一次，就会产生一个大于等于 0，小于等于 RAND_MAX 的正整数。RAND_MAX 是在 C++中定义的一个符号常量，随编译系统的不同而有所不同，但它的值不会小于 32767。

用户可以使用 rand( ) 产生指定范围 [下限，上限] 内的随机数，表达式如下：

下限+rand( )%（上限-下限+1）

例如：表达式 10+rand()%(100-10+1) 表示产生一个 10 ~ 100 的随机整数。

库函数 rand( ) 和 srand( ) 已经包含在 iostream 库文件中，所以用户要使用这两个库函数时只需要在程序开始部分用#include 命令包含 iostream 库文件即可；但 time( ) 库函数是在 ctime 库文件中定义的，所以需要使用#include 命令将 ctime 库文件包含进来。

【例 5.2】摇号抽奖程序：在编号为 1 ~ 1000 的用户中摇号抽出 3 个二等奖和 1 个一等奖，相同号码可以重复抽奖。

算法分析：

本例重复 4 次产生一个 1 ~ 1000 的随机数的操作，前 3 次产生的随机数为二等奖的号码，第 4 次产生的随机数为一等奖的号码。

算法流程图如图 5-4 所示。

课堂测试：库函数

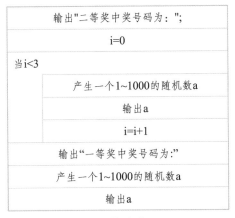

图 5-4 算法流程图

编程实现：

```cpp
//摇号抽奖
#include <iostream>
#include <ctime>
using namespace std;
int  main( )
{
    int a,i;
    srand(time(NULL));
    cout<<"二等奖中奖号码为:";        //产生并输出 3 个二等奖
    for(i=0;i<3;i++)
    {
        a=1+rand()%1000;
        cout<<a<<"\t";
    }
```

157

```
    cout<<endl;
    cout<<"一等奖中奖号码为:";//产生并输出 1 个一等奖
    a=1+rand()%1000;
    cout<<a<<endl;
    return 0;
}
```
运行结果如图 5-5 所示。

图 5-5　运行结果

5.4　子函数

子函数是用户自己编写的实现特定功能的函数，也称为用户自定义函数（简称用户函数）。

C++系统虽然提供了众多的库函数可供用户编程调用，但这些库函数不可能涵盖用户需要的所有操作和功能，因此用户常常需要自己编写子函数来实现特定的功能。使用子函数既可以使得程序结构简洁清晰、便于检验和维护，还可以实现程序代码的复用，从而减少代码的冗余。

在子函数的学习中，我们需要掌握子函数的定义、子函数的调用以及子函数的函数原型这三个方面的相关语法。

5.4.1　子函数的定义

子函数的定义语法：

```
函数类型 函数名（形参说明表）
{
    函数体
}
```

（1）函数类型：指该子函数被调用执行时返回主调函数的数据的类型。我们将调用执行其他子函数或库函数的函数称为主调函数，将被主调函数或其他子函数调用执行的子函数或库函数称为被调函数。

根据函数类型的不同，可以将子函数分为有返回值函数和无返回值函数两种。

如果子函数被主调函数调用，执行完毕，不向主调函数返回任何数据，则该子函数为无返回值函数，子函数的函数类型定义为 void 类型，且函数体中不包含 return 语句，或者即使函数体中出现了 return 语句，也不向主调函数返回任何值。例如：

```
void print()
```

158

```
{
    for(int i=0;i<60;i++)
        cout<<'*';
    cout<<endl;
    return;
}
```

子函数 print 是一个无返回值的函数，它被主调函数调用执行完成之后，不会向主调函数返回任何值。

如果子函数被主调函数调用，执行完毕，向主调函数返回一个数据，则该子函数为有返回值函数，此时函数的类型就是子函数向主调函数返回的那个数据的类型，且函数体中包含 return 语句，使用 return 语句向主调函数返回一个数据值。return 语句的使用语法：

```
return 表达式;
```

例：

```
double add(double x, double y)
{
    return x+y;
}
```

子函数 add 是一个有返回值的函数，它被主调函数调用执行完成之后，会向主调函数返回一个 double 类型的计算结果。

注意：有返回值函数只能通过 return 命令向主调函数返回一个数据。

正常来说，子函数的函数体中 return 返回的表达式的类型和定义该子函数的函数类型应该保持一致，如果不一致，系统会自动将 return 返回值的类型转换为函数头定义的函数类型返回给主调函数。

（2）函数名：用户给函数起的名字，需要符合 C++标识符的命名规则。

（3）形参说明表：形参是用来定义实现子函数功能所需要的参数，这些参数在子函数被调用执行时，会和主调函数进行数据的传递。由于在定义子函数时，这些参数还没有具体的值，所以被称为形式参数（简称形参），也可被称为虚拟参数（简称虚参）。形参的语法格式：

```
函数名（类型 参数1，类型 参数2，…、类型 参数n）
```

形参只在定义它的子函数内生效。根据子函数是否有形参，子函数可以分为有参函数和无参函数。

（4）函数体：是实现该子函数功能的具体的程序代码。

（5）子函数的定义技巧：

程序员在定义一个子函数时，需要正确定义该子函数的函数类型、形参及函数体。一般来说，可以按照下面的思路来进行子函数的常规定义。

定义子函数的函数类型：定义子函数的函数类型首先需要明确该子函数所实现的功能，即该子函数求得的结果数据是什么，如果子函数所得结果是一个数据值，并且主调函数需要使用该结果数据，则将该子函数定义为有返回值函数，求得的结果数据是什么类型，就将该子函数的函数类型定义为相应的类型；反之，如果主调函数不需要用到子函数求得的这个结果数据，或者子函数没有结果数据，则将该子函数的函数类型定义为 void 类型。如果子函数求得的结果是多个数据值，并且主调函数需要用到多个结果数据时，该子函数可以通过引用传递或地址传递的方式向主调函数返回多个数据，具体规则参见第 8 章函数进阶的内容。

定义子函数的形参：定义子函数的形参同样需要确定该子函数实现的功能，将子函数实现目标功能所需要的已知条件定义为该子函数的形参。

定义函数体：函数体语句是通过形参获得的已知数据求得目标数据的代码语句，如果子函数是有返回值函数，需要再加上 return 语句。

例如：定义一个名为 max 的子函数，求三个数的最大值，并将求得的最大值返回给主调函数。

根据上述子函数定义技巧，可将该子函数定义为：

```
double max(double a, double b, double c)
{
    double m;
    if(a>b&&a>c)
        m=a;
    else
        if(b>c)
            m=b;
        else
            m=c;
    return m;
}
```

5.4.2 子函数的调用

C++程序中，子函数和主函数是并列的关系，它们在程序中的前后位置是任意的。C++在执行程序时，从主函数的第一条语句开始执行，直至执行完主函数的最后一条语句，结束当前程序的执行。而子函数被主函数直接或间接地调用执行，此时主函数充当主调函数的角色，子函数充当被调函数的角色。主调函数是使用函数调用语句来调用执行被调函数的，例如主函数可通过函数调用语句来调用执行相应子函数。函数调用的语法格式：

函数名（实参表）

函数名是主调函数要调用执行的子函数的名称。实参表是调用子函数时主调函数提供的参数值，这些参数会通过相应的参数传递方式和子函数对应的形参进行数据传递（具体参数传递方式见 8.1 节），使得作为子函数已知条件的形参在被调用执行时能从对应的实参处获得实际的值，从而根据这些值求得目标结果。因此，实参的个数、类型和顺序必须与被调用子函数形参的个数、类型和顺序一一对应。

实参的语法格式：

函数名（参数1，参数2，…，参数 n）

实参表中的参数可以是常量、变量或表达式，但必须有确定的值。

例1：

```
#include <iostream>
using namespace std;
void print()
{
    for(int i=0;i<60;i++)
        cout<<'*';
    cout<<endl;
}
int main(void)
{
    print();        //函数调用
    return 0;
}
```

该示例中主函数内的语句 print();是一条函数调用语句，调用执行子函数 print。由于子函数 print 是无返回值函数，主函数中只能采用一条单独的调用语句来实现对子函数 print 的调用执行。

例2：

```
#include <iostream>
using namespace std;
int add(int x, int y)
{
    return x+y;
}
int main(void)
{
    int a,b,c;
    cin>>a>>b;
    c=add(a,b);                     //函数调用
    cout<<c+add(a,b)<<endl;         //函数调用
    return 0;
}
```

例3：

```
#include <iostream>
using namespace std;
int add(int x, int y)
{
```

```
        return x+y;
    }
    int main(void)
    {
        int a,b,c;
        cin>>a>>b;
        c=add(a,add(a,b));      //函数调用
        cout<<c<<endl;
        return 0;
    }
```

例 2 中主函数体的 add(a,b)实现对子函数 add 的调用执行。由于子函数 add 是 int 类型的子函数，它被主函数调用执行完毕后，会在调用位置向主函数返回一个 int 型数据，主函数可以根据需要，将这个 int 型数值赋值给变量 c（c=add(a,b);），或将这个 int 型的值与 c 求和后输出（cout<<c+add(a+b)<<endl;），甚至还可以将返回值作为函数调用语句中的实参，如例 3 中的 add(a,add(a,b))。参数 a 和 b 是主函数中的实参，而参数 x 和 y 是子函数中的形参，它们各自只能在定义自己的函数范围内生效。无论形参和实参是否同名，系统都会根据变量作用域的不同将形参和实参区分为不同的变量（作用域的介绍参见 8.3 节）。

5.4.3　函数原型

函数原型也叫函数声明，是把函数名、函数类型以及形参个数、类型和顺序通知编译系统，使得 C++程序能够正确实现先调用函数，后定义函数。

尽管 C++程序中各函数定义的前后位置可以是任意的，但编译系统在编译该程序时，如果对某个子函数的调用出现在这个子函数的定义之前，编译系统无法正确识别函数调用语句中出现的子函数名。为避免这种错误，当对某个子函数的调用出现在该子函数的定义之前时，可在子函数的调用语句前增加一条函数声明语句，这样编译系统即可确定该子函数在程序后面进行了定义。

函数原型的语法格式：

函数类型　函数名（类型　参数 1，类型　参数 2，…，类型　参数 n）；

函数原型需注意以下问题：

（1）函数原型与函数定义相比，不包含函数体，并且用分号结束，类似变量定义；

（2）函数原型中的参数表可以只说明形参类型，而省略形参的变量名；

（3）函数原型和函数定义在函数类型、函数名以及形参表中形参的个数、类型、顺序必须保持一致。

例：

```
#include <iostream>
using namespace std;
int add(int x, int y);      //函数原型

int main(void)
```

课堂测试：
子函数

162

```
{
    int a,b,c;
    cin>>a>>b;
    c=add(a,b);
    cout<<c+add(a,b)<<endl;
    return 0;
}
int add(int x, int y)
{
    return x+y;
}
```

该示例中，子函数的调用语句 c=add(a,b)；出现在子函数 add 的定义之前，因此，该函数调用语句之前需要增加一条函数原型语句 int add(int x, int y)；该函数原型语句也可写为 int add(int, int)；。

注意：如果 C++程序中子函数的定义出现在调用之前，此时不再需要函数原型。

【例 5.3】 "1.01 的 365 次方和 0.99 的 365 次方"隐含的意思是：每天多做一点点，一年后积少成多就可以带来飞跃；如果一年中的每天都少做一点点，一年后就会跌入谷底。1.01 的 365 次方和 0.99 的 365 次方是网友公布的一条励志计算公式。编写程序求解并输出这两个结果值，要求定义子函数来实现 x^y 的求解。

算法分析：

本例要求定义子函数 fun 求解 x^y，主函数中重复 2 次下述操作：输入数据 x,y；通过调用子函数 fun 求出 x^y 并输出。

算法流程图如图 5-6 所示。

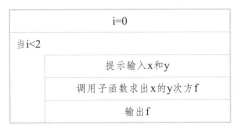

| i=0 |
| 当i<2 |
| 提示输入x和y |
| 调用子函数求出x的y次方f |
| 输出f |

图 5-6　算法流程图

子函数定义：

```
double fun(double x, int y)      //求 x 的 y 次方
{
    double z=1.0;
    int i;
    for(i=1;i<=y;i++)
        z=z*x;
    return z;
}
```

163

编程实现：

```
//调用子函数求 x 的 y 次方
#include <iostream>
using namespace std;
double fun(double x, int y);
int main( )
{
    double x,f;
    int y,i;
    cout<<"求 x 的 y 次方： "<<endl;
    for(i=0;i<2;i++)
    {
        cout<<"请输入 x 和 y（x 为实数，y 为整数）:"<<endl;
        cin>>x>>y;
        f=fun(x,y);    //调用子函数 fun 求 x 的 y 次方
        cout<<x<<"的 "<<y<<"次方为： "<<f<<endl;
        cout<<endl;
    }
    return 0;
}
//子函数求 x 的 y 次方
double fun(double x, int y)
{
    double z=1.0;
    int i;
    for(i=1;i<=y;i++)
        z=z*x;
    return z;
}
```

运行结果如图 5-7 所示。

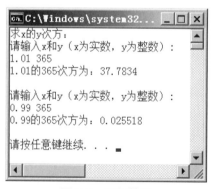

图 5-7　运行结果

164

【例 5.4】编程计算（1 到 m 之间所有整数和）*（1 到 n 之间所有整数和），其中 m 和 n 为正整数。

算法分析：

本例要求计算最后的乘积，需要先求出 $1 \sim m$ 之间所有整数和以及 $1 \sim n$ 之间所有整数和。而求这 2 个值的算法完全一样，唯一不同的只是 m 和 n 的值。为避免冗余代码，不妨定义一个子函数 add，该子函数的功能是求出 1 到一个整数 mn 之间的所有整数和。主函数只需要调用两次 add 子函数，即可求出需要的这两个和值。

算法流程图如图 5-8 所示。

图 5-8　算法流程图

子函数定义：

```cpp
int add(int mn)        //求 1~mn 之间所有整数和
{   int i=1,sum=0;
    while(i<=mn)
    {
        sum+=i;
        i=i+1;
    }
    return sum;
}
```

编程实现：

```cpp
//计算 1~mn 之间的累和*1~n 之间的累和
#include <iostream>
using namespace std;
int add(int); //函数原型, 可省略形参变量名
int main(void)
{
    int m,n,mul;
    cout<<"请输入 m 和 n 的值（m 和 n 均为正整数）: ";
    cin>>m>>n;
    mul=add(m)*add(n); //两次函数调用
    cout<<"mul="<<mul<<endl;
    return 0;
}
//子函数求 1 到 mn 之间所有整数和
int add(int mn)
```

165

```
{    int i=1,sum=0;
     while(i<=mn)
     {
         sum+=i;
         i=i+1;
     }
     return sum;
}
```

运行结果如图 5-9 所示。

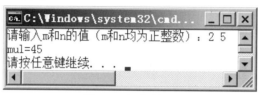

图 5-9　运行结果

【例 5.5】哥德巴赫猜想：任何一个大于等于 4 的偶数都可以拆分为两个素数之和。编程将 4 到 50 之间的偶数拆分为两个素数之和。

算法分析：

本例对 4 到 50 之间的每一个偶数 i 重复以下操作：将 i 拆分为所有可能的两数 j 和 $i-j$ 的和，对每一种可能的拆分 j 和 $i-j$，判断这两个数是否都是素数，如果是则当前的拆分就是我们要求的值。只需要定义一个子函数 prime，该子函数的功能是判断一个数 n 是否是素数。主函数中只要调用这个子函数就能判断出拆分的两个数 j 和 $i-j$ 是否是素数。

算法流程图如图 5-10 所示。

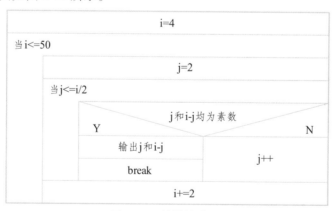

图 5-10　算法流程图

子函数定义：

```
bool prime(int n)      //判断 n 是否是素数
{
    int i;
```

166

```
        for(i=2;i<n;i++)
            if(n%i==0)
                break;
        if(i==n)
            return true;
        else
            return false;
}
```

编程实现：

```
//验证哥德巴赫猜想
#include <iostream>
using namespace std;
bool prime(int n);    //函数原型
int main(void)
{
    int i,j;
    for(i=4;i<=50;i+=2)    //将 4~50 中的每个偶数 i 拆分为 2 个素数和
    {   for(j=2;j<=i/2;j++)
            if(prime(j)&&prime(i-j))
                            //调用 prime 子函数判断 j 和 i-j 是否都是素数
            {
                cout<<i<<'='<<j<<'+'<<i-j<<endl;
                break;
            }
    }
    return 0;
}
//子函数判断 n 是否是素数
bool prime(int n)
{
    int i;
    for(i=2;i<n;i++)
        if(n%i==0)
            break;
    if(i==n)
        return true;
    else
        return false;
}
```

运行结果如图 5-11 所示。

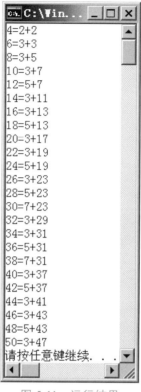

图 5-11　运行结果

【例 5.6】判定回文数：编程寻找并输出 n_1 到 n_2（$n_1 < n_2$）之间的数 n，它满足 n、n^2、n^3 均为回文数（回文数指正读和反读都一样的数，如 121、9889）。

算法分析：

本例对 n_1 到 n_2 之间的每个数 n 重复下述操作：判断 n、n^2 和 n^3 是否均为回文数，如果是，则输出 n。判断 n、n^2 和 n^3 是否是回文数的算法是一样的，所以定义一个子函数 symm，该子函数的功能是实现判断一个数是否为回文数，主函数调用子函数 symm 实现判断 n、n^2 和 n^3 是否均为回文数。

算法流程图如图 5-12 所示。

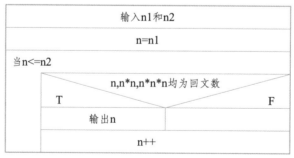

图 5-12　算法流程图

子函数定义：

168

```cpp
bool symm(int n)        //判断数 n 是否是回文数
{
    int i=n, m=0;
    while( i!=0 )
    {
        m=m*10+i%10;
        i=i/10;
    }
    return (m==n);
}
```

编程实现：

```cpp
//判定回文数
#include <iostream>
using namespace std;
bool symm(int n);       //函数原型
int main(void)
{
    int n1, n2, n;
    cout<<"输入 n1 和 n2(n1<n2):";
    cin>>n1>>n2;
    for(n=n1; n<=n2; n++)
        if(symm(n)&&symm(n*n)&&symm(n*n*n))        //函数调用
        {
            cout<<"n="<<n;
            cout<<", n*n="<<n*n;
            cout<<", n*n*n="<<n*n*n<<endl;
        }
    return 0;
}
//子函数判断数 n 是否是回文数
bool symm(int n)
{
    int i=n, m=0;
    while(i!=0)
    {
        m=m*10+i%10;
        i=i/10;
    }
    return (m==n);
}
```

运行结果如图 5-13 所示。

图 5-13　运行结果

【例 5.7】输出金字塔图形：输入图形行数 n，编程输出如下规则图形（该图形是输入行数值 n 为 5 时的示例）。要求定义并调用子函数来实现编程。

```
    *
   ***
  *****
 ******
*******
```

算法分析：

定义子函数 print 输出 n 个字符 ch。主函数中对第 1 行到第 n 行中的每一行重复下面的操作：输出该行图案前面的空格，接着输出该行后面的*号，最后输出一个换行。

算法流程图如图 5-14 所示。

图 5-14　算法流程图

子函数定义：

```
void print(char ch,int n)        //输出由字符ch构成的字符串
{
    int i;
    for(i=0;i<n;i++)
        cout<<ch;
}
```

编程实现：

```cpp
//输出金字塔图形
#include <iostream>
using namespace std;
void print(char ch,int n);        //函数原型
int main( )
{
    int i,n,num1,num2;   //num1表示每行前面空格的数量,
                         //num2表示每行后面*的数量
    cout<<"请输入图案的行数 n:";
    cin>>n;
    num1=n-1;
    num2=1;
    for(i=0;i<n;i++)      //输出几行金字塔图形
    {
        print(' ',num1);      // 函数调用，输出该行前面的空格
        print('*',num2);       // 函数调用，输出该行后面的*号
        cout<<endl;
        num1=num1-1;       //准备好下一行空格的数量
        num2=num2+2;       //准备好下一行*的数量
    }
    return 0;
}
//子函数输出由ch构成的字符串
void print(char ch, int n)
{
    int i;
    for(i=0;i<n;i++)
        cout<<ch;
}
```

运行结果如图 5-15 所示。

图 5-15　运行结果

171

5.5 常见错误小结

常见错误小结请扫二维码查看。

习题与答案解析

一、单项选择题

1. 设存在函数 int max(int,int)返回两参数中较大值，若求 22、59、70 三者中最大值，下列表达式不正确的是（　　）。

  A. int m=max(22, max(59, 70));　　　　　　B. int m=max(max(22, 59), 70);

  C. int m=max(22, 59, 70);　　　　　　　　　D. int m=max(59, max(22, 70));

2. 无返回值函数的类型标识符是（　　）。

  A. int　　　　　　　B. short　　　　　　C. void　　　　　　D. long

3. 定义函数时不需要说明的是（　　）。

  A. 函数的返回值类型　　　　　　　　　　B. 函数名

  C. 函数的形参　　　　　　　　　　　　　D. 函数形参的赋值

4. 在定义函数时，下列说法不正确的是（　　）。

  A. 函数可以在程序代码的任何位置定义

  B. 函数是一个独立的功能模块，其定义必须是独立的

  C. 在一个函数内不能定义另一个函数

  D. 函数定义时，可以在函数内部定义变量

5. 关于库函数的说法，不正确的是（　　）。

  A. 库函数不需要定义，只需要声明就可以使用

  B. 库函数声明时，只需要声明库函数所在的头文件即可

  C. 库函数在相关头文件中已经定义

  D. 在 C++程序中可以重新定义库函数

6. 求角度为 60 的正弦值，正确的是（　　）。

  A. sin(60)　　　　　　　　　　　　　　　B. sin(60/PI)

  C. sin(60*3.14/180)　　　　　　　　　　　D. sin(60/3.14)

7. 在 VS2010 中，下列库函数的调用，错误的是（　　）。

  A. pow(2,3.1)　　　　B. sqrt(3.5)　　　　C. pow(2.1,3)　　　D. sqrt(3)

8. 下面关于形参与实参的说法正确的是（　　）。

  A. 定义函数时，函数头中定义的参数是实参

  B. 调用函数时，需要用到的参数是形参

  C. 调用函数时，函数的实参与形参结合，然后执行函数体，最后从调用函数返回

  D. 函数的形参与实参没有任何必然联系

9. 结构化程序设计的基本原则不包括（　　）。

  A. 多元性　　　　　　B. 自顶向下　　　　C. 模块化　　　　　D. 逐步求精

10. 下面的函数调用语句中 func 函数的实参个数是（　　　）。

　　func(f1(V1,V2),(V3,V4,V5),(V6,max(V7,V8)));

　　A. 3　　　　　　　　B. 4　　　　　　　　C. 5　　　　　　　　D. 8

11. 下列叙述错误的是（　　　）。

　　A. 用户定义的函数中可以没有 return 语句

　　B. 用户定义的函数中可以有多个 return 语句，以便可以调用一次返回多个值

　　C. 用户定义的函数中若没有 return 语句，则应当定义函数为 void 类型

　　D. 函数的 return 语句中可以没有表达式

12. 有下列程序：

　　int fun(int x,int y){return(x+y);}

　　int main()

　　　　{　int a=1,b=2,c=3,sum;

　　　　　　sum=fun((a++,b++,a+b),c++);

　　　　　　cout<<sum;

　　　　　　return 0;

　　　　}

　　执行后的输出结果是（　　　）。

　　A. 6　　　　　　　　B. 7　　　　　　　　C. 8　　　　　　　　D. 9

13. 以下对 C++函数的有关描述中，正确的是（　　　）。

　　A. 函数必须有返回值

　　B. 函数的返回值类型可以不确定

　　C. 函数若有返回值，必须确定其类型

　　D. 函数必须有返回值，否则不能使用函数

14. 所有 C++函数的结构都包括的三部分是（　　　）。

　　A. 语句、花括号和函数体　　　　　　　B. 函数名、语句和函数体

　　C. 函数名、形式参数和函数体　　　　　D. 形式参数、语句和函数体

15. 函数调用不可以（　　　）。

　　A. 出现在执行语句中　　　　　　　　　B. 出现在一个表达式中

　　C. 作为一个函数的实参　　　　　　　　D. 作为一个函数的形参

16. C++程序的执行顺序由（　　　）决定的。

　　A. 子函数　　　　　　　　　　　　　　B. 主函数

　　C. 各函数位置的前后顺序　　　　　　　D. 函数声明语句

17. 以下所列的各函数原型声明中，正确的是（　　　）。

　　A. void play(var:integer,var b:integer);　　B. void play(int a,b);

　　C. void play(int,int);　　　　　　　　　　D. void play(int a,b as integer)

18. 以下正确的函数形式是（　　　）。

　　A. double fun(int x,int y){z=x+y;return z;}

　　B. fun1(int x,y){int z;return z;}

　　C. double fun(int x,int y){int x,y; double z;z=x+y;return z;}

D. double fun(int x,int y){ double z;z=x+y;return z;}

19. 表达式 2+ rand()%8 产生的数据是（　　）。

    A. 2 到 9 之间的整数，包括 2 和 9　　　　B. 2 到 8 之间的整数，包括 2 和 8

    C. 0 到 7 之间的整数，包括 0 到 7　　　　D. 2 到 10 之间的整数，包括 2 和 10

20. 以下关于函数的叙述中不正确的是（　　）。

    A. C++程序中函数的集合，包括标准的库函数和用户自定义函数

    B. 在 C++程序中，被调用的函数必须在 main 函数中定义

    C. 在 C++程序中，函数的定义是不能嵌套的

    D. 在 C++程序中，函数的调用可以嵌套

二、判断题

1. 一个完整的 C++程序有且仅有一个主函数和零个及以上非主函数构成。（　　）

2. 可以在 C++程序中指定任意一函数为主函数，程序将从此开始执行。（　　）

3. 函数在调用时，形参和实参必须个数相等，且类型要一致。　　　　（　　）

4. 函数调用时，如果函数名作为实参，则该函数一定具有返回值。　　（　　）

5. 定义函数时，形参可以是变量、常量或表达式。　　　　　　　　　（　　）

6. 定义函数时，return 可以出现在函数体中的任意位置，代表函数结束并返回。

    （　　）

7. 用户自定义的函数可以调用库函数，也可以调用 main 函数。　　　（　　）

8. C++函数的返回值是由定义函数时指明的函数类型决定的。　　　　（　　）

9. C++程序设计中，用户定义函数时，如果函数中没有 return 语句，则不需要说明函数的返回值类型。　　　　　　　　　　　　　　　　　　　　　　（　　）

10. 函数的原型声明可以出现在 main 函数内部，也可以出现在 main 函数之前。

    （　　）

三、阅读程序，写出运行结果

1.

```cpp
#include <iostream>
#include <cmath>
using namespace std;
int jw(int x)
{
    int a,n,m;
    if(x<10)
       a=0;
    else
       { n=0;
         m=x;
          while(m)
```

```
        {n++;m=m/10;}
        m=x%int(pow(10.0,n-1));
        a=m;
    }
        return a;
}
int main( )
{
    int x,c;
    cin>>x;
    c=jw(x);
    cout<<c<<endl;
    return 0;
}
```

输入数据为：23748

2.

```
#include <iostream>
#include <cmath>
using namespace std;
int gys(int a,int b)
{
    int i=1;
    while((i*a)%b!=0) i++;
    return i*a;
}
int gbs(int a,int b)
{
    int i;
    for(i=a;;i--)
    if(a%i==0&&b%i==0) return i;
}
int main()
{
    int a,b,c,d;
    cin>>a>>b;
    c=gys(a,b);
    d=gbs(a,b);
    cout<<c<<' '<<d<<endl;
}
```

输入数据为：15　80

四、程序填空题

1. 程序功能：抽奖程序，有 101 个成员参加会议，编号为 1 到 101。现在大会要抽 1 个一等奖，2 个二等奖。每个编号不能重复获奖。输入输出格式参见运行结果。

```cpp
#include <iostream>
#include <ctime >
#include <cstdlib >
using namespace std;
int main()
{
    int firstP,secPrize1,secPrize2;
        _____①_____
    firstP=_____②_____;
    cout<<"The First prize goes to No:"<<firstP<<endl;
    do{
      secPrize1=1+rand()%101;
      if(_____③_____)
        {
            cout<<"Now The 1_Second Prize goes to NO:"<<secPrize1
<<endl;
            break;
        }
     }
    while(true);
    do{
      secPrize2=1+rand()%101;
      if(_____④_____)
        {
            cout<<"Now The 2_Second Prize goes to NO:"<<secPrize2
<<endl;
            break;
        }
     }
    while(true);
    return 0;
}
```

运行结果如图 5-16 所示。

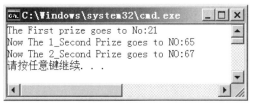

图 5-16 运行结果

2. 定义一个函数 sqrt1：求一个数的正整数平方根，如果有正整数平方根，则返回平方根，若没有，则返回 0 值。例如：sqrt1(9)=3，sqrt1(8)=0；并求 0 到 50 之间的自然数对 x 和 y(x<y)（所谓自然数对就是指两个自然数的和与差都是平方数，如 17-8=9,17+8=25）。输入/输出格式参见运行结果。

```cpp
#include <iostream>
#include <iomanip>
#include <cmath>
using namespace std;
int sqrt1(int n)
{
    int i=0;
    do
    {
    i++;
    }
    while( ____①____ );
    if ( ___②___ ) return i;
    else   return 0;
}
int main()
{
    int x,y,t=0;
    for(x=1;x<50;x++)
        for(y=x+1;y<=50;y++)
            if( ___③___ )
                {
                    cout<<"("<<setw(3)<<x<<":"<<setw(3)<<y<<") ";
                    t++;
                    if (t%5==0) cout<<endl;
                }
    cout<<endl;
    return 0;
}
```

运行结果如图 5-17 所示。

177

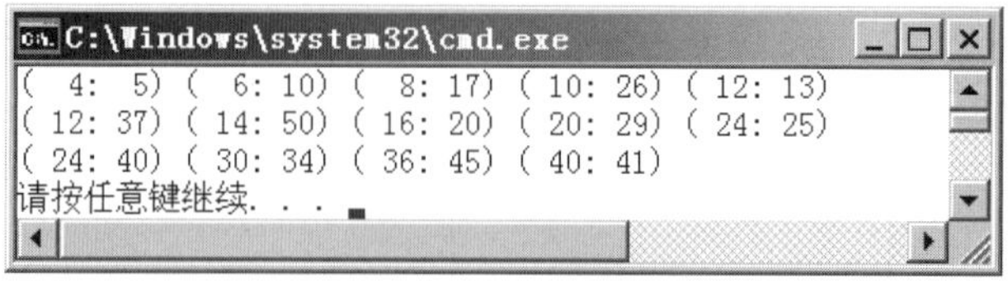

图 5-17 运行结果

3. 定义一个函数，将一个整数中的奇数数码取出，构成一个新数返回。如数据为
8765431，则返回 7531；并在主函数中调用该函数。输入/输出格式参见运行结果。

```cpp
#include <iostream>
using namespace std;
int jishuwei(int n)
{
    int s=0,t=1,r;
    while(n)
    {
        r=n%10;
        if(      ①      )
        {
              ②      ;
            t=t*10;
        }
        n=n/10;
    }
    return s;
}
int main()
{
    int s,t;
    cout<< "请输入一个整数: ";
    cin>>t;
    s=      ③      ;
    cout<<"s="<<s<<endl;
    return 0;
}
```

运行结果如图 5-18 所示。

C:\Windows\syst...
请输入一个整数: 9867351
s=97351
请按任意键继续. . .

图 5-18 运行结果

178

4. 定义一个函数，求斐波那契数列的第 n 项（F0=1,F1=1,Fn=Fn-1+Fn-2）；在主函数中输出斐波那契数列的前 20 项。输入/输出格式参见运行结果。

```cpp
#include <iostream>
#include <iomanip>
using namespace std;
int fib(int n)
{
    int f0=1,f1=1,f2,i;
    if(n==1||n==2)
    return 1;
    for(i=2;____①____;i++)
    {
        f2=f1+f0;
        ____②____;
        ____③____;
    }
        return f2;
}
int main()
{
    int i;
    for(i=1;i<=20;i++)
    {
        cout<<setw(6)<<____④____;
        if(i%5==0) cout<<endl;
    }
    return 0;
}
```

运行结果如图 5-19 所示。

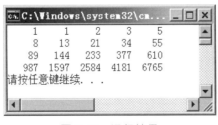

图 5-19   运行结果

5. 定义一个函数，判断一个整数是否为回文数（回文数是从左读和从右读都一样，如 43234），若是则返回 true，否则返回 false；并在主函数中输出 100 到 10000 之间的

179

回文数。输入/输出格式参见运行结果。

```cpp
#include <iostream>
#include <iomanip>
using namespace std;
bool huiwen(int n)
{
    int s=0,t=n;
    while(t)
    {      ①     ;
        t=t/10;
    }
    return    ②   ;
}
int main()
{
    int i,t=0;
    for(i=100;i<=1000;i++)
    {
        if(  ③  )
        {
            cout<<setw(6)<<i;
            t++;
            if(t%10==0)cout<<endl;
        }
    }
    return 0;
}
```

运行结果如图 5-20 所示。

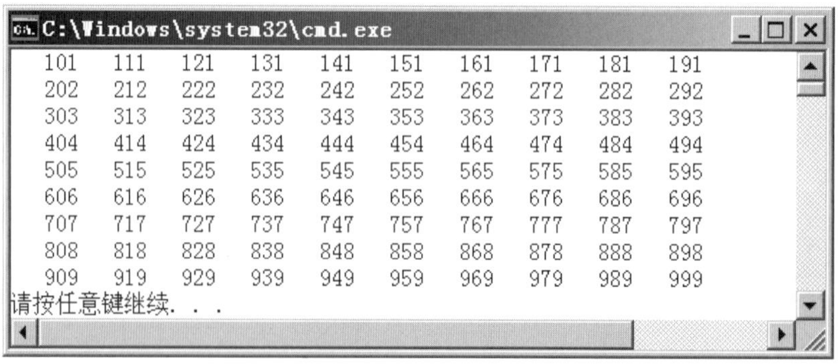

```
C:\Windows\system32\cmd.exe
   101   111   121   131   141   151   161   171   181   191
   202   212   222   232   242   252   262   272   282   292
   303   313   323   333   343   353   363   373   383   393
   404   414   424   434   444   454   464   474   484   494
   505   515   525   535   545   555   565   575   585   595
   606   616   626   636   646   656   666   676   686   696
   707   717   727   737   747   757   767   777   787   797
   808   818   828   838   848   858   868   878   888   898
   909   919   929   939   949   959   969   979   989   999
请按任意键继续. . .
```

图 5-20　运行结果

五、程序改错题

1. 程序功能：编写函数 factors(num,k)，函数的功能是求整数 num 中包含因子 k 的个数，如果没有该因子则返回 0。例如：28=2*2*7，则 factors（28,2）=2。输入/输出均在主函数中完成。输入/输出格式参见运行结果。（4 个错误）

```cpp
1   #include <iostream>
2   using namespace std;
3   int factors(int num, k)
4   {
5       int n,a;
6       a=num%k;
7       while(a==0)
8         {n++;
9          num=num/k;
10         a=num/k;
11         }
12      return n;
13  }
14  int main()
15  {
16      int num,k,b;
17      cout<<"请输入整数 num、因子 k: ";
18      cin>>num>>k;
19      factors(num,k);
20      cout<< "有"<<b<<"个因子"<<k <<endl;
21      return 0;
21  }
```

运行结果如图 5-21 所示。

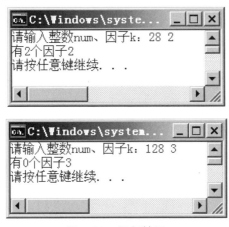

图 5-21　运行结果

181

2. 程序功能：输出图形。当输入为 4、6 时，其输出结果如图 5-22 所示。(4 个错误)

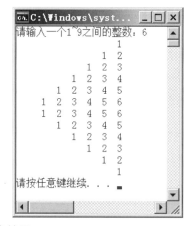

图 5-22　输出结果

```
1   #include <iostream>
2   #include <iomanip>
3   using namespace std;
4   void printL(int n)
5   {
6       int i,j;
7       for(i=1;i<2*n;i++)
8   {
9       if(i<n)
10      {
11          for(j=n;j>=i;j--)
12              cout<<setw(3)<<' ';
13          for(j=1;j<=i;j++)
14              cout<<setw(3)<<i;
15          cout<<endl;
16      }
17      else
18      {
19          for(j=1;j<=i-n;j++)
20              cout<<setw(3)<<' ';
21          for(j=1;j<=2*n-i+1;j++)
22              cout<<setw(3)<<j;
23          cout<<endl;
24      }
25  }
```

182

```
26  }
27  int main()
28  {
29      int n, k;
30      cout<<"请输入一个1到9之间的整数: ";
31      cin>>n;
32      k=printL(n);
33      return 0;
34  }
```

3. 程序功能：求 m 到 n 之间数字之和为 5 的整数个数。输入/输出均在主函数中完成。输入/输出格式参见运行结果。（4个错误）

```
1   #include <iostream>
2   using namespace std;
3   int count(int n,int m)
4   {
5       int i,k,t,r;
6       if(n>m)  return k;
7       for(i=n;i<=m;i++)
8       {
9           t=0;r=i;
10          while(r!=0)
11          {
12              t=t+r/10;
13              r=r%10;
14          }
15          if(t==5)  k++;
16      }
17      return t;
18  }
19  int main()
20  {
21      int m,n;
22      cout<<"请输入两个整数m、n（m<n）: ";
23      cin>>m>>n;
24      cout<<count(m,n)<<endl;
25      return 0;
26  }
```

运行结果如图 5-23 所示。

183

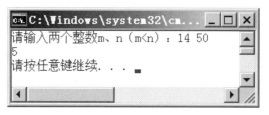

图 5-23 运行结果

4. 程序功能：子函数功能是判断一整数是否为素数，并在主函数中调用。输入/输出格式参见运行结果。（4 个错误）

```cpp
1   #include <iostream>
2   #include <iomanip>
3   using namespace std;
4   bool prime(int n)
5   {
6       int i;
7       for(i=1;i<n;i++)
8       if(n%i==0)  return false;
9       else  return true;
10  }
11  int main()
12  {
13      int i,m,n,t;
14      cout<<"请输入 n 和 m 两个数（m>n）:"<<endl;
15      cin>>n>>m;
16      for(i=n;i<=m;i++)
17      {
18          if(!prime(i))
19          {
20              cout<<setw(5)<<i;
21              t++;
22              if(t%5==0)  cout<<endl;
23          }
24      }
25      cout<<endl;
26      return 0;
27  }
```

运行结果如图 5-24 所示。

图 5-24 运行结果

5. 程序功能：子函数功能是判断一整数是否为完数（其因子之和等于本身，如 6=1+2+3），并在主函数中调用。输入/输出格式参见运行结果。（4 个错误）

```cpp
1  #include <iostream>
2  #include <iomanip>
3  using namespace std;
4  bool wanshu(int n)
5  {
6      int i,s;
7      for(i=1;i<=n;i++)
8          if(n%i==0)  s=s+i;
9      return s=n;
10 }
11 int main()
12 {
13     int i;
14     for(i=1;i<=10000;i++)
15     {
16         if(!wanshu(i))
17         { cout<<setw(5)<<i;
18         }
19     }
20     cout<<endl;
21     return 0;
22 }
```

运行结果如图 5-25 所示。

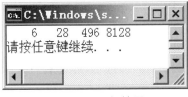

图 5-25 运行结果

185

六、编程题

1. 定义一个函数，已知三角形的三条边，判断三角形的类型（若返回值为 0，则不是三角形；若返回值为 1，则为等边三角形；若返回值为 2，则为直角三角形；若返回值为 3，则为其他类型的三角形），要求输入和输出都在主函数中完成。输入/输出格式参见运行结果。

运行结果如图 5-26 所示。

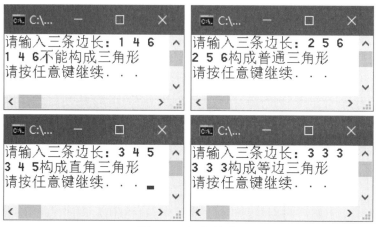

图 5-26　运行结果

2. 定义一个函数，根据下列公式求 π 的值（直到某一项的值小于给定精度 e 为止），精度 e 由键盘输入，要求输入和输出均在主函数中完成。输入/输出格式参见运行结果。

$\pi/2=1+1/3+(1/3)*(2/5)+(1/3)*(2/5)*(3/7)+(1/3)*(2/5)*(3/7)*(4/9)+\cdots$

运行结果如图 5-27 所示。

第 5 章
答案解析

图 5-27　运行结果

3. 定义一个函数，实现十进制转换为二进制，并调用该函数，要求输入和输出都在主函数中完成。输入/输出格式参见运行结果。

运行结果如图 5-28 所示。

图 5-28　运行结果

学 生 作 业 报 告

专业_____ 班级_____ 学号_____ 姓名_____

第**6**章

数组与字符串

C++提供了种类丰富的数据类型，包括基本（预定义）数据类型和构造（自定义）数据类型。构造类型是由基本类型的数据按一定规则构造而成的，数组就属于构造数据类型。

本章将详细介绍有关数组的知识，具体内容如下：

（1）数组的引入；

（2）一维数组及应用；

（3）二维数组及应用；

（4）字符数组处理字符串；

（5）srting 类处理字符串。

6.1 数组的引入

通过前几章内容的学习，我们对程序设计方法以及 C++程序的基本控制流程有了初步的认识和掌握，很多实际问题能够用已学方法解决。例如：从输入的3 个数据中找出大于平均值的数据并输出，可以设置 3 个变量，通过"先求平均值，然后比较每个数与平均值的大小关系"的方法来实现，实现代码如表 6-1 中的程序一所示。

上述问题如果改变条件，求 100 个数甚至更多数的平均值，可通过循环结构实现求和，然后求平均值，代码如表 6-1 中的程序二所示。但是，在程序二中，由于没有记录下每个数据，所以无法输出大于平均值的数据。为了实现这个功能，可以用 100 个变量来存储数据，并用程序一的方法实现。

从上述例子我们发现，用变量来存储大批量的数据不太合适。因为大量变量的使用，不仅增加了系统的管理开销，而且使得程序结构非常复杂。

若要处理的数据是具有相同数据类型且有一定联系的若干数据的集合，采用什么样的数据结构来描述和组织数据能获得更高的处理效率呢？C++提供了一种构造（自定义）数据类型：数组，专门用于处理具有相同数据类型、有一定顺序关系的、大批量的数据。

数组是具有一定顺序关系的、若干相同类型数据的集合体。数组用数组名来标识，一个数组用来表示一组同类型的数据。数组中的各个数据被称为数组元素或分量。

表 6-1　求平均值程序

程序一：从 3 个数中找出大于平均值的数	程序二：求 100 个数的平均值
| ```cpp
#include <iostream>
using namespace std;
int main( )
{
    double num1,num2,num3,avg;
    cout<<"请输入 3 个整数: "<<endl;
    cin>>num1>>num2>>num3;
    avg=(num1+num2+num3)/3;
    cout<<"平均值为: "<<avg<<endl;
    cout<<"大于平均值的有: ";
    if(num1>avg)
        cout<<num1<<"  ";
    if(num2>avg)
        cout<<num2<<"  ";
    if(num3>avg)
        cout<<num3<<"  ";
    cout<<endl;
    return 0;
}
``` | ```cpp
#include <iostream>
using namespace std;
int main( )
{
    const int N=100;
    int i;
    double num,sum=0;
    cout<<"请输入"<<N
        <<"个整数: "<<endl;
    for(i=1;i<=N;i++)
    {
        cin>>num;
        sum+=num;
    }
    cout<<"平均值为: " << sum/N
        <<endl;
    return 0;
}
``` |

　　数组可分为一维数组、二维数组以及更多维数组。一维数组用于表示具有行（或列）关系的一组同类型数据；二维数组用于表示具有行和列关系的一组同类型数据。

6.2　一维数组及应用

6.2.1　一维数组的定义

　　一维数组定义（声明）的语法格式如下：

类型说明符　数组名[常量表达式];

　　例如，定义一个有 10 个元素、名为 score 的整型数组，代码为 int score[10];。
说明：

课堂测试：一
维数组的定义

　　（1）类型说明符通常为 int、char、float、double 等，表示数组元素的数据类型。
语句 int score[10];表示 score 数组的 10 个元素均为整型数据。

　　（2）数组名用于标识数组，表示一组同类型的数据。只要是符合 C++命名规范的标识符均可作为数组名，数组名最好做到"见名识义"。

190

（3）数组名后面有几对方括号就表示是几维数组。例如，一维数组，数组名后的方括号只有一对；二维数组，数组名后的方括号有两对。注意：数组名后的方括号不能用成圆括号。例如：int score(10);是错误的。

（4）常量表达式，即该表达式的值是一个确定的值，它的值用于定义数组各维的长度（元素个数）。常量表达式中可以包括字面常量和符号常量，但不能有变量。例如，假设有 const int N=8;和 int n=6; 定义语句 int num[N];和 int stu[N+2];都是正确的；但定义语句 int arr[n];是错误的，因为 n 是变量。

6.2.2　一维数组元素的访问

一维数组元素在内存中顺次存放，即数组元素在内存中是从低地址开始顺序存放的，各元素占用的内存空间大小相同（由其数据类型决定），它们的地址是连续的，如图 6-1 所示。

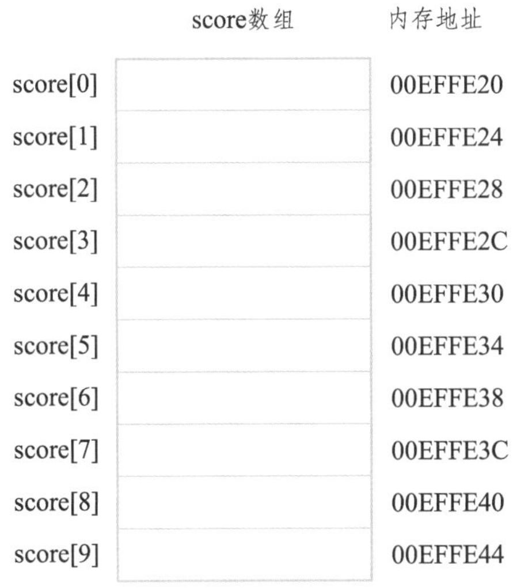

图 6-1　一维数组在内存中的存储

各元素的存储单元之间没有空隙，可以从数组第一个元素的起始地址计算出任意一个元素的起始地址。

数组名字 score 代表数组在内存中的起始地址（首地址）。如图 6-1 所示，若执行语句 cout<<score; 会输出 00EFFE20，此即数组首地址。

数组是一种构造类型，是不能作为一个整体进行访问和处理的，只能按元素进行个别的访问和处理。要访问数组元素可以通过下标法实现。按元素在数组中的位置进行访问，称为下标访问。数组元素的下标从 0 开始，下标是数组元素与数组起始位置的偏移量。第 1 个元素的偏移量为 0，第 2 个元素的偏移量为 1，以此类推，则 score 数组的第 1 个元素用下标法可表示为 score[0]，最后一个元素表示为 score[9]，如图 6-1 所示。

长度为 n 的一维数组，其元素下标的范围为 $0 \sim n-1$，元素在数组中的位置与其下标相差 1，例如，第 10 个元素的下标为 9。

191

关于元素下标的特别说明：如果数组元素的下标从 1 开始，则 C++编译系统会进行自动调整，以保证代码执行效率更高，下标从 0 开始则不必进行多余的调整。

【例 6.1】一维数组定义与元素访问。

问题分析：

掌握一维数组定义及访问方法，用下标法实现对数组元素的访问。

编程实现：

```
1   #include <iostream>
2   using namespace std;
3   int main( )
4   {
5     int score[10], i;
6     cout<<"请输入数组的 10 个整数: "<<endl;
7     for(i=0;i<10;i++)          //利用循环从键盘逐个接收数组元素的值
8       cin>>score[i];
9     for(i=0;i<10;i++)          //利用循环逐个输出数组元素的值
10    {
11        cout<<"score["<<i<<"]="<<score[i]<<" ";
12        if((i+1)%2==0)          //每行输出 2 个元素
13          cout<<endl;
14    }
15    return 0;
16  }
```

运行结果如图 6-2 所示。

图 6-2　运行结果

关键知识点：

（1）数组必须先定义（声明）后使用。

（2）只能逐个访问数组元素，不能一次访问整个数组。例如：cout<<score; 或 cout<<score[10];都不能输出数组的 10 个元素。应采用"下标法+循环结构"的方式实现对数组元素的访问，例如程序中的第 7~8 行以及第 9~14 行。

（3）数组元素的值，除了可以从键盘输入以外，还可以利用随机函数产生，代

192

码如下，将其替换掉例题中第 7 ~ 8 行代码，并包含相应的头文件（#include<ctime>）即可。

```
srand(time(NULL));          //初始化随机数产生器，不能写在循环里面
for(i=0;i<10;i++)            //利用循环给数组元素逐个赋值
  score[i]=5+rand()%(100-5+1); //随机产生 5~100 的数赋值给数组元素
```

（4）注意下标越界的问题：

课堂测试：一维数组的存储、访问

① 例 6.1 中，for 循环的循环控制条件为 i<10，当 i 的值为 10 时，循环结束，保证对数组元素的访问没有超出边界。如果将第 7 行代码的循环条件误写为 i<=10，会出现什么情况呢？程序在编译和链接过程中不会报错，但运行程序时会报运行时错误，如图 6-3（a）所示。

② 如果将第 9 行代码的循环条件误写为 i<=10，又会出现什么情况呢？程序在编译和链接过程中不会报错，但是运行结果中会出现垃圾数据，如图 6-3（b）所示，这是因为访问到了非有效空间的数据。

以上两种典型错误产生的原因都是因为访问时下标越界了。数组定义时，编译系统会根据定义语句给数组分配所需的内存空间，空间一旦分配，空间大小就固定不可再改变（静态存储分配）。如果数组元素的访问超出有效空间，就会出现下标越界的情况。

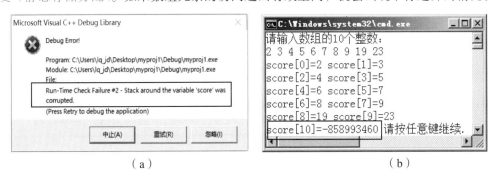

（a）　　　　　　　　　　　　　　　　　（b）

图 6-3　下标越界导致的错误示例

6.2.3　一维数组的初始化

（1）在定义（声明）数组的同时可以对数组元素赋以初始值，即数组的初始化。

① 可以只给一部分元素赋初值（至少一个），当没有为数组中每个元素提供初始值时，C++ 自动将未初始化的元素赋值为默认值。对于 int 型数组，这个默认值为 0。例如：

```
int  a[5]={4,0,3};          // 元素 a[3]、a[4]的值为 0
```

② 如果没有赋任何一个初值，C++ 不能自动初始化元素，数组元素将包含垃圾数据。例如：

```
int a[5];       //若输出任意元素的值，显示-858993460（垃圾数据）
```

③ 在对全部数组元素赋初值时，可以不指定数组长度。例如：

```
int a[ ]={10,11,12,13,14};    // 数组长度为 5
```

（2）声明数组时，可以在类型前面加上关键字 static，表示静态数组。例如：

193

```
static int a[5];
```

① 若未对静态数组进行初始化，数组的所有元素将自动获取初始值。如例中定义的整型数组 a，5 个元素均获得初值 0。如果数组 a 的类型为 double 型，5 个元素自动获得初值 0.0。

② 静态数组的初始化在编译时完成，以后不用再初始化，直接使用系统赋予的初值即可。

6.2.4 应用案例

通常可使用一维数组表示具有一定顺序关系的一组相同类型的数据。通过循环结构控制元素下标的变化范围，可以实现对一维数组元素的访问，并在此基础上对数据进行相应的操作，一维数组的相关操作包括：求最大/最小值、求平均值、插入、删除、查找、排序等。

【例 6.2】自动生成斐波那契数列前 n 项的值。

问题分析：

斐波那契（Fibonacci）数列中的第 1 项和第 2 项均为 1，从第 3 项开始，每项等于前两项之和。若设 $F_1=1$，$F_2=1$，则 $F_3=2$，$F_4=3$，$F_5=5$，$F_6=8$……即当 $n>2$ 时，$F_n=F_{n-1}+F_{n-2}$，且 $F_1=F_2=1$。

算法分析：

（1）问题求解：

可用一维数组存储斐波那契数列各项的值。定义一维数组 Fibo，则 Fibo[0]=1，Fibo[1]=1，从第 3 项开始（元素下标 i=2），各项的值可根据规律产生，即 Fibo[i]=Fibo[i-1]+Fibo[i-2]。

（2）算法流程图如图 6-4 所示。

定义数组Fibo[N]并初始化前2项，定义相关变量		
输入n值（前n项）		
i=2; //第3项		
i<n		
	Fibo[i]= Fibo[i-1]+ Fibo[i-2];	
	i=i+1;	
输出斐波那契数列前n项的值		

图 6-4　算法流程图

编程实现：

```
1   #include <iostream>
2   #include <iomanip>
3   using namespace std;
4   int main( )
```

194

```
5    {
6        int Fibo[30]={1,1}, n, i;        //定义数组并初始化
7        cout<<"请输入需要计算的数列项数: "<<endl;
8        cin>>n;                          // 输入需要计算的项数
9        for(i=2;i<n;i++)
10           Fibo[i]=Fibo[i-1]+Fibo[i-2]; //产生斐波那契数列前 n 项的值
11       cout<<"斐波那契数列前"<<n<<"项的值为: "<<endl;
12       for(i=0;i<n;i++)                 //输出斐波那契数列的值
13       {
14           cout<<setw(6)<<Fibo[i];
15           if((i+1)%5==0)               //每行输出 5 个元素
16            cout<<endl;
17       }
18       return 0;
19   }
```

运行结果如图 6-5 所示。

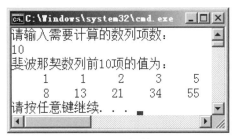

图 6-5　运行结果

关键知识点：

（1）斐波那契数列第 1 项和第 2 项的值为 1，在定义数组时，可以同时初始化第 1个和第 2 个元素的值为 1，其余元素的值默认为 0，如第 6 行代码所示。

（2）本例定义的数组长度为 30，编译器会为数组分配 30 个存储空间（每个存储空间的大小由数组的类型决定），但实际只使用了 10 个存储空间，造成了存储空间的浪费，两者的差值越大，存储空间浪费越多。为了避免空间浪费，能否根据输入的实际长度 n 定义数组呢？即写成：

```
int n; cin>>n; int a[n];
```

答案是否定的，原因在于：定义数组时，数组的长度必须是常量或常量表达式，即一个确定的值，不能是变量。这样 C++编译系统才能根据长度值预先为数组分配相应的存储空间。

为了避免存储空间的浪费，可采用动态存储分配，即在需要的时候才分配存储空间，使用完后释放空间。具体方法将在第 7 章指针中进行介绍。

（3）预先定义一个长度较大的数组，再从键盘输入数组的实际长度，这样处理的好处在于：

① 便于程序调试。可先输入较小的 n 值，使用较少的数据进行程序调试，程序正确后，再输入要求的数组长度值。

② 提高程序的灵活性，若用户要求处理的数据个数发生了改变，无须修改代码，只需重新输入数据个数即可。

【例 6.3】利用一维数组处理学生成绩。

问题分析：

某教师需要一个程序，用来计算和显示"程序设计"课程的平均成绩，并输出课程的最高分以及最高分是第几位同学。

算法分析：

（1）问题求解：

可以把所有学生的成绩保存在一个一维数组中，然后计算所有数组元素（成绩）之和，再除以学生人数即可得到平均成绩。

通过对数组元素的两两比较，可以找出数组中的最大元素（最高分）。

（2）算法流程图如图 6-6 所示。

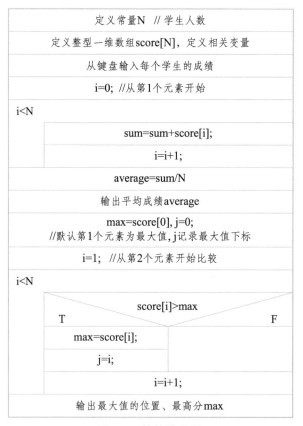

图 6-6　算法流程图

编程实现：

```
1   #include <iostream>
2   using namespace std;
```

196

```
3    int main( )
4    {
5       const int N=5;                     //学生人数
6       int score[N], i, j, max;
7       float sum=0.0, average=0.0;  //累和变量赋初值为 0
8       cout<<"请依次输入"<<N<<"个学生的成绩: "<<endl;
9       for(i=0;i<N;i++)
10          cin>>score[i];                  //输入数组元素的值
11      for(i=0;i<N;i++)
12          sum=sum+score[i];              //求和
13      average=sum/N;                      //计算平均成绩
14      cout<<"平均成绩为:"<<average<<endl;
15      max=score[0];                       //设置默认最大值
16      j=0;                                //记录最大值下标
17      for(i=1;i<N;i++)
18         if(score[i]>max)
19         {
20             max=score[i];               //记录新的最大值
21             j=i;                        //记录最大值下标
22         }
23      cout<<"最高分是第"<<j+1<<"位同学，其成绩为: "<<max<<endl;
24      return 0;
25   }
```

运行结果如图 6-7 所示。

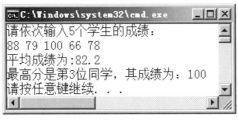

图 6-7　运行结果

关键知识点：

（1）程序第 5 行定义了一个符号常量 N，其作用是预定义数组的长度。在实际应用中，若数组预定义长度不满足应用要求（如学生人数变化），只需修改 N 的初值即可，从而避免修改多处代码。

（2）本题的代码只能处理"学生人数固定"的情况，若需改成"从键盘输入学生人数"，可参考例 6.2 的方法，即先定义一个足够大的数组，然后从键盘输入数组的实际长度。

197

（3）程序第 9~12 行可合并为一个 for 循环，即可以边输入边求和。

（4）元素在数组中的位置与其下标相差 1，程序第 23 行输出最大值所在的位置是 "j+1"。

（5）本程序中可去掉变量 max，将第 18 行改为 if(score[i]>score[j])，删掉第 20 行，在第 23 行输出 score[j] 也可得到最高分。

（6）在求最大（小）值时，通常将数组的第一个元素（而不是 0）设为默认最大（小）值，见第 15 行。这是因为：若数组中的所有元素都是负数，则将默认最大值设为 0 后，无法找出真正的最大值。本例的数据都是正数，所以将 max 的初值设为 0 也是可以的。

延展学习：如何修改上述程序代码，实现求最小值？建议读者自行编程实现。

【例 6.4】数据的插入。

微课：
在有序数组中
插入多个数据

问题分析：

从键盘输入一个整数，将其插入一个从小到大排列的有序数列中，插入后数列仍然保持由小到大的顺序。

算法分析：

（1）问题求解：

可用一维数组存放有序数列，因为要插入新值，所以需要预留空间用于存放插入的数据。数据插入需要解决三个关键问题：如何确定正确的插入位置？如何把插入位置"空出来"？如何"插入"数据？

假设有序数列的数据个数为 N（常量），因为需要预留一个位置插入数据，故应定义整型数组 a[N+1]。该数组的最后一个元素可表示为 a[N-1]，预留的存储空间可表示为 a[N]，如图 6-8 所示。

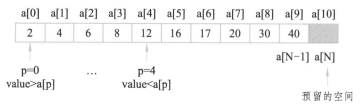

图 6-8 寻找正确的插入位置

要找到正确的插入位置，可设置下标变量 p（初值为 0），将当前元素 a[p] 和待插入的数据 value（设其值为 11）进行比较，当它们的大小关系发生变化时，表示找到正确的插入位置，如图 6-8 所示。

若待插入的数据 value=50，在寻找插入位置时，会发现当 p=9 时，value 仍然大于 a[p]，此时 p 继续加 1 变成 10（图 6-8 中的 N），接下来会是 value 和 a[10] 比较大小，但 a[10] 是垃圾数据。因此在寻找插入位置时，除了要比较 value 和 a[p] 的大小关系以外，还需控制下标 p<N，条件应写成 value>a[p]&&p<N。

将插入位置之后的元素（a[N-1] 到 a[p]）逐个依次往后（右）移动，即可"空"出插入位置，如图 6-9 所示。其实，现在 a[4] 的值仍然是 12，但是这个 12 已是无用数据。

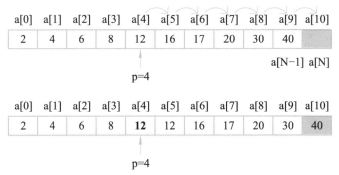

p=4

图 6-9 将正确的插入位置"空"出来

最后将值写入正确的插入位置（下标为 p）即可，如图 6-10 所示。

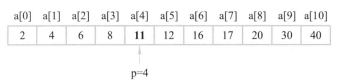

p=4

图 6-10 将数据写入正确的插入位置

（2）算法流程图如图 6-11 所示。

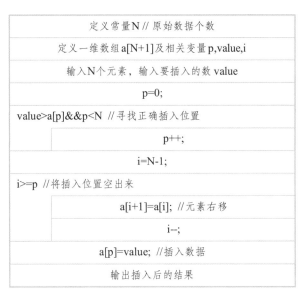

定义常量N // 原始数据个数
定义一维数组a[N+1]及相关变量p,value,i
输入N个元素，输入要插入的数 value
p=0;
value>a[p]&&p<N //寻找正确插入位置
p++;
i=N-1;
i>=p //将插入位置空出来
a[i+1]=a[i]; //元素右移
i--;
a[p]=value; //插入数据
输出插入后的结果

图 6-11 算法流程图

编程实现：

```
1    #include <iostream>
2    using namespace std;
3    int main( )
4    {
5      const int N=10;        //N表示原有的数据个数
```

```
6      int a[N+1],p=0,value,i;    //需要预留插入空间，故数组长度为 N+1
7      cout<<"请按从小到大的顺序输入"<<N<<"个整数: "<<endl;
8      for(i=0;i<N;i++)
9        cin>>a[i];                //输入数据
10     cout<<"请输入待插入的值: ";
11     cin>>value;
12     while(value>a[p]&&p<N)
13       p++;                      //找到 value 应插入的正确位置
14     for(i=N-1;i>=p;i--)
15       a[i+1]=a[i];              //将 a[p]~a[N-1]依次往右（后）移
16     a[p]=value;                 //将 value 插入正确位置
17     cout<<"插入新值后的数列为: "<<endl;
18     for(i=0;i<=N;i++)           //插入新元素后，长度增加 1
19       cout<<a[i]<<"  ";
20     cout<<endl;
21     return 0;
22  }
```

运行结果如图 6-12 所示。

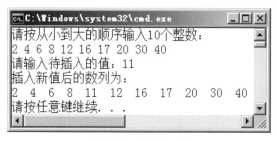

图 6-12   运行结果

延展学习：

（1）如果需要在有序数列中插入 3 个值，定义数组时，数组长度应为多少？插入部分的代码如何修改？提示：可用嵌套循环实现，外层循环控制插入次数（3 次），内层循环为一次插入操作（本例的代码）。

如果需要插入 m 个值，m 从键盘输入，又该如何修改代码？提示：先定义一个足够大的数组（例如长度为 30），从键盘输入原始数据个数 n，再输入 m，$m+n$ 应小于 30。建议读者自行编程实现。

（2）数据移动操作：数组中元素的左移或右移可应用于多种实际问题的处理过程中。例如，删除数组中小于平均值的元素（假设为 a[3]），需要将被删除元素 a[3] 后方（右方）的元素 a[4]~a[9]依次往前（左）移动，这样就可以把元素 a[3] 删除（覆盖）掉，之后数组实际长度减少 1。删除过程示意图如图 6-13 所示，删除算法如图 6-14 所示。读者可以参考算法流程图自行编码实现。

200

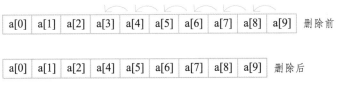

a[0]	a[1]	a[2]	a[3]	a[4]	a[5]	a[6]	a[7]	a[8]	a[9]

删除前

a[0]	a[1]	a[2]	a[4]	a[5]	a[6]	a[7]	a[8]	a[9]

删除后

图 6-13　删除元素示意图

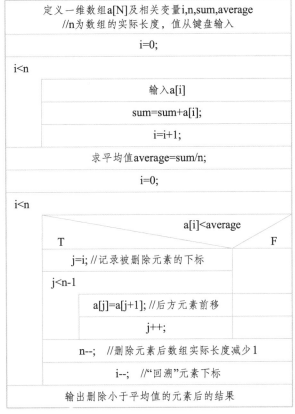

图 6-14　算法流程图

注意：算法描述中，由于删除小于平均值的元素后，数组的实际长度减少 1，故有 n--。那为什么还需要对下标 i 进行减 1 的处理呢？原因就在于，一次内循环处理完成后，会删除比平均值小的元素 a[i]（即 a[3]），原来的元素 a[4]会移动至 a[3]的位置，如果直接进行下一次处理（i++），则会漏掉对元素 a[4]的判断及处理，直接从元素 a[5]开始。为了不漏掉元素，需要"回溯"下标（i--）。

【例 6.5】删除重复数据。

问题分析：

如图 6-15 所示，将数组中所有相同的元素删到只剩下一个，要求只能使用一个数组。

1	2	1	7	3	4	3	5	2	7

删除相同元素前

1	2	7	3	4	5

删除相同元素后

图 6-15　将数组中所有相同的元素删到只剩一个

算法分析：

（1）问题求解：

只用一个数组实现删除相同元素，可以把数组分成两部分，前面一部分为已经处理好的元素（结果集）；后面一部分为待处理的元素。同时设置变量 pos（初值为 1），用于标记结果集元素在数组中存放的位置。删除相同元素的过程如图 6-16 所示。

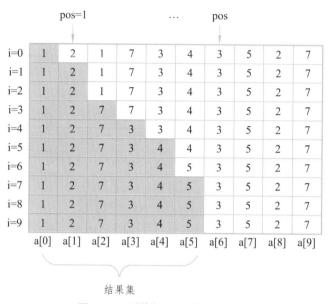

图 6-16　删除相同元素的示意图

删除过程：

① 在第 1 次处理（i=0）时，默认第 1 个元素 a[0]为已经处理好的结果，结果集中的元素为 a[0]，pos 指向结果集的下一个存放位置，即 pos 的初值为 1。结果集元素的下标范围为 0~pos-1。

② 从第 2 个元素 a[1]到最后一个元素 a[n-1]（下标用 i 表示），依次和结果集中的元素作比较，判断它们是否相同。若不同，将当前元素 a[i]存入 pos 指定的位置，同时 pos 指向下一个存放位置（pos++），之后继续处理数组中下一个元素。若相同，则直接跳过当前元素 a[i]，继续处理下一个元素，直到所有元素都处理完。

（2）算法流程图如图 6-17 所示。

编程实现：

```
1    #include <iostream>
2    using namespace std;
3    int main( )
4    {
5      int a[20],i,j,n,pos=1;      //pos 指向结果集写入位置
6      cout<<"请输入数组的实际长度: "<<endl;
7      cin>>n;                     //输入数组实际长度，应小于 20
8      cout<<"请输入数组的"<<n<<"个元素: "<<endl;
```

```
9     for(i=0;i<n;i++)
10      cin>>a[i];
11    for(i=1;i<n;i++)            //从第 2 个元素开始处理
12    {
13      for(j=0;j<pos;j++)        //当前元素 a[i]与结果集中元素 a[j]比较
14        if(a[i]==a[j])          //相同
15            break;              //退出本层循环,即当前元素 a[i]不存入结果集
16      if(j==pos)                //若与结果集中所有元素均不相同
17          a[pos++]=a[i];  /* 等价于 a[pos]=a[i]; pos++; 即先将
18    a[i]写入结果集中 pos 指向的位置,然后 pos 加 1 指向结果集的下一个写入位置 */
19    }
20    cout<<"删重后的结果为: "<<endl;
21    for(i=0;i<pos;i++)  //输出结果集中所有元素,下标从 0~pos-1
22        cout<<a[i]<<"    ";
23    cout<<endl;
24    return 0;
25  }
```

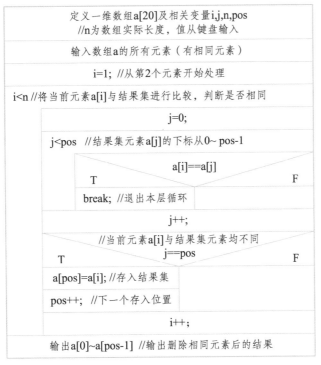

图 6-17 算法流程图

运行结果如图 6-18 所示。

203

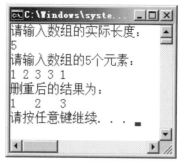

图 6-18　运行结果

【例 6.6】折半查找。

问题分析：

从键盘输入待查找的数，在一个从小到大有序排列的整数序列中查找该数是否存在，并输出最终的查找结果。

算法分析：

（1）问题求解：

对于有序数列的查找问题，可采用折半查找。使用折半查找的先决条件是查找表中的数据元素必须有序。折半查找是一种高效的查找方法，其算法效率为 $\log_2 N$。折半查找可以明显减少比较次数，提高查找效率。

可用一维数组存储折半查找所处理的数据。待查找的数列从小到大有序排列，设最小元素下标为 bot，最大元素下标为 top。查找过程为：首先，以有序数列的中点位置[元素下标 mid=(bot+top)/2]的元素作为比较对象，如果要查找的值 value 等于中点位置元素 a[mid]，表示已找到，查找结束；如果 value<a[mid]，则将待查序列缩小为数列的左半部分（值小的区域），即移动下标 top 到 mid-1 的位置；否则将待查序列缩小为右半部分（值大的区域），即移动下标 bot 到 mid+1 的位置。通过一次比较，可将查找区间缩小一半。重复上述操作，直至找到元素或是超出处理范围为止。处理过程如图 6-19 所示。

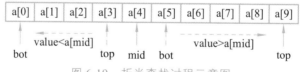

图 6-19　折半查找过程示意图

（2）算法流程图如图 6-20 所示。

编程实现：

```
1   #include <iostream>
2   using namespace std;
3   int main( )
4   {
5     int a[20], i, n, bot, top, mid, value;
6     cout<<"请输入数组的实际长度："<<endl;
7     cin>>n;
```

204

```
8     cout<<"请输入"<<n<<"个元素的值（从小到大）: "<<endl;
9     for(i=0;i<n;i++)
10       cin>>a[i];                //按从小到大的顺序输入数组元素
11    cout<<"请输入需要查找的值: "<<endl;
12    cin>>value;
13    bot=0;
14    top=n-1;                     //初始化边界下标
15    while(bot<=top)              //折半查找
16    {
17       mid=(bot+top)/2;          //求中间元素的下标
18       if(value==a[mid])
19          break;                 //查找成功，直接退出循环
20       else
21          if(value>a[mid])       //如果待查找的数比中间元素大
22             bot=mid+1;          //往数值大的方向（数组右边）再次进行折半查找
23          else
24             top=mid-1;          //往数值小的方向（数组左边）再次进行折半查找
25    }
26    if(bot<=top)                 //判断查找是否成功
27       cout<<"查找成功!该值在数列的第"<<mid+1<<"个位置"<<endl;
28    else
29       cout<<"查无此数! "<<endl;
30    return 0;
31  }
```

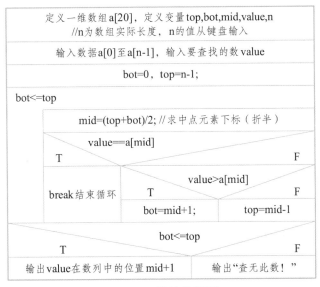

图 6-20　算法流程图

205

运行结果如图 6-21 所示。

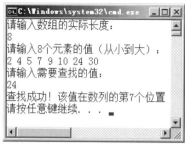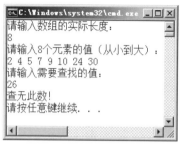

图 6-21　运行结果

延展学习：

（1）如果待查找的数列从大到小进行排列，查找过程是否有变化？如何修改代码？

提示：如果在降序数列中进行查找，当待查找的值 value>a[mid]时，应往数值大的方向（数组左边）再次进行折半查找，故第 22 行代码应修改为 top=mid-1;；当待查找的值 value<a[mid]时，应往数值小的方向（数组右边）再次进行折半查找，故第 24 行代码应修改为 bot=mid+1;；

（2）如果要进行多次查找，如何编程实现？

提示：可以用循环实现多次查找，外层循环控制查找次数，循环体即为一次折半查找的实现代码。读者可自行编程实现。

【例 6.7】数据排序：利用冒泡排序法对数据进行升序排列。

问题分析：

数据排序是数据处理中经常使用的一种重要的操作，它的功能是将无序的数据序列调整为有序的。排序的方法很多，有选择法、冒泡法、希尔排序法等。不论采用何种排序方法，要排序的原始数据均可用一维数组表示。

算法分析：

（1）问题求解：

冒泡法又称为起泡法。就是先将 n 个数进行第一轮比较，每次比较相邻的两个数，若不满足"前小后大"的顺序，就将两者对调，经过 n-1 次两两比较后，最大的数（a[n-1]）"沉底"，而最小的数"上升"了一个位置；然后在剩余的数中进行第二轮比较，经过 n-2 次两两比较，最大的数（a[n-2]）"沉底"，而最小的数"上升"了一个位置……如此进行下去，直到全部数排序完成。一轮排序过程如图 6-22 所示。

16	11	11	11	11	11
11	16	15	15	15	15
15	15	16	9	9	9
9	9	9	16	7	7
7	7	7	7	16	4
4	4	4	4	4	16
第1次	第2次	第3次	第4次	第5次	结果

图 6-22　冒泡法示意图（第 1 轮）

206

（2）算法流程图如图 6-23 所示。

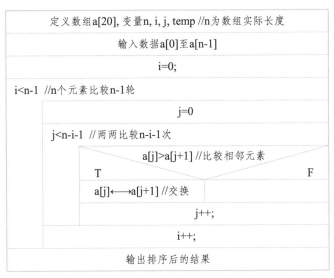

图 6-23　算法流程图

编程实现：

```cpp
1    #include <iostream>
2    using namespace std;
3    int main( )
4    {
5      int a[20], i, j, n, temp;
6      cout<<"请输入数组的实际长度: "<<endl;
7      cin>>n;
8      cout<<"请输入待排序的数:"<<endl;
9      for(i=0; i<n; i++)
10         cin>>a[i];              //输入待排序的数（数组元素）
11     for(i=0;i<n-1;i++)          //n 个元素比较 n-1 轮
12       for(j=0;j<n-i-1;j++)      //第 i 轮中,进行两两比较的次数是 n-i-1 次
13         if(a[j]>a[j+1])         //从小到大进行排序
14         {
15           temp=a[j];
16           a[j]=a[j+1];
17           a[j+1]=temp;         //交换 a[j]和 a[j+1]
18         }
19     cout<<"排序后的结果为:"<<endl;
20     for(i=0; i<n; i++)
21       cout<<a[i]<<" ";
22     cout<<endl;
```

```
23    return 0;
24 }
```

运行结果如图 6-24 所示。

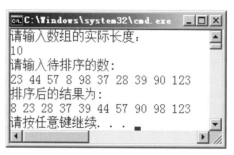

图 6-24　运行结果

关键知识点：

（1）用冒泡法对 n 个数进行排序，总共需要进行 n-1 轮的处理（外层循环次数），在第 i 轮的处理过程中，相邻元素（a[j]和 a[j+1]）两两比较的次数为 n-i-1 次（内层循环次数）。

（2）如果相邻元素不满足"前小后大"的顺序，则涉及元素的交换。交换时可以设置中间变量以实现值的互换，如程序代码第 16 行~第 18 行，也可以在两个元素的基础上直接实现交换，实现代码如下：

```
a[j]=a[j]+a[j+1];  a[j+1]=a[j]-a[j+1];  a[j]=a[j]-a[j+1];
```

（3）排序结束后，利用循环输出排序后的结果。注意：在排序过程中，不要一边排序一边输出数组元素，这样得不到正确的排序结果。

【例 6.8】数据排序：利用选择排序法对数据进行升序排列。

算法分析：

（1）问题求解：

排序过程中，n 个待排序的数据总共需要进行 n-1 轮的处理。每一轮的处理过程就是：从所有待排序数中选出最小值，将其与当前位置的数（a[i]）进行交换。例如：在第 1 轮处理中，寻找 n 个数中的最小值，然后将其与第 1 个数（a[0]）对调；第 2 轮处理中，从余下的 n-1 个数中寻找最小值，将其与第 2 个数（a[1]）对调……以此类推。

每一轮处理的关键问题有：如何找到本轮的最小值（及其位置）？找到的最小值一定需要和当前的元素 a[i]进行交换吗？如何实现两数的交换？寻找每轮中的最小值，先假设当前元素 a[i]为最小值，设置最小值的下标为 min=i，然后从它后面一个元素 a[i+1]开始到最后一个元素 a[n-1]，依次和 a[min]进行比较，如果找到更小的数，记录新的最小值的下标（更新 min 的值）。这样，所有元素比较完后，本轮的最小值就找到了。如果最小值 a[min]不是当前元素 a[i]，即 min 不等于 i，交换 a[i]和 a[min]（第 1 轮 ~ 第 4 轮），否则不交换（第 5 轮）。选择排序的处理过程如图 6-25 所示。

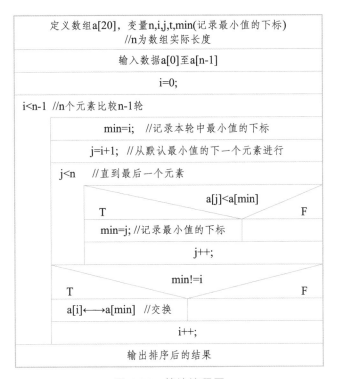

图 6-25　选择排序示意图（第 1 轮）

（2）算法流程图如图 6-26 所示。

定义数组a[20]，变量n,i,j,t,min(记录最小值的下标) //n为数组实际长度
输入数据a[0]至a[n-1]
i=0;
i<n-1 //n个元素比较n-1轮

（内部流程）

min=i;　//记录本轮中最小值的下标

j=i+1;　//从默认最小值的下一个元素进行

j<n　　//直到最后一个元素

a[j]<a[min]

T　　　　　　　　　　　　F

min=j; //记录最小值的下标

j++;

min!=i

T　　　　　　　　　　　　F

a[i]←→a[min]　//交换

i++;

输出排序后的结果

图 6-26　算法流程图

编程实现：

```
1   #include <iostream>
2   using namespace std;
3   int main( )
4   {
5     int a[20],i,j,n,min;
6     cout<<"请输入数组的实际长度: "<<endl;
7     cin>>n;
8     cout<<"请输入待排序的数:"<<endl;
```

```
9    for(i=0;i<n;i++)
10     cin>>a[i];                        //输入数组元素
11    for(i=0;i<n-1;i++)          //n个数比较 n-1 轮
12    {
13      min=i;                      //初始化min的值,每一轮默认最小值的下标
14      for(j=i+1;j<n;j++)//从默认最小值的后一个元素开始依次比较
15        if (a[j]<a[min])
16          min=j;                  //记录最小值所在位置(下标)
17        if (min!=i)               //本轮最小元素不是交换位置的元素
18        {
19          a[i]=a[i]+a[min];
20          a[min]=a[i]-a[min];
21          a[i]=a[i]-a[min];
22        }                         //交换a[i]和a[min]
23    }
24    cout<<"排序后的结果为:"<<endl;
25    for(i=0; i<n; i++)
26      cout<<a[i]<<" ";
27    cout<<endl;
28    return 0;
29 }
```

运行结果如图 6-27 所示。

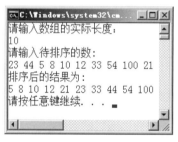

图 6-27　运行结果

延展学习：

排序算法还有很多种，可按以下方法进行简单的分类。

（1）按待排序记录所在位置：

内部排序：待排序记录存放在内存；

外部排序：排序过程中需对外存进行访问。

（2）按排序依据原则：

插入排序：直接插入排序、折半插入排序、希尔排序；

交换排序：冒泡排序、快速排序；

选择排序：简单选择排序、堆排序；

归并排序：两路归并排序；

基数排序：基数排序、计数排序、桶排序。

快速排序法是所有排序算法中运行效率最高的，它的基本思路是：通过一轮排序，将待排序记录分割成独立的两部分，其中一部分记录的关键字均比另一部分记录的关键字小，则可分别对这两部分记录进行排序，以达到整个序列有序。快速排序算法思想比较复杂，本书不再作详细介绍，有兴趣的读者可以自行查阅相关书籍进行学习。

微课：求交集、并集

6.3 二维数组及应用

6.3.1 二维数组的定义

课堂测试：二维数组的定义

二维数组定义（声明）的语法格式：

```
类型说明符  数组名[常量表达式][常量表达式];
```

例如，要表示 5 位同学的学号和 3 门课的成绩，可以定义一个 5 行×4 列、名为 students 的整型二维数组，语句为：int students[5][4];。

二维整型数组 students 可用于存放 5 行 4 列的整型数据，可以看成是由 5 个元素组成的一维数组，而每个元素又是一个一维数组，即二维数组可以看成是由一维数组构成的数组。其中第一维（行）有 5 个元素，下标从 0~4，第二维（列）有 4 个元素，下标从 0~3，数组总共有 20 个元素，如图 6-28 所示。

```
           students[0] —  students[0][0]  students[0][1]  students[0][2]  students[0][3]
           students[1] —  students[1][0]  students[1][1]  students[1][2]  students[1][3]
students   students[2] —  students[2][0]  students[2][1]  students[2][2]  students[2][3]
           students[3] —  students[3][0]  students[3][1]  students[3][2]  students[3][3]
           students[4] —  students[4][0]  students[4][1]  students[4][2]  students[4][3]
```

图 6-28　二维数组元素构成示意图

6.3.2 二维数组的存储和访问

二维数组在内存中存放时一般是按行存放的，即先存第一行的元素，再存第二行的元素……以此类推。各元素按顺序存放，且彼此之间无空隙。数组名 students 是数组首元素（a[0][0]）的内存地址。例如，二维数组 int students[5][4]，其在内存中的存放格式如图 6-29 所示。

访问二维数组（假设为 n 行 m 列）的元素时，也是采用下标法，需要包含数组名、行下标（0~n-1）和列下标（0~m-1）。注意：访问时下标不要越界。例如：

```
int students[5][4],sum=0;
```

```
......    // 给 students 的元素赋初值
sum=students[4][0]+students[4][4]; // 下标越界,列下标最大只能是 3
```

课堂测试:
二维数组的存
储、访问

```
                      students数组        内存地址

     students[0][0]  ┌──────────┐        002EF90C
     students[0][1]  ├──────────┤        002EF910
第1行 students[0][2]  ├──────────┤        002EF914
     students[0][3]  ├──────────┤        002EF918
     students[1][0]  ├──────────┤        002EF91C
                     │    ⋮     │
     students[4][0]  ├──────────┤        002EF94C
     students[4][1]  ├──────────┤        002EF950
第5行 students[4][2]  ├──────────┤        002EF954
     students[4][3]  └──────────┘        002EF958
```

图 6-29　二维数组在内存中的存储结构

对一维数组元素的访问是利用"循环结构+变化元素下标"的方式进行的。相较于一维数组,二维数组除了行还有列,故访问二维数组的元素,必须用到行、列下标。可用双重循环实现,外层循环控制行下标的变化(0~n-1),内层循环控制列下标的变化(0~m-1),代码如下:

```
for(i=0;i<n;i++)          //控制行下标变化
    for (j=0;j<m;j++)     //控制列下标变化
        cin>>a[i][j];     //输入数组元素值
```

6.3.3　二维数组的初始化

二维数组的初始化方法如下:
(1)按行分别对二维数组元素进行赋值,例如:

```
int a[3][4]={{1,2,3,4},{5,6,7,8},{9,10,11,12}};
```

对全部元素逐一赋值,则表示行的花括号可以省略,将所有元素按顺序写在一个花括号内,例如:

```
int a[3][4]={1,2,3,4,5,6,7,8,9,10,11,12};
```

(2)对部分数组元素进行赋值,例如:

```
int a[3][4]={{1},{0,6},{0,0,11}};
```

赋值结果:第 1 行 4 个的元素值分为 1、0、0、0,因为对于整型二维数组,未赋初值的元素,C++编译系统会在编译时自动给它们赋整数 0。第 2 行 4 个元素分别赋值为 0、6、0、0;第 3 行 4 个元素分别赋值为 0、0、11、0。

注意：如果只对部分数组元素赋值，表示每行数据的花括号不能随意省略，否则赋值结果会发生改变。

（3）定义数组时，任何情况下，第二维的大小都不能省略。因为二维数组是由若干个一维数组构成的，这些一维数组的长度必须相等，其长度由定义二维数组时的第二维数字所指定。编译器在进行内存空间分配时，需要知道每个一维数组占用的内存空间，所以第二维的大小不能省略。例如：

```
int a[3][]={{1,2,3},{4,5,6},{7,8,9}};   // 错误的
int a[3][5]={{1,2,3},{4,5,6},{7,8,9}};  // 正确的，这是 3 行 5
                   //列的二维数组，前 3 列是非零数据，最后 2 列都是 0
```

课堂测试：二维数组的初始化

（4）对每行元素都赋初值的情况下，定义数组时第一维的大小可以省略。编译器会根据初值的个数以及第二维的大小，计算出第一维的大小（二维数组的行数）。例如：

```
int a[][4]={1,2,3,4,5,6,7,8};       // 2 行 4 列
int a[][4]={1,2,3,4,5,6,7,8,9};     // 3 行 4 列，第 3 行为 9、0、0、0
int a[][4]={{1,2},{3,4,5},{6,7,8}}; // 3 行 4 列，第 1 行为 1、2、
                   //0、0；第 2 行为 3、4、5、0，第 3 行为 6、7、8、0
```

6.3.4 应用案例

通常，可以使用二维数组存储逻辑上具有行列关系的数据，例如若干学生的学号和成绩、矩阵等。其中在矩阵的应用中，可用二维数组实现矩阵的转置，矩阵的加、减、乘等运算。

【例 6.9】利用二维数组处理多个学生多门课成绩。

问题分析：

从键盘输入 n 位同学的学号及 m 门课程的成绩，找出平均成绩最高的同学，输出该同学的平均成绩及其学号和各科成绩。

算法分析：

（1）问题求解：

可用二维数组存储学生信息，其中行表示学生信息，列表示学号及成绩，第 1 列（下标为 0）保存学号，第 2 列（下标为 1）到第 $m+1$ 列（下标为 m）保存 m 门课程成绩，实际的列数应为 $m+1$。

求某位同学 m 门课程的平均成绩，只需要把对应行（代表某个学生）的第 2 列（下标为 1）到最后一列（下标为 m）的元素值累加求和，再除以课程数 m 即可。每求出一位同学的平均成绩，就把它和默认的最大值 max 做比较，如果大于 max，则记录下新的最大值，并记录其所在行号。所有行处理完成后，就可以找到平均成绩的最大值，然后根据保留的最大值行号，即可输出学生的学号及各科成绩信息。

（2）算法流程图如图 6-30 所示。

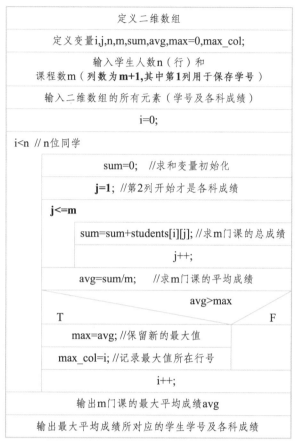

图 6-30　算法流程图

编程实现：

```
1   #include <iostream>
2   using namespace std;
3   int main( )
4   {
5     int students[20][10];   //最多20名学生，9门课程，还有一列存学号
6     int i,j,n,m,sum,avg,max=0,max_col;  //将默认最大值max设为0
7     cout<<"请输入学生人数及课程数量: "<<endl;
8     cin>>n>>m;                          //数组列长为m+1
9     cout<<"请输入学生的学号和各科成绩: "<<endl;
10    cout<<"  学号 ";
11    for(i=1;i<=m;i++)
12      cout<<" 课程"<<i<<"  ";          //输入数据时的提示信息
13    cout<<endl;
14    for(i=0;i<n;i++)
```

```
15      for(j=0;j<=m;j++)
16          cin>>students[i][j];        //输入学号及各科成绩
17      for(i=0;i<n;i++)
18      {
19          sum=0;                      //求和变量初始化
20          for(j=1;j<=m;j++)
21              sum=sum+students[i][j];  //对每位学生的m门功课成绩求和
22          avg=sum/m;                  //求m门课的平均成绩,只保留整数部分
23          if(avg>max)
24          {
25              max=avg;                //保留新的最大值
26              max_col=i;              //记录最大值的行号
27          }
28      }
29      cout<<"平均成绩最高为: "<<max<<endl;
30      cout<<"该同学的学号及"<<m<<"门课成绩为: "<<endl;
31      for(j=0;j<=m;j++)
32          cout<<students[max_col][j]<<" ";//输出平均成绩最高的学生信息
33      cout<<endl;
34      return 0;
35  }
```

运行结果如图 6-31 所示。

图 6-31　运行结果

关键知识点：

访问二维数组的元素需要注意下标的问题。本例中，由于输入的是学生人数和课程门数，而第 1 列用于保留学号，故数组的实际列数应该是 $m+1$。二维数组中行号与行下标相差 1、列号与列下标相差 1。

找最大（小）值的问题：在一维数组中，我们详细介绍过寻找最值的问题，二

维数组寻找最值的思路与一维数组一致，也是设置默认最大（小）值，然后和其余元素逐一比较，如果找到更大（更小）的则记录新值，并记录元素所对应的行、列下标。

延展学习：

如何求每门课的最高成绩？由于二维数组的列代表的是成绩，这个问题其实就是求每列的最大值问题（第 1 列除外），此时元素的列下标不变，行下标从 0~n-1。与本例求最值的思路一样，只需把每列的第 1 个元素视为默认最大值，然后与其后所有列元素逐个进行比较即可。建议读者参考本例自行编程实现。

【例 6.10】杨辉三角形。

问题分析：

请输出如图 6-32 所示的杨辉三角形。只需输出数据，不需输出表格线；每列数据右对齐。

1					
1	1				
1	2	1			
1	3	3	1		
1	4	6	4	1	
1	5	10	10	5	1

图 6-32　杨辉三角形

算法分析：

（1）问题求解：

① 数据产生。

如图 6-32 所示的杨辉三角形是一个 6×6 方阵的左下三角部分，可用二维数组存储杨辉三角形的数据。杨辉三角形最本质的特征是：将数据排成等腰三角形时，它的两条斜边都是由数字 1 组成的，而其余的数则等于它肩上的两个数之和。

观察输出的杨辉三角，所有值为 1 的元素在第 1 列（列下标为 0）和主对角线上（行、列下标相等）。所有非 1 元素的值等于其两肩元素（在图中，是正上方的元素与左上方的元素）之和，若已知一个元素为 a[i][j]，则有：

```
a[i][j]=a[i-1][j-1]+a[i-1][j];
```

只需要确定 i、j 的变化范围即可。从第 3 行（行下标为 2）第 2 列（列下标为 1）开始，到主对角线左侧，均为非 1 元素。

② 数据输出。

输出的杨辉三角形是方阵的左下三角，可用外层循环来控制输出的行数，内层循环控制输出的列数，数据之间的间隔可通过宽度设置实现。

（2）算法流程图如图 6-33 所示。

编程实现：

```
1    #include <iostream>
2    #include <iomanip>
```

定义二维数组yhtriangle[10][10]，以及相关变量

输入n（方阵的阶数，即行、列的实际长度）

i=0;

i<n //产生所有值为1的元素
yhtriangle[i][0]=1; //第1列
yhtriangle[i][i]=1; //主对角线
i++;

i=2; //从第3行第2列开始,到主对角线左侧,产生非1元素

i<n // 产生非1数据
j=1; //第2列

j<i //主对角线左侧
yhtriangle[i][j]=yhtriangle[i-1][j-1]+yhtriangle[i-1][j];
j++;

i++;

i=0;

i<n //输出n行数据
j=0;

j<=i // 主对角线及其左侧才有数据
cout<< setw(4)<<yhtriangle[i][j];
j++;

输出换行
i++;

图 6-33 算法流程图

```
3   using namespace std;
4   int main( )
5   {
6     int yhtriangle[10][10],n,i,j;    //定义二维数组表示杨辉三角
7     cout<<"请输入杨辉三角的行数:";
8     cin>>n;                          //实际的维度长度（方阵的阶），不超过10
9     for(i=0;i<n;i++)
10    {
11       yhtriangle[i][0]=1;           //第 1 列的元素
12       yhtriangle[i][i]=1;           //主对角线上的元素
13    }                               //产生所有值为 1 的元素
14    for(i=2;i<n;i++)   //第 3 行第 2 列开始,到主对角线左侧,产生非 1 元素
15       for(j=1;j<i;j++)
```

```
16      yhtriangle[i][j]=yhtriangle[i-1][j-1]+yhtriangle[i-1][j];
17      cout<<"杨辉三角"<<endl;
18      for(i=0;i<n;i++)    //控制输出行数
19      {
20          for(j=0;j<=i;j++) //控制每行输出元素(主对角线及其左侧才有数据)
21              cout<<setw(4)<<yhtriangle[i][j];
22          cout<<endl;        //换行输出下一行
23      }
24      return 0;
25  }
```

运行结果如图 6-34 所示。

图 6-34　运行结果

关键知识点：

若二维数组的行数、列数相等，将其称为方阵，其行数（或列数）称为方阵的阶。例如：5 阶方阵就是 5 行 5 列的二维数组。

方阵的左上角到右下角的斜线，称为主对角线。其元素特点是：行、列下标相等。若行下标为 i，则主对角线元素可表示为 a[i][i]。

方阵的右上角到左下角的斜线，称为次对角线。其元素特点是：行、列下标之和等于方阵的阶数减 1。在 n 阶方阵中，若行下标为 i，则次对角线元素可表示为 a[i][n-1-i]。

延展学习：请以右下三角、等腰三角形式输出杨辉三角。输出结果如图 6-35 所示。

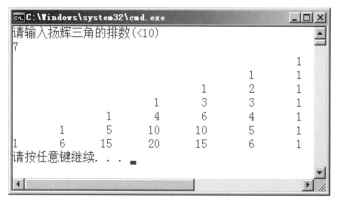

图 6-35　运行结果

（1）数据产生：与本例完全一样。

（2）数据输出：

与本例一样，仍然采用双重循环实现输出，外层循环控制输出的行数，内层循环控制每行输出的内容。在每一行的输出中，先用一个循环控制输出一定数量的空格，再用另一个循环控制输出的数据（元素）。

与例 6.10 的不同之处在于"每行需要空出若干数的位置，通过输出一定数量的空格来实现"，下面将进行详细分析。

① 右下三角形式。

观察输出图形，可以看出，在次对角线的左侧是空格出现的区域，次对角线左侧元素下标 j<n-1-i，此即输出空格时的循环控制条件。

观察输出图形的最后一行，可以看出，第一个数据的左侧没有空格；但其余数据的左侧均有空格，且数据是右对齐的。因此，可以将每一行的第一个数据单独输出，不用 setw 进行宽度控制，而其余数据输出时用 setw 进行宽度控制。

由于"数据产生"部分的流程图与图 6-33 的前半部分一样，故图 6-36 仅画出了"数据输出"部分的算法流程图，读者可以参考流程图自行编程实现。

图 6-36　算法流程图

② 等腰三角形式。

与右下三角形式输出的思路一样，区别在于，为了构成等腰三角，数据的输出宽度，应该是空格输出宽度的两倍。将图 6-36 中输出空格时的宽度改为 3，输出数据时的宽度改为 6，即可得到本问题"数据输出"的算法流程图，读者可以参考流程图自行编程实现。

【例 6.11】矩阵转置。

问题分析:

设 A 为 n×m 矩阵（即 n 行 m 列），第 i 行第 j 列的元素是 a(i,j)，即 $A=(a_{ij})_{n \times m}$，把 n×m 矩阵 A 的行换成同序数的列，得到一个 m×n 矩阵，此矩阵叫作 A 的转置矩阵。编程实现 n×m 矩阵的转置，矩阵的数据在 10~50 随机产生。

算法分析:

矩阵是由若干行和若干列组成的，因此可采用二维数组表示矩阵。对于 n×m 的矩阵，转置后得到一个 m×n 的矩阵，可定义两个二维数组 A[n][m] 和 B[m][n] 分别表示矩阵 A 和矩阵 B，其中二维数组 B[m][n] 用来保存转置后的结果。转置过程就是将二维数组 A 的元素 A[i][j] 赋值给二维数组 B 中对应元素 B[j][i]，即 B[j][i]=A[i][j]。

编程实现:

```
1   #include <iostream>
2   #include <ctime>
3   using namespace std;
4   int main( )
5   {
6     const int N=3, M=4;
7     int A[N][M],B[M][N],i,j;
8     cout<<"产生的 "<<N<<"×"<<M<<"矩阵为: "<<endl;
9     srand(time(NULL));     //初始化随机数产生器
10    for(i=0;i<N;i++)
11    {
12      for(j=0;j<M;j++)
13      {
14        A[i][j]=10+rand()%(50-10+1);   //随机产生二维数组元素
15        cout<<A[i][j]<<"  ";     // 输出二维数组 A 中的元素
16      }
17      cout<<endl;
18    }
19    for(i=0;i<N;i++)
20      for(j=0;j<M;j++)
21        B[j][i]=A[i][j];   //转置
22    cout<<"转置之后的结果为: "<<endl;
23    for(i=0;i<M;i++)       //输出转置后的结果矩阵
24    {
25      for(j=0;j<N;j++)
26        cout<<B[i][j]<<"  ";
27      cout<<endl;
28    }
29    return 0;
30  }
```

运行结果如图 6-37 所示。

图 6-37 运行结果

6.4 字符数组处理字符串

字符串是字符的序列，即一组字符。C++如何处理字符串呢？在介绍字符串的处理方法之前，让我们先回顾三个问题。

回顾 1：如何定义数组？

数组定义的一般格式：

类型说明符 数组名[常量表达式][常量表达式][常量表达式]…;

说明：如果数组的"类型"为 char，则该数组为字符数组，即数组的每个元素均为字符。

回顾 2：如何访问一维数组的所有元素？

数组是一种构造类型，不能作为一个整体进行访问和处理，只能按元素进行个别的访问和处理。对数组元素的访问，可以用下标法，元素的下标从 0～N-1。如果是一维字符数组，数组元素的访问也可以采用下标法。实现代码及相关说明见表 6-2。

表 6-2 一维字符数组的访问

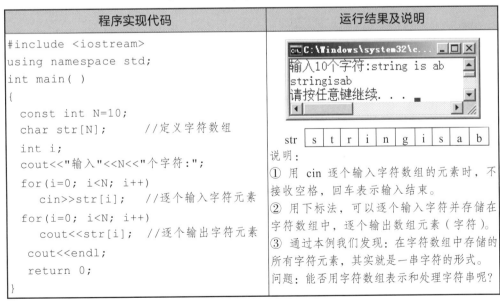

程序实现代码	运行结果及说明
| ```cpp
#include <iostream>
using namespace std;
int main( )
{
  const int N=10;
  char str[N];        //定义字符数组
  int i;
  cout<<"输入"<<N<<"个字符:";
  for(i=0; i<N; i++)
    cin>>str[i];   //逐个输入字符元素
  for(i=0; i<N; i++)
    cout<<str[i];  //逐个输出字符元素
  cout<<endl;
  return 0;
}
``` | 输入10个字符:string is ab<br>stringisab<br>请按任意键继续...<br><br>str \| s \| t \| r \| i \| n \| g \| i \| s \| a \| b<br>说明：<br>① 用 cin 逐个输入字符数组的元素时，不接收空格，回车表示输入结束。<br>② 用下标法，可以逐个输入字符并存储在字符数组中，逐个输出数组元素（字符）。<br>③ 通过本例我们发现：在字符数组中存储的所有字符元素，其实就是一串字符的形式。<br>问题：能否用字符数组表示和处理字符串呢？ |
```

回顾 3：C++中，有字符串常量（用双引号括起来的），如"china"、没有字符串变量。

C++中提供两种处理字符串的方法：

（1）字符数组：用字符数组来存放字符串。用一维字符数组来存放一个字符串；用二维字符数组来存放多个字符串。

（2）字符串类 string。

下面我们将详细介绍用字符数组处理字符串的方法。

6.4.1 字符数组的定义

在定义数组的时候，将数据类型设置为 char 型，可得到字符数组。字符数组的定义格式如下：

```
char 数组名[常量表达式][常量表达式][常量表达式]…;
```

如果数组名后面只有一对方括号，则为一维字符数组，可以存储一个字符串；如果数组名后面有两对方括号，则表示二维字符数组，可以存储多个字符串。例如：

```
char str[6]="China";                    // 定义一个一维字符数组
char cc[3][9]={"shanghai", "chengdu", "beijing"};
                                        // 定义一个二维字符数组
```

定义的二维字符数组 cc 有 3 行、9 列，其中行数表示可以存储的字符串数量，列数表示每个字符串能够存储的最大字符数（包括字符串结束标志'\0'）。此例中的二维字符数组可以存储 3 个字符串，每个字符串的有效字符数量不超过 8 个（要留一个位置存储字符串结束标志'\0'），其存储结构如图 6-38 所示。

cc[0]	s	h	a	n	g	h	a	i	\0
cc[1]	c	h	e	n	g	d	u	\0	
cc[2]	b	e	i	j	i	n	g	\0	

图 6-38　二维字符数组的存储示意图

关于字符串结束标志的说明：

（1）使用字符数组处理字符串，在内存中存放时，系统会自动在最后附加一个转义字符'\0'作为字符串结束标志，有结束标志'\0'才表示一个"字符串"，即在遇到字符'\0'时，表示字符串结束，该结束标志前的字符组成字符串，否则仅为存储在字符数组中的一个一个的字符元素。

（2）必须注意结束标志'\0'的处理。

用字符数组表示字符串时，'\0'是字符串的结束标志，'\0'的 ASCII 码是 0，ASCII 码为 0 的字符不是一个可以显示的字符，而是一个"空操作符"，即它什么也不干，用它作为字符串结束标志不会产生附加的操作或增加有效字符，只起一个辨别的作用。

有了结束标志'\0'后，在程序中可以通过检测结束标志来判断字符串是否结束而不是根据数组长度来确定字符串长度。

课堂测试：
字符数组的
定义

6.4.2 字符数组的初始化

字符数组在使用前，需要先定义，同时还需要进行初始化。表 6-3 列出了一维字符数组的几种初始化方法。

表 6-3　一维字符数组的初始化方法

初始化实现代码	运行结果及说明

``cpp
#include <iostream>
using namespace std;
int main( )
{
  //定义字符数组
  char s1[ ]={'a','b','c','d','e'};
  char s2[ ]={'a','b','c','d','e','\0'}
  char s3[ ]="abcde";
  char s4[8]={'a','b','c','d','e'};
  //输出
  cout<<"s1="<<s1<<endl;
  cout<<"s2="<<s2<<endl;
  cout<<"s3="<<s3<<endl;
  cout<<"s4="<<s4<<endl;
  for(int i=0;i<8;i++)
    cout<<(int)s4[i]<<" ";
  cout<<endl;
  return 0;
}
``
	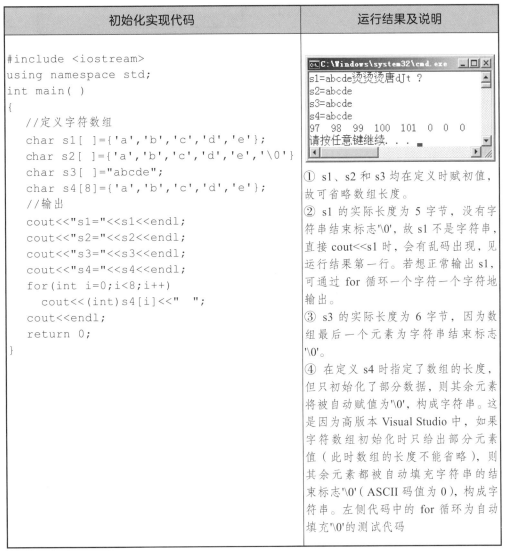
	① s1、s2 和 s3 均在定义时赋初值，故可省略数组长度。
	② s1 的实际长度为 5 字节，没有字符串结束标志'\0'，故 s1 不是字符串，直接 cout<<s1 时，会有乱码出现，见运行结果第一行。若想正常输出 s1，可通过 for 循环一个字符一个字符地输出。
	③ s3 的实际长度为 6 字节，因为数组最后一个元素为字符串结束标志'\0'。
	④ 在定义 s4 时指定了数组的长度，但只初始化了部分数据，则其余元素将被自动赋值为'\0'，构成字符串。这是因为高版本 Visual Studio 中，如果字符数组初始化时只给出部分元素值（此时数组的长度不能省略），则其余元素都被自动填充字符串的结束标志'\0'（ASCII 码值为 0），构成字符串。左侧代码中的 for 循环为自动填充'\0'的测试代码

6.4.3 字符数组的访问

字符数组的访问方法比较多，可以用下标法对数组元素逐个进行访问，也可以对构成字符串的字符数组（有字符串结束标志'\0'）进行整体访问和操作。

1. 逐个字符输入、整体输出

用下标法对字符数组的元素进行逐个输入，输入完成后添加字符串结束标志'\0'以构成字符串，构成字符串后可进行整体输出。具体方法参见表 6-4。

课堂测试：
字符数组的
访问

表 6-4　字符串输入输出方法一

实现代码	运行结果及存储示意图
| ```cpp
#include <iostream>
using namespace std;
int main( )
{
   char str[11];
   cout<<"输入十个字符:";
   for(int i=0; i<10; i++)
     cin>>str[i];
   str[10]='\0';  //写入结束标志
   cout<<str;    //整体输出
   return 0;
}
``` | 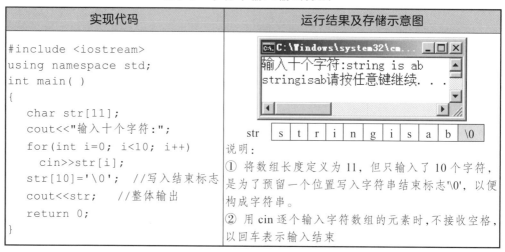<br>说明:<br>① 将数组长度定义为 11,但只输入了 10 个字符,是为了预留一个位置写入字符串结束标志'\0',以便构成字符串。<br>② 用 cin 逐个输入字符数组的元素时,不接收空格,以回车表示输入结束 |

2. 整体输入输出字符串

定义字符数组后,可用 cin 从键盘接收一串字符(不包括空格)并存入相应的字符数组中,存储时会在最后自动添加字符串的结束标志'\0'以构成字符串。构成字符串后可用 cout 整体输出。具体方法见表 6-5。

表 6-5　字符串输入输出方法二

实现代码	运行结果及存储示意图
| ```cpp
#include <iostream>
using namespace std;
int main( )
{
   char s1[50],s2[60];
   cout<<"输入两个字符串:"<<endl;
   cin>>s1;  //整体输入
   cin>>s2;
   //整体输出
   cout<<"s1="<<s1<<endl;
   cout<<"s2="<<s2<<endl;
   return 0;
}
``` | 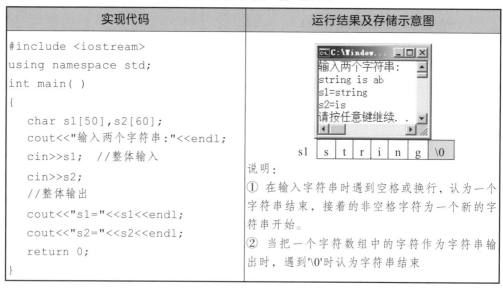<br>说明:<br>① 在输入字符串时遇到空格或换行,认为一个字符串结束,接着的非空格字符为一个新的字符串开始。<br>② 当把一个字符数组中的字符作为字符串输出时,遇到'\0'时认为字符串结束 |

3. 调用 gets 函数和 puts 函数实现输入和输出

1)gets 函数

调用方法:

```
gets(字符数组名);
```

函数功能:从终端输入一个字符串(可以包含空格)到字符数组,并得到一个函数值,该函数值是字符数组的起始地址。

使用方法见表 6-6。

表 6-6　gets 函数的使用方法

实现代码	运行结果

``cpp
#include <iostream>
using namespace std;
int main()
{
    char buf[10];
    cout<<"请输入字符串: "<<endl;
    gets(buf); //调用 gets 函数实现字符串输入
    cout<<"输入的字符串为: "<<endl;
    cout<<buf<<endl;   //输出字符串
    return 0;
}
``
	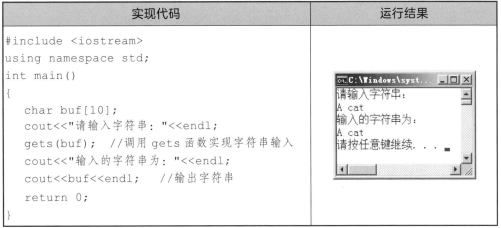

注意:

① 用 gets 函数只能输入一个字符串, 不能写成下面这种形式:

```cpp
gets(c1,c2);
```

② gets 函数可以无限读取, 不会判断上限, 以回车结束读取, 所以程序员应该确保字符数组 (例如表 6-6 中的 buf) 的空间足够大, 以便在执行读操作时不发生溢出。例如: 上面的程序在运行时, 输入的字符串长度最大只能是 9 (还有一个位置用于存储系统自动添加的'\0'), 若长度大于等于 10, 则编译器会直接报错。

2) puts 函数

调用方法:

```cpp
puts(字符数组名);
```

函数功能: 将字符数组中存储的字符串输出到终端。

使用方法: 用 puts 函数输出的字符串中可以包含转义字符。在输出时将字符串结束标志'\0'转换为'\n', 即输出字符串后换行, 见表 6-7。

表 6-7　puts 函数的使用方法

实现代码	运行结果

``cpp
#include <iostream>
using namespace std;
int main()
{
    char c[ ]="Sichuan\nChengdu";
    puts(c);
    return 0;
}
``
	``
	C:\Windows\...
	Sichuan
	Chengdu
	请按任意键继续. . .
	``

225

注意：用 puts 函数只能输出一个字符串，不能写成下面这种形式：

```
puts(c1,c2);
```

4. 用 getline 和 get 函数实现字符串的输入

1）getline 函数

getline 是输入流对象 cin 的成员函数。

调用方法：

```
cin.getline(字符数组名 St, 字符个数 N, 结束符);
```

函数功能：一次连续读入多个字符（可以包括空格），读入的字符串存放于字符数组 St 中，直到读满 N-1 个，或遇到指定的输入结束标志（默认为回车键）。读取结束标志但不会在缓冲区存储，故不会影响下一次的输入操作。数组的最后一个元素存放字符串结束标志 '\0'。

使用方法见表 6-8。

表 6-8 getline 函数的使用方法

实现代码	运行结果
```#include <iostream>using namespace std;int main( ){ char city[20], country[20]; cin.getline(city,20,','); //输入结束标志为',' cin.getline(country,20); //输入结束标志为回车键 cout<< "City:" <<city<<endl; cout<< "Country:"<< country <<endl; return 0;}```	Chengdu, ChinaCity:ChengduCountry:China请按任意键继续...

2）get 函数

get 是输入流对象 cin 的成员函数。

调用方法：

```
cin.get (字符数组名 St, 字符个数 N, 结束符);
```

函数功能：一次连续读入多个字符（可以包括空格），读入的字符串存放于字符数组 St 中，直到读满 N-1 个，或遇到指定的输入结束标志（默认为回车键）。输入结束标志会留在输入缓冲区中，将被下一次输入操作捕获，影响该输入处理。数组的最后一个元素存放字符串结束标志 '\0'。

使用方法见表 6-9。

表 6-9   get 函数的使用方法

实现代码	运行结果

``cpp
#include <iostream>
using namespace std;
int main( )
{
  char city[20], country[20];
  cin.get(city,20,','); //输入结束标志为','
  cin.get(country,20); //输入结束标志为回车键
  cout<< "City:" <<city<<endl;
  cout<< "Country:"<< country <<endl;
  return 0;
}
``
	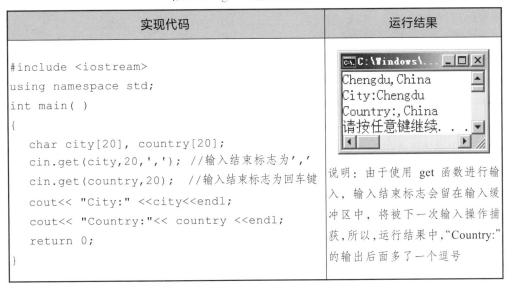

	说明：由于使用 get 函数进行输入，输入结束标志会留在输入缓冲区中，将被下一次输入操作捕获，所以，运行结果中，"Country:"的输出后面多了一个逗号

6.4.4   字符串的其他处理函数

在 C++系统函数库中还提供了一些字符串的处理函数，这些函数只能用于字符数组表示的字符串。下面对相关的字符串处理函数做简要的介绍。

1. strcat / strcat_s 函数

strcat_s 是 C/C++中，用于连接两个字符串的标准库函数，是 strcat 函数的增强版本。

调用方法：

```
strcat(字符数组 1, 字符数组 2);
```

函数功能：把字符数组 2 中的字符串连接到字符数组 1 中的字符串后面，连接的结果放在字符数组 1 中，函数调用后得到一个函数值——字符数组 1 的地址。

说明：

（1）字符数组 1 必须足够大，以便容纳连接后的新字符串。

（2）连接前两个字符串的后面都有一个'\0'，连接时将字符串 1 后面的'\0'删除，只在新串后面保留一个'\0'。

2. strcpy / strcpy_s 函数

strcpy_s 和 strcpy 函数的功能几乎是一样的。strcpy 函数没有方法来保证有效的缓冲区尺寸，所以它只能假定缓冲区足够大来容纳要拷贝的字符串。在程序运行时，这将导致不可预料的行为。用 strcpy_s 就可以避免这些不可预料的行为。

调用方法：

```
strcpy(字符数组 1, 字符数组 2);
```

函数功能：将字符数组 2 中的字符串拷贝到字符数组 1 中，并覆盖字符数组 1 中原有的内容。

说明：

（1）字符数组 1 必须足够大，以便容纳被拷贝的字符串。

（2）字符数组 1 必须写成数组名的形式（如 c）；字符数组 2 可以是数组名，也可以是一个字符串常量。例如：

```
char c[50];  strcpy(c, "chengdu");
或 char c[50], s[20]="sichuan"; strcpy(c,s);
```

（3）拷贝时，连同字符串后面的'\0'一起拷贝到字符数组 1 中。

（4）不能用赋值语句将一个字符串常量或字符数组直接赋给另一个字符数组。而只能用 strcpy 函数处理。用赋值语句只能将一个字符赋给一个字符型变量或一个字符数组元素。例如：

```
char c[50];  c="chengdu";    //是错误的
```

3. strcmp 函数

调用方法：

```
strcmp(字符串1, 字符串2);
```

函数功能：比较字符串 1 和字符串 2 的大小。

对字符串进行大小比较的规则与其他语言中相同，即对两个字符串自左至右逐个字符相比较（按 ASCⅡ码值大小比较），直到出现不同的字符或遇到'\0'为止。若全部字符相同，则认为相等；若出现不相同的字符，则以第一个不相同的字符的比较结果为准，比较结果由函数值带回。

（1）如果字符串 1 等于字符串 2，函数值为 0。

（2）如果字符串 1 大于字符串 2，函数值为一正整数。

（3）如果字符串 1 小于字符串 2，函数值为一负整数。

注意：如果用字符数组处理字符串，比较两个字符串 c1 和 c2 的大小不能用

```
if(c1==c2) cout<<"equation";
```

只能用：

```
if(strcmp(c1,c2)==0) cout<<"equation";
```

4. strlen 函数

调用方法：

```
strlen(字符数组);  或 strlen(字符串常量);
```

函数功能：测定字符串常量或字符串的长度。函数值为字符串的实际长度，不包括字符串结束标志'\0'在内。例如：

```
char str[10]={"chengdu"};
cout<<strlen(str);
```

输出的结果是 7。

228

5. strlwr 函数和 strupr 函数

调用方法：

```
strlwr(字符串);  或 strupr(字符串);
```

函数功能：strlwr 函数将字符串中的大写字母转换为小写字母。
strupr 函数将字符串中的小写字母转换为大写字母。

6. sprintf 函数

函数原型：

```
sprintf( char *buffer, const char *format [, argument,…] );
```

除了前两个参数固定外，可选参数可以是任意多个。buffer 是字符数组名，format 是格式化字符串。

函数功能：sprintf 函数的功能与 printf 函数的功能基本一样，只是它把结果输出到指定的字符串中。具体使用方法见表 6-10。

表 6-10　sprintf 函数的使用方法

实现代码	运行结果
```#include<iostream>using namespace std;int main( ){ char s[100]; //定义字符数组 sprintf(s,"%s%d%c","test",1,'2'); /* 调用函数分别将字符串"test", 数字1, 字符'2'写入到字符数组 s 中，构成一个字符串*/ cout<<"写入的字符串为: "<<endl; cout<<s<<endl; return 0;}```	写入的字符串为：test12请按任意键继续...说明：① 格式字符 s, %s 表示输出一个字符串。② 格式字符 d,%d 表示按整型数据的实际长度输出。③ 格式字符 c, %c 表示输出一个字符。④ 格式字符与后面的三个参数的类型、顺序保持一致

6.4.5　应用案例

【例 6.12】用一维字符数组处理字符串。

问题分析：

输入一个字符串，以#号作为输入结束标志。将字符串中的字母记录下来，然后依次显示这些字母。

算法分析：

（1）问题求解：

可以用一维字符数组表示字符串。注意处理字符串的结束标志'\0'。在遇到'#'之前，一直从键盘接收输入字符，可用循环实行该功能，程序框架如下：

```
char ch;
do     //至少输入一次，故用 do-while 结构
```

229

```
{
    cin>>ch;
    …… //功能代码
}while(ch!='#');
```
可用逻辑表达式：ch>='a'&&ch<='z'||ch>='A'&&ch<='Z' 判断输入的字符是否为字母。

（2）算法流程图如图 6-39 所示。

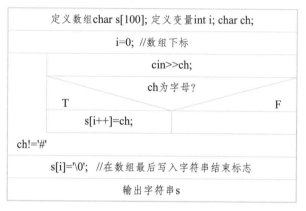

图 6-39　算法流程图

编程实现：

```
1   #include <iostream>
2   using namespace std;
3   int main( )
4   {
5       const int N=100;
6       char s[N],ch;                    //定义字符数组及字符变量
7       int i=0;
8       cout<<"请输入字符串:"<<endl;
9       do
10      {
11          cin>>ch;
12          if(ch>='a'&&ch<='z'||ch>='A'&&ch<='Z')
13              s[i++]=ch;               //将英文字母写入字符数组中
14      }while(ch!='#');                 //以#号作为输入结束标志
15      s[i]='\0';                       //写入字符串结束标志，构成字符串
16      cout<<"字符串中的字母为:"<<endl;
17      cout<<s<<endl;                   //整体输出字符串
18      return 0;
19  }
```

运行结果如图 6-40 所示。

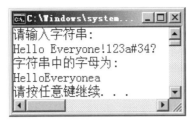

图 6-40　运行结果

关键知识点：

程序运行时，可从键盘输入一串字符，其中字符'#'表示字符串的输入结束标志，回车表示整个输入的结束。所有输入的数据会存入输入缓冲区，当在循环中执行到第 11 行代码 cin>>ch;时，C++ 系统自动从输入缓冲区中读出 1 个字符，然后进行处理（判断是否为字母），直到从输入缓冲区读出的字符为#，整个循环结束。

实现字符串输入的方法比较多，除了例题实现的逐字符输入，还可以用字符串的输入函数来实现。第 9 行~第 17 行代码可修改如下：

```cpp
cin.getline(s,N,'#');  // 或者 cin.get(s,N,'#');
                       //以#号作为字符串的输入结束标志
cout<<"字符串中的字母为:"<<endl;
while(s[i]!='\0')     // 或者 while(i<strlen(s))  对字符串中的
                      //每个元素进行处理
{
    if(s[i]>='a'&&s[i]<='z'||s[i]>='A'&&s[i]<='Z')
        cout<<s[i];    // 输出字符串中的英文字符
    i++;               // 处理下一个字符
}
cout<<endl;
```

本段代码将所有字符都存储在字符数组 s 中，但是只输出字母，而例题中的代码只将字母存储在字符数组 s 中，其余字符未存储。请注意两者的区别。

【例 6.13】用二维字符数组处理多个字符串。

问题分析：要求从键盘输入多个字符串，找出其中最大的字符串。

算法分析：

（1）问题求解：

可以定义二维字符数组 char str[M][N]; 用于保存输入的多个字符串，每个字符串最多可容纳 N 个字符（包括结束标志）；需要处理的字符串的个数 n 从键盘输入（不超过 M 个）。用"循环结构+字符串处理函数 cin.getline"可读入 n 个字符串。

找最大字符串的方法与一维数组求最大值的方法类似，先假设第一串（str[0]）是最大的，将其存在一维字符数组 maxstr 中，然后调用字符串比较函数 strcmp 对字符串进行两两比较，若找到了较大的，则更新 maxstr 的值。

（2）算法流程图如图 6-41 所示。

微课：
二维字符数组

231

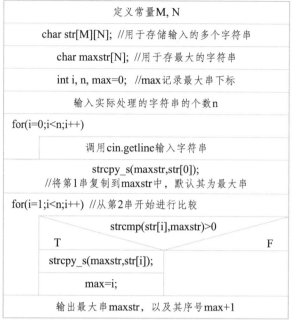

图 6-41 算法流程图

编程实现:

```
1    #include <iostream>
2    using namespace std;
3    int main( )
4    {
5      const int M=20, N=30;
6      char str[M][N];      //用于存储输入的多个字符串
7      char maxstr[N];      //用于存最大的字符串
8      int n,i,max=0;       //max 用于记录最大字符串的下标
9      cout<<"请输入需要比较的字符串数量: "<<endl;
10     cin>>n;
11     cout<<"请输入"<<n<<"串字符: "<<endl;
12     cin.ignore(1);  //忽略一个分隔符,确保之后的 getline 正确执行
13     for(i=0;i<n;i++)
14       cin.getline(str[i],N);    //输入字符串
15     for(i=0;i<n;i++)
16       cout<<"str["<<i<<"]="<<str[i]<<endl;  //输出字符串
17     strcpy_s(maxstr,str[0]); //将第 1 个字符串视为默认的最大字符串
18     for(i=1;i<n;i++)    //从第 2 串到最后一串依次和默认最大字符串做比较
19       if(strcmp(str[i],maxstr)>0)  //如果 str[i]比默认最大字符串要大
20       {
21         strcpy_s(maxstr,str[i]);  //将新的最大字符串保存在 maxstr 中
22         max=i;                    //记录最大字符串的下标
```

```
23        }
24    cout<<"最大的字符串为第"<<max+1<<"串："<<endl;
25    cout<<maxstr<<endl;
26    return 0;
27 }
```

运行结果如图 6-42 所示。

（a）

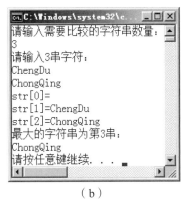
（b）

图 6-42   运行结果

关键知识点：

第 12 行代码 cin.ignore(1); 的作用是忽略一个分隔符，确保之后的 getline 正确执行。

若删掉第 12 行，程序的运行结果会变成图（b）所示结果，出错原因是：第 10 行代码用 cin>>n; 输入时，是以回车作为输入的结束标志，第 14 行代码用 cin.getline(str[i],N); 接收数据时会受上次输入的影响，即 cin.getline(str[i],N);会以回车作为输入的结束标志，而上次的结束标志（回车）会从输入缓冲区读取到，因此，str[0]就直接接收了这个回车键。后面输入的 chengdu、chongqing 分别被 str[1]和 str[2]接收。

6.5   string 类处理字符串

由于 C 语言风格的字符串（以空字符'\0'结尾的字符数组）太过复杂，难于掌握，不适合大程序的开发，所以 C++标准库定义了 string 类，用于处理可变长的字符串。要使用 string 类，必须包含头文件<string>。

类是 C++中面向对象的内容，在我们还未学习到相关内容之前，可以把 string 类理解成一种数据类型，这种数据类型专门用于处理字符串。string 类的实例对象就如同某种数据类型的变量。

6.5.1   string 类的三个构造函数

创建类的实例对象时，需要初始化对象的数据成员。为简化初始化对象的过

233

程，C++使用一种特殊函数，称为构造函数。程序每次创建实例对象时自动执行构造函数。

创建 string 类的实例对象需要用构造函数进行初始化。下面介绍三种主要的构造函数及其使用方法，见表 6-11。

表 6-11　string 类的实例对象初始化方法

初始化方法	实现代码及运行结果

① `string str;`
`// str="";`
//调用默认的构造函数，建立空串
② `string str("OK");`
`// str="OK";`
//调用字符串初始化的构造函数
③ `string str(str1);`
`//str=str1;`
// 调用复制构造函数，
// 将 str1 的值复制给 str
	```cpp#include <iostream>#include <string>using namespace std;int main(){ string str1; //第 1 种构造方法 string str2("Hello"); //第 2 种构造方法 str1="everyone"; string str3(str1); //第 3 种构造方法 cout<<"str1="<<str1<<endl; cout<<"str2="<<str2<<endl; cout <<"str3="<<str3<<endl; return 0;}```
	
	str1=everyone
	str2=Hello
	str3=everyone
	请按任意键继续. . .

6.5.2　string 类的字符元素的访问

可以用下标法实现对字符串中元素的访问，同样需要注意下标越界的问题。例如用以下程序实现对字符串元素的访问，其中第 8 行代码中的 s1[5] 的下标已经越界，则程序运行时会出现运行时错误，如图 6-43 所示。

```cpp
1   #include <iostream>
2   #include <string>
3   using namespace std;
4   int main( )
5   {
6   string s1("ABCDE");      //第二种构造方法进行实例对象的初始化
7   cout<<"访问的元素为："<<s1[3]<<endl;    //下标法访问字符串元素
8   cout<<"访问的元素为："<<s1[5]<<endl;    //下标越界
9   return 0;
10  }
```

234

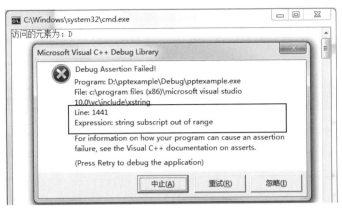

图 6-43 下标越界产生的运行时错误

6.5.3 string 类的输入/输出

用 string 类处理字符串非常方便,下面简要介绍几种字符串的输入/输出方法。

1. cin/cout 实现字符串的输入和输出

用 cin 输入字符串时不会接收空格,即字符串中不能包含空格。用 cin 进行输入时,一旦接收到第一个非空格字符即开始读取,当读取到空格时就停止读取。表 6-12 的程序演示了这一内容。

2. 调用 getline 函数实现字符串输入

用 getline 函数输入字符串时可以接收空格,该函数的调用方法有两种:

```
getline(cin,str);  或者  getline(cin,str,ch);
```

表 6-12　cin/cout 实现字符串的输入和输出

程序代码	运行结果

<pre>#include <iostream>
#include <string>
using namespace std;
int main()
{
  string s1;
  cout<<"请输入字符串: "<<endl;
  cin>>s1; //从键盘接收字符串,不接收空格
  cout<<"接收到的字符串为: "<<endl;
  cout<<s1<<endl;
  return 0;
}</pre>
	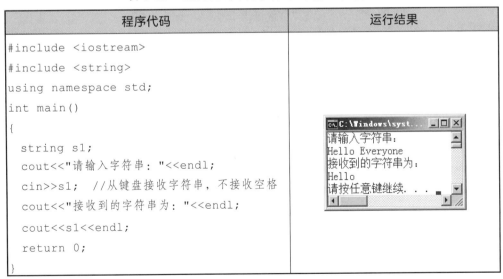

两种方法中,cin 都是正在读取的输入流,str 都是接收输入字符串的 string 类的实例

235

对象名称。在第一种方法中，默认以回车表示字符串的结束。在第二种方法中，ch 是一个字符常量，表示字符串结束的标志。表 6-13 的程序演示了 getline 函数的使用方法。

表 6-13　getline 函数实现字符串的输入和输出

课堂测试：
string 的输入
输出

带 2 个参数的 getline 函数的使用	带 3 个参数的 getline 函数的使用
| ```
#include <iostream>
#include <string>
using namespace std;
int main()
{
  string s1;
  cout<<"请输入字符串: "<<endl;
  getline(cin,s1);
       // 以回车键表示字符串的结束
  cout<<"接收到的字符串为: "<<endl;
  cout<<s1<<endl;
  return 0;
}
``` | ```
#include <iostream>
#include <string>
using namespace std;
int main()
{
  string s1;
  cout<<"请输入字符串: "<<endl;
  getline(cin,s1,'y');
       // 以字符 y 作为字符串的结束标志
  cout<<"接收到的字符串为: "<<endl;
  cout<<s1<<endl;
  return 0;
}
``` |
| ```
请输入字符串:
Hello everyone!
接收到的字符串为:
Hello everyone!
请按任意键继续...
``` | ```
请输入字符串:
Hello everyone!
接收到的字符串为:
Hello ever
请按任意键继续...
``` |

6.5.4　string 类的字符串处理函数和相关运算

用 string 类处理字符串非常方便，它提供了大量的字符串处理函数，如比较、连接、搜索、替换、获得子串等，见表 6-14。

表 6-14　string 类提供的字符串处理函数

成员函数	功能
str.length();　　str.size();	返回串长度，两者等效
str.substr(pos,length);	返回一个子串，该子串从 pos 位置起，长度为 length 个字符
str.empty();	判断是否为空串
str.insert(pos,str2);	将 str2 插入 str 的 pos 位置处
str.remove(pos,length); str.erase(pos,length);	从 pos 处起，删除长度为 length 的子串，两者等效
str.find(str1);	返回 str1 首次在 str 中出现的位置，只能处理小写字母
str.find(str1,pos);	返回从 pos 处起 str1 首次在 str 中出现时的位置

236

string 类对运算符进行了重载（运算符重载就是对已有的运算符重新进行定义，赋予其另一种功能，以适应不同的数据类型），使得字符串操作更加便捷。相关运算及说明见表 6-15。

课堂测试：
string 类字符
串处理函数

表 6-15　string 类提供的字符串相关运算

成员函数	功能
str1=str2;	把 str2 复制给 str1，str1 成为 str2 的副本
str1+=str2;	将 str2 的字符数据连接到 str1 的尾部
str3=str1+str2;	将 str2 连接到 str1 的尾部，然后复制给 str3
str1==str2;　str1!=str2;	比较串是否相等，返回布尔值
str1<str2;　str1>str2; str1<=str2;　str1>=str2;	基于字典顺序的比较，返回布尔值

6.5.5　应用案例

【例 6.14】利用 string 类处理字符串。

问题分析：

计算运费问题。运费单价与地区有关，例如"chengdu"地区运费单价为 20 元/斤，"chongqing"地区运费单价为 15 元/斤[①]。根据输入的地区及货物质量（公斤），计算并输出相应的运费。

算法分析：

地区（字符串）可用字符串类 string 进行存储。然后通过选择结构来判断地区是"chengdu"还是"chongqing"，从而确定运费单价，然后计算得出总运费。

编程实现：

```
1   #include <iostream>
2   #include <string>
3   using namespace std;
4   int main( )
5   {
6     int number,price,sum;
7     string s,s1="chengdu",s2="chongqing";
                              //定义 string 实例对象并初始化
8     cout<<"输入购买的数量（公斤）: ";
9     cin>>number;
10    cout<<"输入购买的地址: ";
11    cin>>s;
12    if(s!=s1&&s!=s2)                //字符串比较
```

———————————
①：1 斤 = 0.5 公斤 = 0.5 kg。

```
13        cout<<"输入的地区有误！"<<endl;
14    else
15    {
16      if(s==s1)
17        price=20;                    //根据地区确定单价
18      else                           // 对应的是 s 等于 s2 的情况
19        price=15;
20      sum=2*number*price;            //计算总额
21      cout<<"价格:"<<price<<"元/斤"<<endl<<"总额:
      "<<sum<<"元"<<endl;
22    }
23    return 0;
24 }
```

运行结果如图 6-44 所示。

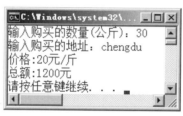

图 6-44 运行结果

关键知识点:

第11行代码,如果改为 getline(cin,s);会有什么结果呢？修改代码后重新运行程序,结果如图 6-45 所示，错误原因与例 6.13 的分析类似。

图 6-45 运行结果

为了避免这种影响，在第 11 代码之前增加语句 cin.ignore(1); 即可确保之后的 getline 正确执行。

【例 6.15】利用 string 类处理多个字符串。

问题分析：从键盘输入多个字符串，要求找出其中最大的字符串。

算法分析：

可以定义 string 类型的数组 string str[N]，用于处理 N 个字符串。处理的算法思路与例 6.13 一样：将第 1 串设为默认最大字符串，从第 2 串到最后一串依次和默认最大字符串做两两比较，如果找到更大的则保存，比较完成后，即可找到最大字符串。

流程图与图 6-41 相同，只是字符串的复制、比较操作与图 6-41 中的函数不一样。

238

编程实现：

```
1   #include <iostream>
2   #include <string>
3   using namespace std;
4   int main( )
5   {
6     string str[10], maxstr;    //string 类的数组 str,
                                  //最多可存 10 个字符串
7     int n,i,max=0;
8     cout<<"请输入需要比较的字符串数量: "<<endl;
9     cin>>n;          // n 不能超过 10
10    cout<<"请输入"<<n<<"串字符: "<<endl;
11    cin.ignore(1);    //忽略一个分隔符, 确保之后的 getline 正确执行
12    for(i=0;i<n;i++)
13      getline(cin,str[i]);    //利用处理函数读入字符串
14    for(i=0;i<n;i++)
15      cout<<"str["<<i<<"]="<<str[i]<<endl;   //输出读入的字符串
16    maxstr=str[0];            //将第 1 个字符串视为默认的最大字符串
17    for(i=1;i<n;i++)    //从第 2 串到最后一串依次和默认最大字符串做比较
18      if(str[i]>maxstr)       //如果比默认字符串要大
19      {
20        maxstr=str[i];        //将新的最大字符串保存在 str1
21        max=i;                //记录最大字符串的下标
22      }
23    cout<<"最大的字符串为第"<<max+1<<"串: "<<endl;
24    cout<<maxstr<<endl;
25    return 0;
26  }
```

运行结果如图 6-46 所示。

图 6-46　运行结果

小结：

数组是一个由若干相同类型数据组成的集合，数组中特定的元素通过下标来访问。数组在内存中是连续存放的，其起始地址对应于数组的第一个元素的地址（首地址）。数组名代表数组的首地址，使得数组可以作为函数参数来传递，从空间利用上显得合理。

由于 C 语言的字符串使用了结束标志'\0'，所以在字符数组中，要多考虑一个字节存储该结束标志。string 类提供了字符串的处理方法（函数），不用单独考虑结束标志，处理更简单、便捷。

数组应用广泛，求最大/最小值、插入、删重、排序、查找、左移右移等都是典型的应用。矩阵是二维数组的一个应用，包括矩阵求和、转置、相乘等，均可用二维数组实现。

在 C++中，数组和指针是密切相关的，下一章将介绍指针，只有学习完这两章的内容，才能透彻理解 C++语言的这些内容。

第 6 章常见错误小结

6.6 常见错误小结

常见错误小结请扫二维码查看。

习题与答案解析

第 6 章
在线测试

一、单项选择题

1. 以下说法错误的是（　　　　）。

　　A. 数组中的元素在某些方面彼此相关

　　B. 数组中的所有元素具有相同的下标

　　C. 数组中的所有元素具有相同的数据类型

　　D. 数组中的每个元素在内存中存储时占据大小相同的存储空间

2. 关于一维数组的特点描述正确的是（　　　　）。

　　A. 一维数组的元素在内存中存储时，各元素的存储单元之间没有空隙，可以从数组的起始地址计算出任意一个元素的存储单元地址

　　B. 一维数组的数组名表示数组在内存中的首地址，可以对数组名进行自增自减运算

　　C. 一维数组可以不用声明和定义，直接访问数组元素

　　D. 一维数组是一个复合的数据结构，可以进行整体的访问

3. 关于语句：static int a[5]; 描述错误的是（　　　　）。

　　A. 这是一个静态数组，在定义静态数组时可以不用进行初始化

　　B. 这是一个静态数组，所有元素的初值为 0

　　C. 这是一个静态数组，需要在定义的同时给元素赋初值，否则元素值是不可用的垃圾数据

　　D. 这是一个静态数组，初始化在编译时完成，直接使用系统赋予的初值即可

4. 关于一维数组下标的描述，错误的是（   ）。

    A. 按元素在数组中的位置进行访问，称为下标访问

    B. 长度为 n 的一维数组，其元素下标的范围为 0 ~ n-1

    C. 数组元素的下标与元素在数组中的位置没有关系

    D. 下标是数组元素与数组起始位置的偏移量，它的初始值一般为 0

5. 下列程序执行后 a[5]的值是（   ）。

    int a[10]; int i;

    for(i=0;i<=9;i++)   a[i]=i;

    for(i=0;i<=9;i++)   a[i]=a[9-i];

    A. 0   B. 4   C. 5   D. 6

6. 数组　int a[4]={1,2,3,4}，执行程序

    for (int i=1;i<=4;i++)

        a[i-1]=1;

那么　a[4]的值是（   ）。

    A. 4   B. 3   C. 1   D. 错误

7. 下面数组定义错误的是（   ）。

    A. char a[]= {"good"};

    B. const int n=5;   char a[n]={"good"};

    C. int n=5;   char a[n]={"good"};

    D. const int n=5;   char a[n+2]={"good"};

8. 定义一维数组：int a[10]={0,1,2,3,4,5,6,7,8,9};则能够正确访问数组元素的是（   ）。

    A. a[10]   B. a[a[3]-5]   C. a[a[9]]   D. a[a[4]+6]

9. 设有 int n=5; const int N=5; 则以下一维数组定义语句中存在语法错误的是（   ）。

    A. int a[] ={1,2,3};   B. int a[N+1];   C. int a[N];   D. int a[n];

10. 若有以下定义语句：int a[10]={1,2,3,4,5,6,7,8,9,10};对数组元素的访问错误的是（   ）。

    A. a[10-2*3]   B. a[2*a[2]]   C. a[3a[0]]   D. a[a[4]+4]

11. 若有以下定义语句：int a[5]={1,2,3,4,5}, int b[5]={0}; 对数组元素的访问正确的是（   ）。

    A. b[5]   B. b[2*a[4]]   C. a[2*b[4]]   D. a[a[4]]

12. 关于语句：int a[10]={1}; 描述正确的是（   ）。

    A. 数组除了第 1 个元素的值为 1，其余所有元素均没有值

    B. 数组第 1 个元素的值为 1，其余所有元素的值均为 0

    C. 数组第 1 个元素的值为 1，其余所有元素的值均为 0.0

    D. 定义错误，需要对所有数组元素逐一赋值

13. 执行如下的语句后，数组 b 的所有元素初始值为（   ）。

    int const N=5;

    int a[N]={1,2,3},b[N+1]={0},i;

    for(i=0;i<N;i++)

```
    b[i]=a[i];
```
    A. {1,2,3}   B. {1,2,3,0,0}   C. {1,2,3,0,0,0}   D. 赋值不成功

14. 二维数组在内存中的存放顺序是（　　　　）。

    A. 由编译器决定   B. 由用户自己定义

    C. 按行存放   D. 按列存放

15. 定义二维数组：int a[3][4]={0}；下列描述正确的是（　　　　）。

    A. 只有元素 a[0][0]可得到初值 0

    B. 数组 a 中每个元素均可得到初值 0

    C. 此定义语句不正确

    D. 数组 a 中各元素都可得到初值，但其值不一定为 0

16. 下面初始化不正确的是（　　　　）。

    A. int   a[2][3]={1,2,3,4,5,6};

    B. int a[][2]={7,8,9};

    C. double   a[][3]={1,2,3,4,5,6,7};

    D. double   a[3][2]={{1.5,2.0},{3.5},{5,6,7}};

17. 若有以下定义，则数组元素 a[3][1]的值是（　　　　）。

    int a[][3]={{1,2},{3,2,4},{4,5,6},{1,2,3}};

    A. 4   B. 5   C. 2   D. 6

18. 若定义了一个 4 行 3 列的二维数组，则第 10 个元素（a[0][0]为第 1 个元素）是（　　　　）。

    A. a[2][2]   B. a[2][3]   C. a[3][1]   D. a[3][0]

19.下面语句对数组初始化不正确的是（　　　　）。

    A. int a[2][3]={1,2,3,4,5,6};

    B. double a[3][3]={1,2,3,4,5,6,7,8,9,10};

    C. double a[3][2]={{1.5,2.0},{3.5},{5,6}};

    D. int a[][2]={7,8,9};

20. 在下面的二维数组的定义中，不正确的是（　　　　）。

    A. int x[ ][ ];   B. int x[ ][5]={{1,3},5,7};

    C. int x[10][5];   D. int x[10][5]={0};

21. 将两个字符串连接起来组成一个字符串时，用（　　　　）函数。

    A. strcat   B. strlen   C. strcpy   D. strcmp

22. 用一维字符数组分别存储字符串 a 和 b，判断这两个字符串是否相等的操作为（　　　　）。

    A. if(a==b)   B. if(strcmp(a,b))

    C. if(strcmp(a,b)==0)   D. if(strcmp(a,b)==1)

23. 字符数组的定义语句为：

    const int N=20;

    char str[N]= "HelloEveryone!";

    cout<<strlen(str)<<endl;

最后输出的结果为（　　　）。

    A. 20　　　　　　　B. 13　　　　　　　C. 14　　　　　　　D. 15

24. 有如下的代码段：

```
string str1,str2;
str1="HelloEvery";
str2="Helloevery";
if(str1==str2)
        cout<<1<<endl;
else
        if(str1>str2)
                cout<<2<<endl;
        else
                cout<<3<<endl;
```

代码执行后的结果为（　　　）。

    A. 1　　　　　　　B. 2　　　　　　　C. 3　　　　　　　D. 不确定

25. 二维字符数组 str[10][10]能够存储（　　　）个字符串，每个字符串中最多有（　　　）个字符。

    A. 10，10　　　　　B. 10，9　　　　　C. 9，10　　　　　D. 9，9

二、判断题

1. 数组是 C++的基本数据类型。　　　　　　　　　　　　　　（　　　）
2. 数组的所有元素在内存中是连续存放的。　　　　　　　　　（　　　）
3. 在 C++中数组是具有一定顺序关系的若干相同类型变量的集合体。（　　　）
4. 定义一维数组后，可用下标法进行访问，下标的初始值一般为 0。（　　　）
5. 一维数组的数组名表示数组在内存中的首地址，可以对数组名进行自增或自减。

                                                           （　　　）
6. 对一维数组所有元素赋初值时，可以不指定数组的长度。　　（　　　）
7. 对二维数组所有元素赋初值时，可以省略第一维（行数）的长度。（　　　）
8. 二维数组的定义语句：int a[3][4]={{1},{0,6},{0,0,11}}，代表行的花括号，即内层的花括号可以省略。　　　　　　　　　　　　　　　　（　　　）
9. 字符串"Hello"如果用一维字符数组存储，则在内存中占用的存储空间为 5 字节。　　　　　　　　　　　　　　　　　　　　　　　　（　　　）
10. 定义二维字符数组：char cc[3][9]；则该二维字符数组可以存储 3 个字符串，每个字符串的字符数量最多不超过 8 个。　　　　　　　（　　　）

三、阅读程序，写出运行结果

1.

```
#include <iostream>
#include <iomanip>
```

243

```cpp
using namespace std;
int main()
{
    const int N=10;
    int i;
    int a[N],b[N]={1};
    for(i=0;i<N;i++)
        a[i]=b[i]+2;
    for(i=0;i<N;i++)
    {
        cout<<setw(3)<<a[i];
        if((i+1)%5==0)
            cout<<endl;
    }
    return 0;
}
```

2.

```cpp
#include <iostream>
#include <iomanip>
using namespace std;
int main()
{
    const int N=10;
    int n,j,i,s=1,k;
    int a[N][N];
    n=3;
    for(k=1;k<=n;k++)
        for(i=k-1;i<2*n-k;i++)
            for(j=k-1;j<2*n-k;j++)
                a[i][j]=k;
    for(i=0;i<2*n-1;i++)
    {
        for(j=0;j<2*n-1;j++)
            cout<<setw(3)<<a[i][j];
        cout<<endl;
    }
    return 0;
}
```

3.

```cpp
#include <iostream>
#include <string>
using namespace std;
int main()
{
    string str("HelloEveryone!");
    char x='e';
    int i,j=0,len;
    cout<<"待处理的字符串为: "<<str<<endl;
    cout<<"待查找的字符为: "<<x<<endl;
    len=str.length();
    for(i=0;i<len;i++)
        if(x>='A'&&x<='Z'&&(str[i]==x||str[i]==x+32)||
x>='a'&&x<='z'&&(str[i] ==x||str[i]==x-32))
        j++;
    cout<<"字符"<<x<<"在字符串中出现的次数为: "<<j<<endl;
    return 0;
}
```

四、程序填空题

1. 程序功能：用一维数组 a、b 表示两个无序的整数集合，将 a、b 的并集保存在数组 a 中。输入/输出格式参见运行结果。

```cpp
#include <iostream>
#include <iomanip>
using namespace std;
int main( )
{
    const int N=20;
    int a[N],b[N],i,j,n,m,len;
    cout<<"请输入数组 a 的实际长度: "<<endl;
    cin>>m;
    cout<<"数组 a 的所有元素为: "<<endl;
    srand(time(NULL));
    for(i=0;i<m;i++)
    {
        a[i]=1+rand()%10;
        cout<<a[i]<<" ";
    }
```

```
cout<<endl<<"请输入数组 b 的实际长度: "<<endl;
cin>>n;
cout<<"数组 b 的所有元素为: "<<endl;
srand(time(NULL));
for(i=0;i<n;i++)
{
b[i]=1+rand()%10;
cout<<b[i]<<" ";
}
_____①_____
for(j=0;j<n;j++)
{
    for(i=0;i<len;i++)
        if(_____②_____)
            break;
    if(i==len)
_____③_____
}
cout<<endl<<"集合 a+b 的结果为: "<<endl;
for(i=0;i<len;i++)
    cout<<a[i]<<"   ";
cout<<endl;
return 0;
}
```

运行结果如图 6-47 所示。

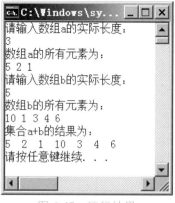

图 6-47　运行结果

2. 程序功能：用二维数组表示矩阵，找出主对角线上元素的最大值和最小值，并交换最大值和最小值。输入/输出格式参见运行结果。

```cpp
#include <iostream>
#include <iomanip>
#include <ctime>
#include <cstdlib>
using namespace std;
int main( )
{
    const int N=5;
    int a[N][N];
    int i,j,max=0,min=0;
    srand(time(NULL));
    for(i=0;i<N;i++)
        for(j=0;j<N;j++)
            a[i][j]=1+rand()%10;
    cout<<"数组 a 的所有元素为: "<<endl;
    for(i=0;i<N;i++)
    {
        for(j=0;j<N;j++)
            cout<<setw(4)<<a[i][j];
        cout<<endl;
    }
    for(i=0;i<N;i++)
    {
        if(_____①_____)
            max=i;
        if(_____②_____)
            min=i;
    }
    _____③_____
    a[min][min]=a[max][max]-a[min][min];
    a[max][max]=a[max][max]-a[min][min];
    cout<<endl<<"交换后的结果为: "<<endl;
    for(i=0;i<N;i++)
    {
        for(j=0;j<N;j++)
            cout<<setw(4)<<a[i][j];
        cout<<endl;
```

```
    }
    return 0;
}
```

运行结果如图 6-48 所示。

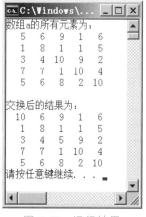

图 6-48　运行结果

3. 程序功能：在从小到大排列的有序整数数列中多次插入整数值，插入后数列仍然保持有序。输入/输出格式参见运行结果。

```
#include <iostream>
#include <iomanip>
using namespace std;
int main( )
{
    const int N=20;
    int a[N];
    int n,i,j,cnt,value,t;
    cout<<"请输入数组的实际长度: "<<endl;
    cin>>n;
    cout<<"请输入数组的元素(从小到大): "<<endl;
    for(i=0;i<n;i++)
        cin>>a[i];
    cout<<"需要在数组中插入 3 个新的值"<<endl;
    for(cnt=1;cnt<=3;cnt++)
    {
        t=0;
        cout<<"请输入第"<<cnt<<"次插入的值"<<endl;
        cin>>value;
        while(value>a[t]&&_____①_____)
            t++;
```

248

```
        for(i=n;i>=t;i--)
                    ②
        a[t]=value;
                    ③
    }
    cout<<"插入新值后的数组元素为: "<<endl;
    for(i=0;i<n;i++)
        cout<<a[i]<<" ";
    cout<<endl;
    return 0;
}
```

运行结果如图6-49所示。

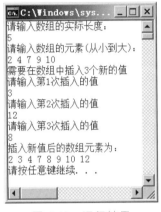

图 6-49 运行结果

4. 程序功能: 从键盘接收杨辉三角的阶数, 自动生成数据, 并以右下三角的形式输出杨辉三角形的数据。输入/输出格式参见运行结果。

```
#include <iostream>
#include <iomanip>
using namespace std;
int main( )
{
    const int N=10;
    int yhtriangle[N][N];
    int n,i,j;
    cout<<"请输入杨辉三角的行数:"<<endl;
    cin>>n;
    for(i=0;i<n;i++)
    {
        yhtriangle[i][0]=1;
```

```
                yhtriangle[i][i]=1;
        }
    for(i=2;i<n;i++)
            for(j=1;j<i;j++)
                        ①
    cout<<"杨辉三角"<<endl;
    for(i=0;i<n;i++)
    {
            for(j=0;        ②        ;j++)
                cout<<setw(3)<<" ";
            for(j=0;j<=i;j++)
                if(        ③        )
                    cout<<yhtriangle[i][j];
                else
                    cout<<setw(3)<<yhtriangle[i][j];
            cout<<endl;
    }
    return 0;
}
```

运行结果如图 6-50 所示。

图 5-50　运行结果

5. 程序功能：从键盘输入一串字符，将其中的字母进行大小写转换，即大写字母转换成小写字母，小写字母转换成大写字母。输入/输出格式参见运行结果。

```
#include <iostream>
#include <iomanip>
using namespace std;
int main( )
{
    const int N=50;
    char str[N];
```

```
int len,i;
cout<<"请输入字符串"<<endl;
cin.getline(str,N);
            ①
_____
cout<<"字符串的长度为: "<<len<<endl;
for(i=0;i<len;i++)
    if(str[i]>='a'&&str[i]<='z')
                ②
    _____
    else
        if(str[i]>='A'&&str[i]<='Z')
                    ③
        _____
cout<<str<<endl;
return 0;
}
```

运行结果如图 6-51 所示。

图 6-51 运行结果

五、程序改错题

1. 程序功能：从键盘输入一个从大到小排列的整数序列，利用折半查找完成指定数据（从键盘输入）的查找，并输出是否查找到的信息。输入/输出格式参见运行结果。（3 个错误）

```
1   #include <iostream>
2   #include <iomanip>
3   using namespace std;
4   int main()
5   {
6       const int N=20;
7       int a[N];
8       int i,top,mid,bot,value,n;
9       cout<<"输入数组的长度"<<endl;
10      cin>>n;
11      cout<<"由大到小输入数组的"<<n<<"个元素: "<<endl;
```

251

```
12      for(i=0;i<n;i++)
13        cin>>a[i];
14      top=0;
15      bot=n-1;
16      cout<<"请输入要查找的数据"<<endl;
17      cin>>value;
18      while(top<=bot)
19       {
20          mid=(top+bot)/2;
21          if (value ==a[mid])
22            break;
23          else
24          if (value>a[mid])
25              top=mid+1;
26           else
27                bot=mid-1;
28       }
29      if (top>bot)
30        cout<<"查找成功！"<<value<<"是数组的第"<<mid+1<<
          "个元素"<<endl;
31      else
32        cout<<"查无此数！"<<endl;
33      return 0;
34  }
```

运行结果如图 6-52 所示。

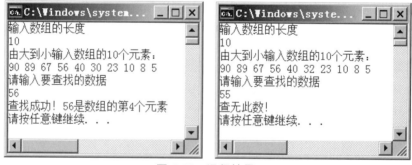

图 6-52 运行结果

2. 程序功能：随机产生两个整数集合（无序），分别存于数组 a、b 中，求 a 和 b 的交集。输入/输出格式参见运行结果。（3 个错误）

```
1   #include <iostream>
2   #include <ctime>
3   using namespace std;
```

```cpp
4    int main( )
5    {
6      const int N=20;
7      int a[N],b[N],i,j,k,n,m,len;
8      cout<<"请输入数组 a 的实际长度: "<<endl;
9      cin>>m;
10     cout<<"数组 a 的所有元素为: "<<endl;
11     srand(time(NULL));
12     for(i=0;i<m;i++)
13       {
14         a[i]=1+rand()%10;
15         cout<<a[i]<<" ";
16       }
17     cout<<endl<<"请输入数组 b 的实际长度: "<<endl;
18     cin>>n;
19     cout<<"数组 b 的所有元素为: "<<endl;
20     for(i=0;i<n;i++)
21       {
22         b[i]=1+rand()%10;
23         cout<<b[i]<<" ";
24       }
25     len=m;
26     for(i=0;i<len;i++)
27       {
28         for(j=0;j<n;j++)
29           if(a[i]==b[j])
30                continue;
31         if(j==n)
32           {
33             for(k=i;k<len-1;k++)
34               a[k-1]=a[k];
35           len--;
36           i++;
37           }
38       }
39     cout<<endl<<"集合 a 和集合 b 的交集为: "<<endl;
40     for(i=0;i<len;i++)
41        cout<<a[i]<<"  ";
42     cout<<endl;
```

```
43    return 0;
44  }
```

运行结果如图 6-53 所示。

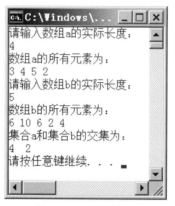

图 6-53　运行结果

3. 程序功能：不增加新的数组，将方阵实现就地转置。方阵的数据随机产生（10～50）。输入/输出格式参见运行结果。（2 个错误）

```
1    #include <iostream>
2    #include <ctime>
3    using namespace std;
4    int main()
5    {
6      const int N=10;
7      int a[N][N];
8      int i,j,n,temp;
9      cout<<"请输入方阵的阶数: "<<endl;
10     cin>>n;
11     srand(time(NULL));
12     for(i=0;i<n;i++)
13    for(j=0;j<n;j++)
14     a[i][j]=10+rand/40;
15    cout<<"产生的方阵为: "<<endl;
16    for(i=0;i<n;i++)
17    {
18       for(j=0;j<n;j++)
19         cout<<a[i][j]<<"  ";
20       cout<<endl;
21    }
22    for(i=0;i<n;i++)
23    for(j=0; j<n; j++)
```

254

```
24      {
25          temp=a[i][j];
26          a[i][j]=a[j][i];
27          a[j][i]=temp;
28        }
29    cout<<"转置之后的结果为: "<<endl;
30    for(i=0;i<n;i++)
31    {
32      for(j=0; j<n;j++)
33        cout<<a[i][j]<<"  ";
34      cout<<endl;
35    }
36    return 0;
37  }
```

运行结果如图 6-54 所示。

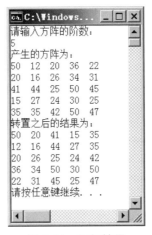

图 6-54   运行结果

4. 下面的代码实现的功能为：从键盘输入右移的位数 m，将数组元素循环右移 m 后输出。输入/输出格式参见运行结果。（3 个错误）

```
1   #include <iostream>
2   #include <ctime>
3   using namespace std;
4   int main()
5   {
6       const int N =20;
7       int a[N],i,k,n,m,t;
8       cout<<"请输入数组的实际长度: "<<endl;
9       cin>>n;
```

```
10      srand(time(NULL));
11      for(i=0;i<n;i++)
12      {
13          a[i]=10+rand()%(50-10+1);
14          cout<<a[i]<<"  ";
15      }
16      cout<<endl;
17      cout<<"请输入右移的位数："<<endl;
18      cin>>m;
19      k=m/n;
20      while(k--)
21      {
22          t=a[0];
23          for(i=n-1;i>0;i--)
24              a[i]=a[i+1];
25          a[0]=t;
26      }
27      for(i=0;i<n;i++)
28          cout<<a[i]<<"  ";
29      cout<<endl;
30      return 0;
31  }
```

运行结果如图 6-55 所示。

图 6-55 运行结果

5. 程序功能：用 string 类处理字符串，统计元音字母 A、E、I、O、U（不分大小写）在字符串中分别出现的次数。输入/输出格式参见运行结果。（3 个错误）

```
1   #include <iostream>
2   #include <string>
3   using namespace std;
4   int main()
5   {
6       const int N=5;
```

256

```
7      int  cnt[N];
8      int  i,len;
9      string str;
10     cout<<"请输入一串字符: "<<endl;
11     cin.getline(str);
12     len=str.length();
13     for(i=0;i<len;i++)
14     switch(str)
15     {
16       case  'a':
17       case  'A': cnt[0]+=1;break;
18       case  'e':
19       case  'E': cnt[1]+=1;break;
20       case  'i':
21       case  'I': cnt[2]+=1;break;
22       case  'o':
23       case  'O': cnt[3]+=1;break;
24       case  'u':
25       case  'U': cnt[4]+=1;break;
26     }
27     cout<<"元音字母 A/a 的个数为: "<<cnt[0]<<endl;
28     cout<<"元音字母 E/e 的个数为: "<<cnt[1]<<endl;
29     cout<<"元音字母 I/i 的个数为: "<<cnt[2]<<endl;
30     cout<<"元音字母 O/o 的个数为: "<<cnt[3]<<endl;
31     cout<<"元音字母 U/u 的个数为: "<<cnt[4]<<endl;
32     return 0;
33  }
```

运行结果如图 6-56 所示。

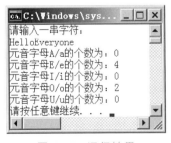

图 6-56　运行结果

六、编程题

1. 把数组 a 中所有相同的元素删到只剩一个，删重后的结果保存在数组 b 中。输入/输出格式参见运行结果。

运行结果如图 6-57 所示。

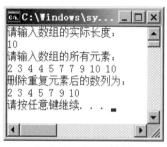

图 6-57 运行结果

2. 编程实现：从键盘输入数组实际长度和所有元素的值，计算元素的平均值，然后利用循环左移将所有小于平均值的元素置于数组后方（右端）。输入/输出格式参见运行结果。

运行结果如图 6-58 所示。

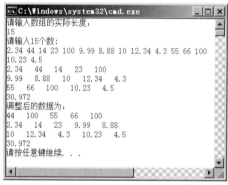

图 6-58 运行结果

3. 自动产生 N*N 数据（N 取值最大不超过 100）存入数组 a，数据形成规律如图 6-59 所示（呈 S 形），并取出 a 的左下三角形区域数据输出（呈等腰三角形）。输入/输出格式参见运行结果。

运行结果如图 6-59 所示。

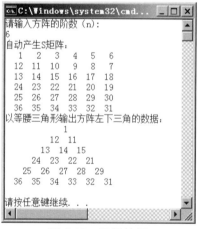

图 6-59 运行结果

258

4. 对输入的一串密码信息进行加密处理，加密规则如下：将字母表看成首尾衔接的闭合环，遇大写字母用该字母后面的第 3 个小写字母替换，遇小写字母用该字母后面的第 3 个大写字母替换……其他字符不变。例如字母 a 加密后的结果为 D，字母 Y 加密后的结果为 b。输入/输出格式参见运行结果。

运行结果如图 6-60 所示。

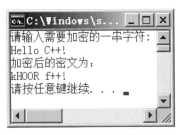

图 6-60　运行结果

5. 编程实现：从键盘输入多个字符串，将输入的字符串按由小到大的顺序输出。要求用 string 类处理字符串，字符串排序可以用冒泡法或是选择法。输入/输出格式参见运行结果。

运行结果如图 6-61 所示。

第 6 章
答案解析

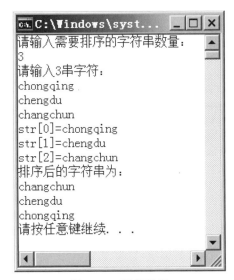

图 6-61　运行结果

学 生 作 业 报 告

专业_____   班级_____   学号_____   姓名_____

程序在运行时数据总是存放在计算机内存中，程序对内存数据的访问是通过变量名进行的，即直接访问。本章将介绍另外一种访问方式：间接访问，即以地址（指针）方式访问内存。详细介绍指针与指针变量的概念、利用指针变量操作一维和二维数组、内存的动态分配以及如何使用动态内存分配实现自定义数据结构——链表。具体内容如下：

（1）指针与指针变量；

（2）指针与一维数组；

（3）指针与二维数组；

（4）动态存储分配；

（5）链表及其应用。

7.1　指针与指针变量

7.1.1　内存地址

1. 内存地址

在计算机中，内存通常以字节为单位划分成连续编址的存储单元，每个存储单元对应着一个唯一的编号，这个编号称为内存单元的地址。

例：char a='A'; int b=10; 语句执行后，变量 a、b 在内存中的存储情况如图 7-1 所示。

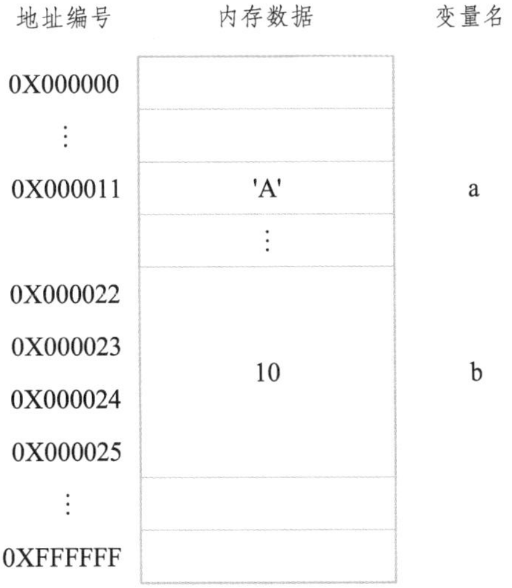

图中内存存储单元的地址从 0x000000～0XFFFFFF，字符型变量 a 需要 1 字节的存储空间存放它的值'A'，整型变量 b 需要 4 字节的存储空间存放

地址编号	内存数据	变量名
0X000000		
⋮		
0X000011	'A'	a
	⋮	
0X000022		
0X000023	10	b
0X000024		
0X000025		
⋮		
0XFFFFFF		

图 7-1　内存存储结构示意图

它的值 10。这两个变量的变量名、变量值、变量地址之间的关系见表 7-1。

表 7-1　变量名、变量值与变量地址的关系

变量名	变量值	变量地址
a	'A' 或 65	0X000011
b	10	0X000022

2. 内存地址的表示

各种对象的内存地址表示见表 7-2。

表 7-2　各种对象的内存地址表示

对　象	地址表示	说　明
int a;	&a	变量的地址用运算符&获取
double　b[10];	b 或　&b[0]	数组名代表数组的首地址
void sort();	sort	函数名代表函数的地址

3. 指　针

一个变量在内存中存储时，其所在内存单元的地址称为该变量的"指针"，通过指针（地址）能找到对应的内存单元。

7.1.2　指针变量

指针变量是专门用来存放指针（地址）的变量。指针和指针变量是两个不同的概念，在本章后续内容的描述中，指针变量通常也简称为指针。

1. 指针变量的声明

指针变量是专门用于存放内存地址的变量，可用于存放变量的地址、数组的地址和函数的地址等。与普通变量一样，指针变量必须先声明后使用。指针变量的声明（定义）格式如下：

```
数据类型　*指针变量名；
```

指针变量的数据类型代表指针变量所指向的对象的数据类型。例如：

```
int *iptr;
```

该语句定义了一个整型指针变量 iptr，它指向一个整型数据对象，即该指针变量存放的是一个整型数据对象的地址。例如：

```
int *iptr1, *iptr2;  //定义两个整型指针变量
int *ipa, ipb;        //定义一个整型指针变量 ipa 和一个整型变量 ipb
```

2. 指针变量的赋值

对指针变量赋值有两种方式：一种是在定义指针变量的同时赋初值；另一种是用赋值表达式对指针变量赋值。

（1）定义指针变量的同时赋初值，格式如下：

数据类型　*指针名=初始地址；

例：

```
int a, *p=&a;
```

定义整型变量 a，定义整型指针变量 p，并把变量 a 的地址赋给 p，即指针变量 p 指向变量 a。

如把语句改为：int *p=&a, a; 会出现错误，因为对指针变量 p 赋值时，变量 a 还没有分配内存空间，p 初始化不成功。

（2）先定义指针变量再用赋值语句对其赋值。格式如下：

指针变量名=地址；

例：

```
int a=5, *p, *q;
p=&a;
q=p;
```

上述语句执行完后，指针变量 p、q 中存放的都是变量 a 的地址，变量 a、p、q 在内存中的存储情况如图 7-2 所示。

内存地址	内存数据	变量名
0X000001		
0X000005		
	0X010FF0	q
⋮	0X010FF0	p
0X010FF0	5	a

图 7-2　各变量在内存中的存储情况

对指针变量赋值需要注意以下几点：

（1）指针变量只能存放地址，其值可以是变量的地址、数组名、函数名等。此外，指针变量的值也可以是 0 和 NULL。值为 0 或者 NULL 的指针变量不指向任何对象，称为空指针。

例：int　*p=0; 表示 p 为空指针，不指向任何对象。

（2）常量或表达式不能进行取地址运算。

例：int *p, a;　p=&56 或 p=&(a+56) 均是错误的。

（3）运算符*是一个一元运算符，表示指针变量所指向的对象的值（取值）。例如：

```
int a,*p=&a;
*p=12;
```

出现在定义语句和执行语句中的*，其含义是不同的。*在定义语句中，表示定义的是指针变量；*在执行语句中，表示指针变量所指向对象的值。

语句*p=12;表示将 12 写入（赋值）指针变量 p 所指向的内存空间，而 p 所指向的空间即为变量 a 所在的内存空间，故该语句与 a=12 等价。

（4）不能将一个内存地址直接赋给指针变量。例如：

```
int *p;    p=0x000121;
```

程序中不允许出现这种语句。因为计算机的内存都是由操作系统统一分配和回收，用户所用到的变量、数组、函数，其所需的内存空间都是由操作系统自动分配，用户没有权限分配指定的内存单元。

3. 变量的访问方式

1）直接访问方式

直接访问就是通过变量名直接对变量的存储单元进行存取访问。变量获得内存空间的同时，变量名也就成为相应内存空间的名称，可以用该变量名访问其对应的内存空间，表现在程序语句中就是通过变量名存取变量内容。例如：

```
int a=10;
cout<<"变量的值为："<<a;   //通过变量名直接访问变量a，输出a的值
```

2）间接访问方式

间接访问就是先找到存放变量的内存单元的地址，再根据变量的地址找到对应的存储单元，然后进行存取访问。具体实现方法：先通过指针变量获取变量的地址，然后再通过指针变量去访问它所指向的那个变量的值。例如：

```
int a, *p;
p=&a;    // 将a的地址赋给指针变量p，即p指针指向变量a
*p=20;   // 用表达式*p代替变量a，对变量a进行访问，相当于a=20
```

【例7.1】变量的值与变量的地址。

编程实现：

```
#include <iostream>
using namespace std;
int main(void )
{
    int a=10, *aptr;
    aptr=&a;
    cout<<"a的值表示方法1："<<a<<endl;
    cout<<"a的值表示方法2："<<*aptr<<endl;
    cout<<"a的地址表示方法1："<<&a<<endl;
    cout<<"a的地址表示方法2："<<aptr<<endl;
    cout<<&aptr<<endl;
    cout<<&*aptr<<endl;
    cout<<*&a<<endl;
    cout<<*&aptr<<endl;
    return 0;
}
```

运行结果如图7-3所示。

图 7-3　运行结果

关键知识点：

（1）掌握指针（地址）和指针变量的概念、指针变量的定义及初始化方法、直接访问和间接访问方法。

（2）&和*都是单目运算符，它们的优先级相同，按自右而左方向结合。本例中较难理解的几个表达式：&aptr、&*aptr、*&a、*&aptr，其运算结果可用图 7-4 进行辅助说明。

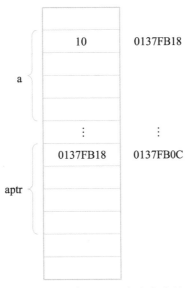

图 7-4　变量 a 和指针变量 aptr 在内存中的存储情况

&aptr 表示取指针变量的地址（0030F7A4）。

*aptr 表示取变量 a 的值（10），&*aptr 则为 a 在内存中的地址（0030F7B0）。

&a 表示取变量 a 的地址（0030F7B0），*&a 则为取 a 的值（10）。

&aptr 表示取指针变量 aptr 的地址（0030F7A4），*&aptr 则为取指针变量 aptr 的值，指针 aptr 的值即为变量 a 在内存中的地址（0030F7B0）。

【例 7.2】使用指针变量编程实现：从键盘输入两个整数，按升序（从小到大排序）输出这两个数。

问题分析：

从键盘输入两个整数 a 和 b，进行大小的比较，若 a 大则先交换两个变量的值，再输出；否则直接输出。

265

算法流程图如图 7-5 所示。

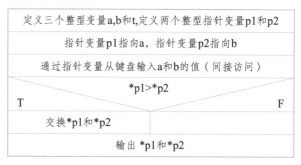

定义三个整型变量a,b和t,定义两个整型指针变量p1和p2		
指针变量p1指向a,指针变量p2指向b		
通过指针变量从键盘输入a和b的值（间接访问）		
	*p1>*p2	
T		F
交换*p1和*p2		
输出 *p1和*p2		

图 7-5 算法流程图

编程实现：

```
//使用指针变量: 输入两个整数, 排序后按升序 (从小到大排序) 输出
#include <iostream>
#include <iomanip>
using namespace std;
int main(void )
{
    int a,b,t;
    int *p1=&a;
    int *p2=&b;
    cout<<"输入两个整数:";
    cin>>*p1>>*p2;
    if(*p1>*p2)
    {
        t=*p1;
        *p1=*p2;
        *p2=t;
    }
    cout<<"按先小后大的顺序输出:"<<*p1<<setw(4)<<*p2<<endl;
    return 0;
}
```

运行结果如图 7-6 所示。

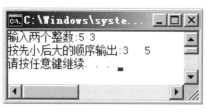

图 7-6 运行结果

266

关键知识点：

指针变量与变量的关系：指针变量*p1 和*p2 分别指向变量 a 和 b，可以用指针变量间接访问变量 a 和 b。

指针变量的数据类型可以是 C++的基本数据类型，还可以是 void 类型。void 类型的指针变量，可以指向任意类型对象的地址。在将 void 类型的指针变量赋值给另一指针变量时，要进行强制类型转换，使之匹配被赋值的指针变量的类型。例如：

```
void *point1;
int *point2;
int i;
point1=&i;
point2=( int *) point1;
```

指针变量 point1 的作用就是把变量 i 的地址传递给指针变量 point2。通常，void 型的指针变量只用于系统底层的实现中，一般用于表达某些硬件资源，在应用级程序中不应该出现 void 型的指针变量。

7.2　指针与一维数组

数组包含若干个元素，数组元素在内存中顺次存放，即数组元素在内存中是从低地址开始顺序存放，各元素所占用的存储空间大小相同（由其数据类型决定），它们的地址是连续的，数组名就是这块连续内存空间的首地址。C++语言中规定数组名是指针类型的符号常量，该符号常量值等于数组首元素的地址，简称数组首地址。

7.2.1　指向数组元素的指针

指针变量可以指向数组元素（把某一元素的地址放到一个指针变量中）。数组元素的指针是数组元素在内存中的起始地址，而数组的指针是数组在内存中的起始地址。

1. 指向数组元素的指针

定义指向数组元素的指针变量与定义指向变量的指针变量的方法相同。数组名是数组第 1 个元素（数组下标为 0 的元素）的地址，该地址是由计算机操作系统分配给数组的，对用户来说是不可改变的，相当于常量。例如：

```
int a[10], *p;
p=&a[0];  //等价于 p=a，即 a 与&a[0]相等，均表示数组的首地址
```

可以在定义指针变量时给它赋初值：int *p=&a[0]; 也可以写成：int *p=a;

定义了指向数组元素的指针变量后，就可以通过指针变量访问数组元素。例如：

```
int a[10];
int *p=&a[4];  //指针变量 p 指向 a[4]
*p=8;          //给指针变量 p 所指向的数组元素赋值，即 a[4]=8
```

267

2. 指针变量的算术运算

1）指针变量与整数的加减运算

例：

```
int a[10], *p;
p=&a[1];
p=p+2;
```

指针变量 p 加上或减去整数 n ，其意义是指针变量往后（内存单元地址大的方向）或往前（内存单元地址小的方向）移动 n 个数据的位置。如图 7-7 所示，指向整型数组元素 a[1]的指针变量 p,如果执行 p+2,即为指针变量 p 后两个数组元素的位置，即 a[3]处。两个数组元素占 8 字节（一个整型数据在内存中占 4 字节）。

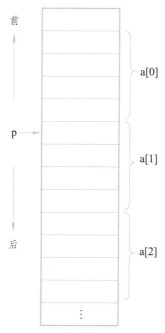

图 7-7　指向数组元素的指针变量进行算术运算的示意图

注意：两个相同类型的指针变量可以进行减法运算和赋值运算，但不可以进行加法运算。两个指针变量的减法运算，其结果是一个整数，表示两个地址之间的数据个数，如果这两个指针指向同一个数组，它们相减的结果是这两个指针之间的元素个数。

2）通过指针变量访问数组元素

如图 7-8 所示，如果指针变量 p 的初值为 a（&a[0]），即它指向数组在内存中的起始位置（第 1 个元素），p+i 和 a+i 均指向数组 a 的第 i+1 个元素，即 p+i 和 a+i 表示的是元素 a[i]的地址。*(p+i)或*(a+i)表示获得对应内存空间的值，即得到数组元素 a[i]的值,故*(p+i)或*(a+i)与 a[i]等价。指向数组元素的指针变量也可以带下标,p[i]与*(p+i)等价。

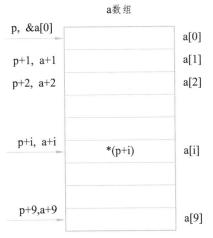

图 7-8　利用指针变量访问数组元素

3) 指针变量的自增和自减运算

指针变量可以进行自增++或自减--运算，运算效果是使指针变量向后或向前移动，指向下一个或上一个数组元素。例如：

```
int a[10],*p=a;
```

（1）p++使 p 指向下一个数组元素，即 a[1]，此时用*p 可以得到 a[1]的值。

（2）*p++：等价于*(p++)。作用是先得到 p 指向的变量的值（即*p），然后再使 p 的值加 1。例如：

```
p=a;
while(p<a+10)
    cout<<*p++;
```

等价于：

```
p=a;
while(p<a+10)
{ cout<<*p;
    p++;
}
```

（3）*(p++)与*(++p)的区别：前者是先取值*p，然后 p 自增 1 指向下一个数组元素；后者 p 先自增 1 指向下一个数组元素，再取值*p。若 p 的初值为 a（即&a[0]），*(p++)得到 a[0]的值，然后 p 指向 a[1]，而*(++p)是先让 p 指向 a[1]，然后得到 a[1]的值。

（4）(*p)++表示对 p 所指向元素的值加 1。如果 p 指向 a[0]（值为 3），则(*p)++的结果为 4(a[0]值为 4)。

（5）如果 p 指向 a[i]，则：*(p--)是先取值*p，得到 a[i]的值，然后 p 减 1，让 p 指向前一个元素 a[i-1]。*(--p)则是先使 p 减 1，让 p 指向前一个元素 a[i-1]，然后再取值*p，得到 a[i-1]的值。

3. 指针变量的关系运算

若两个指针变量指向同一个数组，可进行关系运算。指针变量的关系运算表示指

针变量所指向元素在内存中的位置关系,即两个指针变量所指向内存空间的前后关系:
"前"表示内存单元地址小的方向,"后"表示内存单元地址大的方向。如图 7-9 所示,
指针 p1 所指向空间的地址与指针 p2 所指向空间的地址相同, 则 p1==p2; 指针 p3 所
指向空间在指针 p4 所指向空间之前,即 p3 所指向空间的地址小于 p4 所指向空间的地
址, 则 p3<p4。

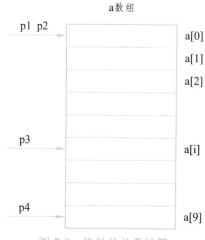

图 7-9   指针的关系运算

7.2.2   通过指针引用数组元素

数组元素的引用, 既可用下标法, 也可用指针法。例如:

```
int a[10],*p=a;
```

对于数组 a 的第 i+1 个元素 a[i],其引用方式有四种:a[i]、p[i]、*(a+i)、*(p+i)。
元素对应的地址表示方法也有四种:&a[i]、a+i、p+i、&p[i]。

注意 p 与 a 的差别:p 是指针变量, 存放地址值;数组名 a 是符号常量, 表示数
组在内存中的首地址。不能给 a 赋值, 语句 a=p;和 a++;都是错的。

【例 7.3】求数组元素的和。

问题分析:

可用四种方法访问数组元素。

(1)使用数组名和下标;

(2)使用数组名和指针运算;

(3)使用指针变量, 又有两种方法:方法 1 是通过移动指针变量访问指针变量所
指向的数组元素;方法 2 不需要移动指针变量, 通过指针变量与下标的算术运算(+ ,-)
访问数组元素;

(4)使用指针变量的下标表示法(指针不动)。

编程实现:

```
//求数组元素的和
#include <iostream>
```

```cpp
using namespace std;
int main()
{
    const int n=10;
    int a[n]={1,4,2,7,13,32,21,48,16,30};
    int sum1=0,sum2=0,sum3a=0,sum3b=0,sum4=0,i,*p;
    for(i=0;i<n;i++)      //方法 1
        sum1+=a[i];
    cout<<"使用数组名和下标方法求出数组的和为: "<<sum1<<endl;
    for(i=0;i<n;i++)      //方法 2
        sum2+=*(a+i);
    cout<<"使用数组名和指针运算方法求出数组的和为: "<<sum2<<endl;
    for(p=a;p-a<n;p++)    //方法 3-1
        sum3a+=*p;
    cout<<"使用指针变量，直接移动指针求出数组的和为: "<<sum3a<<endl;
    p=a; //方法 3-2，一定要先使指针指向数组的第一个元素，即指针"回溯"
    for(i=0;i<n;i++)
        sum3b+=*(p+i);
    cout<<"使用指针变量,指针不动,通过下标求出数组的和为:"<<sum3b<<endl;
    for(i=0;i<n;i++)
        sum4+=p[i];
    cout<<"使用指针的下标表示法(指针不动)求出数组的和为: "<<sum4<<endl;
    return 0;
}
```

运行结果如图 7-10 所示。

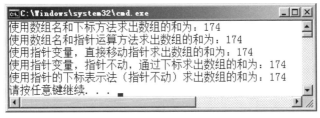

图 7-10　运行结果

课堂测试：
通过指针引用
数组元素

7.2.3　指向一维数组的指针变量的应用

【例 7.4】利用指针变量将键盘输入的若干个整数按相反的顺序存放并输出。

问题分析：

运用指向一维数组的指针变量，将键盘输入的若干个整数按相反的顺序存放并输出。

271

算法流程图如图 7-11 所示。

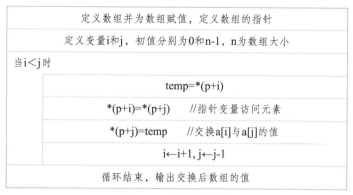

定义数组并为数组赋值，定义数组的指针		
定义变量i和j，初值分别为0和n-1，n为数组大小		
当i<j时		
	temp=*(p+i)	
	(p+i)=(p+j)	//指针变量访问元素
	*(p+j)=temp	//交换a[i]与a[j]的值
	i←i+1,j←j-1	
循环结束，输出交换后数组的值		

图 7-11　算法流程图

编程实现：

```cpp
//将键盘输入的若干个整数按相反的顺序存放并输出
#include <iostream>
#include <iomanip>
using namespace std;
int main( )
{
    int a[50],n,i,j,temp,*p;
    cout<<"请输入欲逆序输出的数据个数:";
    cin>>n;
    cout<<"请依次输入欲逆序输出的数据:"<<endl;
    for(p=a;p<a+n;p++)
        cin>>*p;
    //按相反的顺序存放数组中的数据
    p=a;
    for(i=0,j=n-1;i<j;i++,j--)//通过指针进行 a[i]、a[j]的交换
        {   temp=*(p+i);
            *(p+i)=*(p+j);
            *(p+j)=temp;
        }
    cout<<"逆序存放后的数据为:"<<endl;
    for(p=a;p<a+n;p++)
        cout<<setw(4)<<*p;
    cout<<endl;
    return 0;
}
```

运行结果如图 7-12 所示。

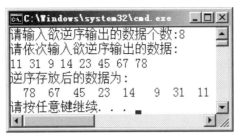

图 7-12　运行结果

【例 7.5】利用指针实现数组元素的循环右移，即从键盘输入右移的位数 *m*，将数组元素循环右移 *m* 位后输出。

问题分析：

将数组元素右移 1 位的处理过程为：首先保存数组最后（最右边）一个元素 a[n-1]，然后将元素 a[n-2] ~ a[0] 依次一个一个往后（右）移动，移动完成后，将保存的 a[n-1] 写入第 1 个元素 a[0] 的位置，这样就完成了循环右移 1 位的操作。如果是要循环右移 m 位，只需要重复上述右移操作 m 次即可，而且在循环右移时，右移 m 位的结果，跟右移 k=m%n 位的结果一样。

可使用指针变量操作一维数组。定义指向数组的指针变量 pa，则数组元素可表示为*(pa+i)。

算法流程图如图 7-13 所示。

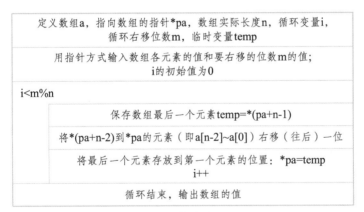

图 7-13　算法流程图

编程实现：

```cpp
#include <iomanip>
using namespace std;
int main()
{
    const int N=10;
    int a[N],n,m,i,temp,*pa;
    cout<<"请输入数组的实际长度: "<<endl;
    cin>>n;
```

273

```
cout<<"请输入"<<n<<"个数据:"<<endl;
for(pa=a;pa<a+n;pa++)
    cin>>*pa;
cout<<"请输入循环右移的位数:"<<endl;
cin>>m;
pa=a;
for(i=0;i<m%n;i++)
{
    temp=*(pa+n-1);
    for(pa=a+n-2;pa>=a;pa--)
        *(pa+1)=*pa;
    pa=a;
    *pa=temp;
}
cout<<"循环右移"<<m<<"位后的结果为: "<<endl;
for(pa=a;pa<a+n;pa++)
    cout<<*pa<<" ";
cout<<endl;
return 0;
}
```

运行结果如图 7-14 所示。

图 7-14　运行结果

延展学习：如何实现数组元素的循环左移。

【例 7.6】利用指针实现求两个整数集合的交集：用数组 a、b 表示两个集合，从键盘输入集合的元素个数和各个元素的值，交集保存在数组 c 中。

问题分析：

定义两个一维数组 a、b 分别存放两个整数集合的数据，交集存于数组 c 中。可使用指针变量对数组元素进行访问。算法描述如下：

（1）分别用两个整型数组 a 和 b 存放整数集合。定义整型数组 c 来存放 a 和 b 的交集，数组 c 的大小可取 a 和 b 中较小者；

274

（2）首先取出 a 中的第一个元素与 b 中第一个元素进行比较，会有以下两种情况：

① 若相等，说明该元素就是 a 和 b 中都有（相同）的元素，应该放入整型数组 c 中，数组 c 的长度加 1，操作数组 c 的指针变量指向下一个元素。此时 a 中的第一个元素就处理完毕，不需要再与 b 中的其他元素进行比较，可用 break 结束，进行第③步。

② 若不相等，再将 a 中第一个元素与 b 中第二个元素进行比较，若相等进行第①步的操作；若不相等，再与 b 中第三个元素进行比较，重复上述操作，直到与 b 中每一个元素都比较完毕。此时，a 中的第一个元素处理完毕。

③ 取出 a 中的下一个元素与 b 中第一个元素进行比较，重复第①、②步的操作直到 a 中的每一个元素都比较完毕，此时在 c 中存放的就是 a 和 b 的交集。

（3）输出 c 数组中的数据。

算法流程图如图 7-15 所示。

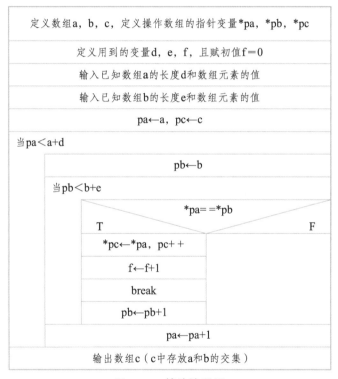

图 7-15　算法流程图

编程实现：

```
//求两集合的交集
#include <iostream>
#include <iomanip>
using namespace std;
int main( )
 {
    const int M=20,N=10;
```

275

```
    int a[M],b[N],c[N];
    int d,e,f=0,*pa,*pb,*pc;
    cout<<"输入数组 a 中元素的个数: ";
    cin>>d;
    cout<<"输入数组 a 的"<<d<<"个元素: ";
    for(pa=a;pa<a+d;pa++) cin>>*pa;
    cout<<"输入数组 b 中元素的个数: ";
    cin>>e;
    cout<<"输入数组 b 的"<<e<<"个元素: ";
    for(pb=b;pb<b+e;pb++) cin>>*pb;
    //求交集
    for(pa=a,pc=c;pa<a+d;pa++)
        for(pb=b;pb<b+e;pb++)
            if(*pa==*pb)
                { *pc=*pa;
                  pc++;
                  f++;
                  break;
                }
    cout<<"交集 c 中的元素为:";
    for (pc=c;pc<c+f;pc++) cout<<setw(3)<<*pc;
    cout<<endl;
    return 0;
}
```

运行结果如图 7-16 所示。

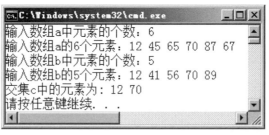

图 7-16　运行结果

延展学习：求集合的并集、差集。

7.2.4　字符串与指针

在 C++中可以用以下方法访问一个字符串：

276

1. 用字符数组处理字符串

例：定义一个字符数组并初始化，然后输出其中的字符串。

```
char  b[ ]="this is a string.";
cout<<b<<endl;    //输出 this is a string.
```

2. 用 string 类处理字符串

例：定义一个 string 类的实例对象存储字符串并初始化，然后输出其中的字符串。

```
string  s1="my string";
cout<<s1<<endl;  //输出 my string
```

3. 用字符型指针变量访问字符串或字符数组

字符串在内存中的起始地址称为字符串的指针。可以定义一个字符型指针变量指向一个字符串，也可以定义一个字符型数组存储字符串，然后定义指向字符数组的指针，通过指针变量访问字符数组中的元素，既可以逐个字符引用，也可以整体引用。

（1）整体引用：

例：

```
char *st="I love Beijing.";
char  s[7]="Hello!", *p=s;
cout<<st; //输出 I love Beijing.
cout<<s;    //输出 Hello!
```

执行语句 char *st="I love Beijing."后，会把字符串的首地址赋值给 st，而不是把字符串赋给 st。语句 cout<<st; 和 cout<<s; 通过指向字符串的指针变量 st 和数组名 s，整体引用指针所指向的字符串，即系统首先输出指针变量所指向的第一个字符，然后指针变量自动加 1，指向字符串的下一个字符，重复上述过程，直至遇到字符串结束标志'\0'。

（2）逐个字符引用：

例：

```
char *st="I love Beijing."; //可写为: char *st; st="I love Beijing.";
char  s[7]="Hello!" ;
char  *p=s;
for(; *st!='\0'; st++)  //输出 I love Beijing.
    cout<<*st;
for(; p-s<7;p++)
    cout<<*p;    //输出 Hello!
```

执行语句 char *st="I love Beijing."; 后，字符串"I love Beijing."的首地址将赋值给 st，通过 for 循环移动指针变量，st++实现对字符的逐个引用。

执行语句 char *p=s;后，将字符数组 s 的首地址赋值给指针变量 p，通过 for 循环移动指针变量，p++逐个输出数组 s 中的元素 s[0]、s[1]、s[2]…。

277

【例 7.7】运用指针的方法编程实现：删除字符串末尾的所有空格。

问题分析：

使用 string 型变量存放从键盘输入的字符串，使用指针变量操作该字符串变量。

用指针操作字符串，从字符串的最后一个字符开始，让指针依次指向其前面的字符，判断该字符是否是空格，直到遇到第 1 个非空格字符， 用指针变量记录该位置，然后输出字符串第 1 个字符到该位置之间的所有字符。

算法流程图如图 7-17 所示。

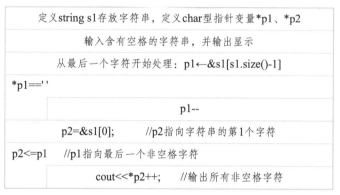

图 7-17　算法流程图

编程实现：

```
//删除字符串末尾的所有空格
#include <iostream>
#include <string>
using namespace std;
int main( )
{
    string s1=" ";
    char *p1,*p2;
    cout<<"输入需要删除末尾空格的字符串:";
    getline(cin,s1);
    cout<<"您输入的字符串为:";
    for(p1=&s1[0];p1<&s1[0]+s1.size();p1++)
        cout<<*p1;
    cout<<"#之前就是您输入的字符串末尾的空格。"<<endl;
    //删除末尾空格
    p1=&s1[s1.size()-1];    //指针变量 p1 指向字符串的最后一个字符
    while(*p1==' ')
        p1--;
    cout<<"删除末尾空格后的字符串为:";
    for(p2=&s1[0];p2<=p1;p2++)
```

278

```
        cout<<*p2;
    cout<<"#之前的空格已经没有了。"<<endl;
    return 0;
}
```

运行结果如图 7-18 所示。

```
C:\Windows\system32\cmd.exe
输入需要删除末尾空格的字符串:You are good!
您输入的字符串为:You are good!        #之前就是您输入的字符串末尾的空格。
删除末尾空格后的字符串为:You are good!#之前的空格已经没有了。
请按任意键继续. . .
```

图 7-18 运行结果

课堂测试:
字符串与指针

关键知识点:

输出无空格的字符串还可以用下面的代码实现:

```
cout<<"删除末尾空格后的字符串为:";
n=p1-&s1[0];
p1=&s1[0];
for(i=0;i<=n;i++)
    cout<<*(p1+i);
cout<<"#之前的空格已经没有了。"<<endl;
```

说明:

（1）p1 最后指向字符串末尾非空格元素，语句 n=p1-&s1[0];执行的结果为字符串中非空格字符的个数（指针变量的减法请参考前面章节"指针变量的算术运算"的内容）。

（2）p1=&s1[0];让指针变量 p1 指向字符串的开始位置。

（3）for(i=0;i<=n;i++)   cout<<*(p1+i); 利用循环，采用指针变量的算术运算(+ ,-)逐个访问字符并输出。

7.3   指针与二维数组

用指针变量可以指向一维数组中的元素，也可以指向二维数组中的元素。二维数组的指针无论在概念上，还是在使用上都比一维数组的指针更复杂。

7.3.1   二维数组元素的地址

C++语言允许把一个二维数组分解为多个一维数组来处理，可以认为二维数组是"数组的数组"。

例如定义二维数组：int a[3][4]={{1,3,5,7},{9,11,13,15},{17,19,21,23}};   二维数组 a 可看成是由 3 个元素：a[0]、a[1]、a[2] 构成的一维数组，而每个表示行的元素又是

一个包含 4 个元素（4 个列元素）的一维数组，即 a[0]所表示的一维数组包含 4 个元素：a[0][0]、a[0][1]、a[0][2]、a[0][3]，a[0]是这个一维数组的名字（地址）；a[1]所表示的一维数组包含 4 个元素：a[1][0]、a[1][1]、a[1][2]、a[1][3]，a[1]是这个一维数组的名字（地址）；a[2]所表示的一维数组包含 4 个元素：a[2][0]、a[2][1]、a[2][2]、a[2][3]，a[2]是这个一维数组的名字（地址）。二维数组的构成如图 7-19 所示。

设二维数组首行的首地址为 2000，则各数组元素的地址如图 7-20 所示。

二维数组的数组名 a 表示数组在内存中的首地址，也就是二维数组第 1 行的首地址，等于 2000。a+1 代表第 2 行的首地址，等于 2016，a+2 代表第 3 行的首地址，等于 2032，如图 7-20 所示。

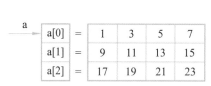

图 7-19　二维数组的构成　　　　　图 7-20　二维数组各行的首地址

a[0]、a[1]、a[2]是表示行的一维数组的数组名，等价于*a、*(a+1)、*(a+2)。数组名代表数组的首地址，故 a[0]表示第 1 行第 1 列元素 a[0][0]的地址，即&a[0][0]。所以，a、a[0]、*a、&a[0][0]这几种地址表示是相等的，均表示第 1 行的首地址。同理，a+1、a[1]、*(a+1)、&a[1][0]均表示第 2 行的首地址。a+2、a[2]、*(a+2)、&a[2][0]均表示第 3 行的首地址。

如图 7-21 所示，a[0]表示第 1 行第 1 列元素的首地址，a[0]+1 则是第 1 行第 2 列元素的首地址。由此可得出 a[i]+j 是第 i+1 行第 j+1 列元素的首地址，等价于&a[i][j]。由于 a[i]等价于*(a+i)，故*(a+i)+j 也可表示第 i+1 行第 j+1 列元素的首地址，所以，元素 a[i][j]还可以表示为*(*(a+i)+j)。此外，&a[i]和 a[i]表示相同的地址，即第 i+1 行的首地址。在二维数组中，不能把&a[i]理解为 a[i]的地址，因为，a[i]是代表行的一维数组的数组名，a[i]本身并不占用内存空间，它也不存放二维数组的各个元素值，它只是一个地址（如果一维数组名只代表地址则不占用内存空间），&a[i]是一种地址计算方法，表示二维数组 a 第 i+1 行第 1 个元素的首地址。由此得出：a[i]、&a[i]、*(a+i)和 a+i 也都是相等的，都表示相同的地址。二维数组的地址表示见表 7-3。

a[0]　　a[0]+1　a[0]+2　a[0]+3

2000 1	2004 3	2008 5	2012 7
2016 9	2020 11	2024 13	2028 15
2032 17	2036 19	2040 21	2044 23

图 7-21　二维数组各列的首地址

表 7-3   二维数组的地址

表示形式	含 义	地 址
a	二维数组名，指向一维数组 a[0]，即 1 行首地址	2000
a[0]，*(a+0)，*a	第 1 行第 1 列元素地址	2000
a+1，&a[1]	第 2 行首地址	2016
a[1]，*(a+1)	第 2 行第 1 列元素 a[1][0]的地址	2016
a[1]+2，*(a+1)+2，&a[1][2]	第 2 行第 3 列元素 a[1][2] 的地址	2024
(a[1]+2)，(*(a+1)+2)，a[1][2]	第 2 行第 3 列元素 a[1][2]的值	元素值为 13

【例 7.8】使用指针变量输出整型二维数组的所有元素，并求最大值及最大值所在的行数和列数。

问题分析：

定义一个二维数组 a 和指针变量 p，通过指针变量 p 访问数组元素。为了找到数组的最大元素，可设第 1 个元素为默认最大值，然后将其余元素依次和它比较，如果有更大的元素，则记录其行、列下标。最后输出数组元素、最大值及最大值所在行列数。

算法流程图如图 7-22 所示。

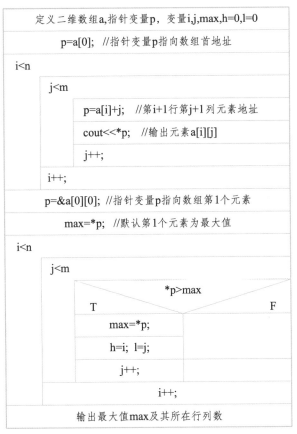

图 7-22   算法流程图

281

编程实现：

```cpp
//使用指针变量输出二维数组元素的值及其最大值所在的行数和列数
#include <iostream>
#include <iomanip>
using namespace std;
int main( )
{
    const int n=3,m=4;
    int a[n][m]={1,2,3,4,30,6,7,8,9,10,11,12};
    int i,j, *p;
    int max,h=0,l=0;
    cout<<"输出一个二维数组: "<<endl;
    p=a[0];
    for(i=0;i<n;i++)
    {
        for(j=0;j<m;j++)
        {
            p=a[i]+j;        //第i+1行第j+1列元素，即a[i][j]的地址
            cout<<setw(4)<<*p;
        }
        cout<<endl;
    }
    //找出最大值所在的行数和列数
    p=&a[0][0];
    max=*p;
    for(i=0;i<n;i++)
        for(j=0;j<m;j++)
        {
            if(*p>max)
                {max= *p;    h=i;    l=j;}
            p++;
        }
    cout<<"最大值为"<<max<<",所在的行数为"<<h+1<<",所在的列数为"<<l+1<<endl;
    return 0;
}
```

运行结果如图 7-23 所示。

282

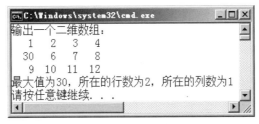

图 7-23   运行结果

关键知识点:

a[0]是二维数组 a 的第 1 行第 1 列元素地址，等价于&a[0][0]，即二维数组的首地址。a[i]+j 表示第 i+1 行第 j+1 列元素的地址，*(a[i]+j)表示元素 a[i][j]的值。

7.3.2　指向二维数组的指针

指向二维数组的指针变量说明的一般格式:

类型说明符   (*指针变量名)[长度];

例:

```
int a[3][4];
int (*p)[4] = a;
```

上述语句定义了一个指向二维数组 a 的指针变量 p，括号中的*表明 p 是一个指针变量。int [4]表示该指针变量 p 指向一个包含 4 个元素的整型一维数组。

p 指向 a[0]，p+1 指向 a[1][0]，p 的增值以一维数组的长度为单位，即二维数组每行元素所占据的空间长度，如图 7-24 所示。

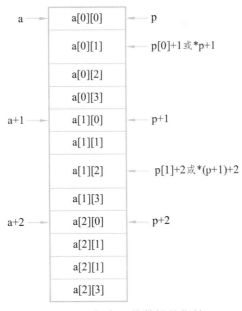

图 7-24   指向二维数组的指针

特别强调：[ ]的运算优先级高于*，( )不能省略。如果写成 int *p[4]，等价于 int *(p[4])，p 就成了一个指针数组，而不是二维数组指针。

【例 7.9】利用指向二维数组的指针变量求方阵主对角线上所有元素之和，并输出方阵元素及主对角线元素之和。

问题分析：

定义指向二维数组的指针变量 p，利用 p 访问二维数组的所有元素，如图 7-24 所示。

编程实现：

```
//求出方阵主对角线的和，并输出这个方阵以及主对角线的和
#include <iostream>
#include <iomanip>
using namespace std;
int main()
{
    const  int n=3;
    int a[n][n]={1,2,3,4,5,6,7,8,9},sum=0,i,j;
    int (*p)[n];
    cout<<"输出一个方阵: "<<endl;
    for(p=a;p<a+n;p++)
    {
        for(j=0;j<n;j++)
            cout<<setw(4)<<*(*p+j); //依次输出该列的数组元素
        cout<<endl;
    }
    //求方阵主对角线的和
    for(i=0;i<n;i++)
    {
        p=a+i;          //指针指向方阵的第 i+1 行
        for(j=0;j<n;j++)
            if(i==j)   //主对角线上的元素行下标等于列下标
                sum=sum+*(*p+j); /*（*p+j）表示指向方阵第 i+1 行第
                j+1 列的指针*(*p+j)表示第 i+1 行第 j+1 列元素 a[i][j]
                的值*/
    }
    cout<<"方阵的主对角线之和为:"<<sum<<endl;
    return 0;
}
```

运行结果如图 7-25 所示。

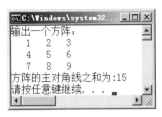

図 7-25 运行结果

课堂测试：
指向二维数组
的指针

7.4 动态存储分配

7.4.1 存储分配方式

计算机中程序分配内存有两种方式：静态存储分配和动态存储分配。

1. 静态存储分配

静态存储分配是根据程序中的定义语句给变量或数组等分配所需的存储空间。存储空间一经分配，在程序执行期间将保持不变，直至程序结束才会被释放。例如，程序中定义的各种全局变量和数组，其内存分配方式都属于静态内存分配。

静态存储分配存在空间浪费的问题。例如，定义整型一维数组：int a[20];，C++系统会在编译时为数组分配 20 个存储空间（每个存储空间大小为 4 字节）。如果数组实际使用的空间小于预先分配的空间，就会造成存储空间的浪费。

2. 动态存储分配

动态存储分配是在程序执行过程中，根据需要分配内存空间，并可以随时将这些空间释放。

动态存储分配典型的例子是给函数的形参分配空间。函数定义时不会给形参分配存储空间，函数调用时才会给形参分配存储空间，函数调用完毕立即释放空间。如果一个函数被多次调用，则会反复地分配、释放形参的存储空间。

动态存储分配的最大优点就是可以根据实际情况灵活分配和释放存储空间，极大地提高了内存的利用率。

7.4.2 动态存储分配的实现方法

C/C++语言可以通过直接内存管理来实现动态存储分配。C/C++可以利用操作系统提供的堆内存来为程序动态分配内存。

1. 堆内存

堆（Heap）是区别于栈区、全局数据和代码区的另一种内存区域，允许用户程序在运行过程中动态申请与释放。

管理堆内存的函数有 malloc、calloc、free、memcpy、memmove、memset 等。直接操纵堆内存的操作符有 new 和 delete，这是 C++语言所独有的。new 和 delete 是运算符，

285

不是函数，执行效率更高。在 C++ 程序设计中，常用 new 和 delete 来分配和释放内存。

2. 申请堆内存

通过调用 calloc 函数、malloc 函数或通过 new 运算符，可以为程序中的数据对象申请堆内存。New 运算符用于分配堆内存，功能类似于 malloc 函数和 calloc 函数。new 运算符使用的一般格式：

```
new <操作数>;
```

用法如下：

```
new int;
```

开辟一个存放整数的存储空间，返回一个指向该存储空间的指针。

```
new int(100);
```

开辟一个存放整数的空间，并指定该整数的初值为 100，返回一个指向该存储空间的指针。

```
new int [10];
```

开辟一个存放整型一维数组（包括 10 个元素）的空间，等同于建立一个有 10 个元素的动态整型数组，但是用 new 分配数组空间时不能指定元素的初值，new 运算符返回分配的这块内存空间的首地址。

```
new int[5][4];
```

开辟一个存放整型二维数组（5 行 4 列）的空间，返回分配的这块内存空间的首地址。

```
int *p=new int(3);
```

开辟一个存放整数的空间，并指定该整数的初值为 3，返回该块内存空间的首地址，并将其赋给指针变量 p。

当内存不足等原因而无法正常分配空间时，new 会返回 NULL，用户可以根据该返回值判断空间分配是否成功。

3. 释放堆内存

动态分配得到的内存空间，在函数调用结束后并不会自动释放。通过调用 calloc 函数、malloc 函数申请的空间，可调用 free 函数释放空间；用 new 操作申请空间，用 delete 操作释放空间。

delete 运算符使用的一般格式：

```
delete 指针变量；或 delete[ ] 指针变量；
```

C++ 程序中，常用 new 和 delete 来分配和释放内存，具体用法见表 7-4。

表 7-4 new 和 delete 分配和释放内存

运算符	功能	变量的内存分配与释放	数组内存的分配与释放
new	分配内存	int *p=new int;	double *p=new double[n];
delete	释放内存	delete p;	delete []p;

【例 7.10】采用动态存储分配，为一维数组分配内存空间，给数组元素赋值并输出。

问题分析：

使用 new 运算符为数组分配空间，用 delete 操作符释放内存空间。

编程实现：

```cpp
//动态存储分配
#include <iostream>
using namespace std;
int main()
{
    int  arraySize;
    int *array,count;
    cout << "请输入元素个数: ";
    cin >> arraySize;
    if ((array=new int[arraySize])==NULL)     //申请空间
        cout << "申请不到内存空间"<<endl;
    else
    {
        for (count=0;count<arraySize;count++)
            array[count] = count*2;
        cout<<"该数组为: "<<endl;
        for (count=0;count<arraySize;count++)
            cout << array[count] << " ";
        cout << endl;
        delete[]array;                        //释放空间
    }
    return 0;
}
```

运行结果如图 7-26 所示。

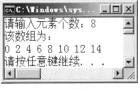

图 7-26　运行结果

关键知识点：

（1）了解动态存储分配和堆内存的概念，掌握 new 和 delete 运算符的用法。

（2）当 new 分配内存空间后，内存空间的地址需要用指针变量记录，这样 delete 才能释放所分配的内存空间；如果程序执行过程中，array 的值出现改动，将无法执行 delete 操作。

延展学习：其他堆内存操作函数，如内存拷贝 memcpy 函数、内存填充函数 memset 和内存比较函数 memcmp。

7.5 用指针处理链表

链表是一种常见的重要的数据结构,它是动态分配内存的一种数据结构。用数组存放数据时,必须先定义数组的大小(元素个数),比如有的系学生有 100 人,有的系学生有 30 人,在定义存放系的学生数据时,则必须定义长度为 100 的数组,如果处理人数为 30,会浪费 70 个用于存放学生信息的存储空间。链表则没有空间浪费的缺点,它会根据需要开辟内存空间,是一种物理存储单元上非连续、非顺序的存储结构,数据元素的逻辑顺序通过链表结点中指针的链接顺序(赋值关系)来实现。

7.5.1 链表的基本概念

链表中每一个数据元素称为结点,链表由一系列结点通过指针链接组成,结点在程序运行时动态生成。每个结点包括两个部分:一个是存储数据元素的数据域(data),一个是存储下一个结点地址的指针域(next),如图 7-27 所示。

data	next

1. 链表结点的定义

图 7-27 链表的结点结构

链表结点的定义格式如下:

```
typedef struct Node      //typedef struct 为关键字;
                         //Node 为结点数据结构的名称
{
    int data;        //定义 int 型数据域(只有 1 个整数 data )
    struct Node *next;   /*定义指针域*next,指针域的类型是结点 Node
                         数据结构类型*/
}Node;                   //定义数据结构的名字为 Node
```

链表结点为一个结构体(struct),名字为 Node,其数据域为整型数据 data,指针域为 next。结点 Node 定义好以后,可作为用户定义的数据类型来使用。

2. 链表结点的使用方法

结点的使用一般分为以下三个步骤:

(1)定义结点指针变量:

```
Node  *p, *q; //定义了名字为 p, q 的结点指针变量
```

(2)为结点指针分配内存空间:

```
p=new Node; q=new Node;      //为结点指针 p 和 q 分配存储空间
```

(3)为结点的数据域或指针域赋值:

```
p->data=14; p->next=NULL;    /*表示 p 结点的数据域 data 为整数 14,
                             指针域为空指针*/
```

3. 把多个结点连接起来(即通过对每个结点的指针域赋值)构成链表

把多个结点按照一定的先后次序连接起来组成一个单链表。单链表可分为带头结点和不带头结点的单链表,如图 7-28 所示。本章的算法都是基于带头结点的单链表,

即链表的第一个结点称为头结点（一般用 Head 指针指向该结点），其数据域不需要赋值。链表的最后一个结点称为尾结点，其指针域为空（NULL）。

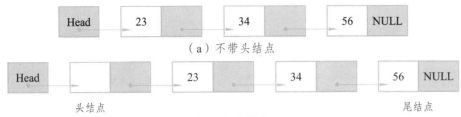

（a）不带头结点

（b）带头结点

图 7-28　单链表的结构

创建如图 7-28（b）所示的单链表，步骤如下：

（1）定义结点：

```
Node *Head, *p1,*p2,*p3; //定义 4 个结点
```

（2）为每一个结点分配内存空间和数据域赋值（头结点除外）：

```
Head=new Node; //为头结点分配内存
//为第一个数据结点分配内存，然后为数据域赋值 23
p1=new Node;
p1->data=23;
//为第二个数据结点分配内存，然后为数据域赋值 34
p2=new Node;
p2->data=34;
//为第三个数据结点分配内存，然后为数据域赋值 56
p3=new Node;
p3->data=56;
```

（3）实现 4 个结点的依次连接，即为结点的指针域赋值，并对尾结点赋值为 NULL：

```
Head->next=p1;//头结点 Head 连接第一个数据结点 p1
p1->next=p2;//第一个数据结点 p1 连接第二个数据结点 p2
p2->next=p3;//第二个数据结点 p2 连接第三个数据结点 p3
p3->next=NULL;//P3 为尾结点，指针域一定要赋值为 NULL
```

课堂测试：
链表的基本
概念

注意：

① 链表一旦创建好，其头结点的指针不能改变，否则整个链表将无法访问。

② 尾结点的指针域一定要赋值 NULL，否则整个链表没有尾结点。

③ Head->next=p1，表示 Head 结点的指针域指向 p1 结点，即 p1 是 Head 的后续结点，Head 是 p1 的前驱结点。链表中的结点有先后次序，头结点没有前驱结点，尾结点没有后继结点。

④ 链表创建好后，Head 指针指向头结点，Head->next 代表头结点的指针域，指向第一个数据结点，即图 7-28（b）中数据域为 23 的结点；Head->next->next 代表第一个数据结点的指针域，指向第二个数据结点，即数据域为 34 的结点；以此类推，最后一个结点的指针域为 NULL，代表链表结束。

7.5.2 链表的基本算法

1. 创建链表

创建链表就是从无到有地建立起一个链表，即一个一个地分配结点内存空间，输入结点数据，并通过结点指针域的赋值来连接所有的结点。

【例 7.11】创建一带有头结点的链表，如图 7-29 所示，要求从键盘输入一系列整数，每个整数构成一个结点依次插入到链表中，当输入-1 时，表示链表的数据输入结束。

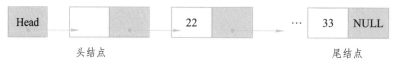

图 7-29 带头结点的单链表

问题分析：

链表结点的数据结构：

```
typedef struct Node
{
    int data;
    Node *next;
}Node;
```

定义三个结点数据结构类型的指针变量*Head、*normal、*tail。先为 Head 指针分配头结点的内存空间，作为链表的头结点，Head 指针保持不变；tail 指针指向创建中的链表的最后一个结点（初始值为：tail=Head）；normal 为需要添加到 tail 后面的新结点指针，每个新结点指针一定要分配内存并赋值。

算法流程图如图 7-30 所示。

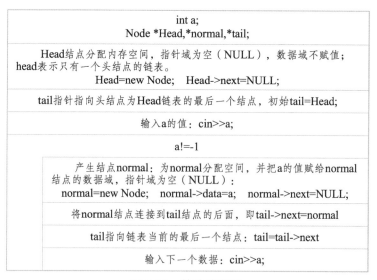

图 7-30 算法流程图

290

编程实现：

```cpp
#include <iostream>
#include <iomanip>
using namespace std;
//定义链表结点 Node 的数据结构
typedef struct Node
{
    int data;
    Node *next;
}Node;
int main()
{
    //创建一新的链表；
    int a;
    Node *Head;
    Node *normal,*tail;
    Head=new Node;
    Head->next=NULL;
    tail=Head;
    cout<<"请依次输入链表各结点的值（输入-1结束）: ";
    cin>>a;
    while(a!=-1)
    {
        normal=new Node;
        normal->data=a;
        normal->next=NULL;
        tail->next=normal;

        tail=tail->next;
        cin>>a;
    }
    return 0;
}
```

运行结果：

该程序运行后产生了一个头结点指针为 Head 的单链表，没有输出结果。

2. 遍历链表的每一个结点

当链表创建好以后，链表就有一个指向头结点的指针（如例 7.11 的 Head 指针）和尾结点（指针域为 NULL），可以利用一个结点指针变量 p（p 的初值赋值为第一个

291

数据结点：p=Head->next）和语句（p=p->next）从头结点移动到尾结点来遍历链表中的所有结点。

【例 7.12】遍历例 7.11 产生的头结点为 Head 单链表的所有数据结点，并输出它们数据域的值。

问题分析：

定义一结点数据类型的指针变量 *p，让 p 指向链表的第一个数据结点即（p=Head->next），当 p 不为 NULL 时，输出 p 指向的结点的数据域值，p 再指向下一个数据结点（p=p->next），直到 p 为 NULL 为止。

算法流程图如图 7-31 所示。

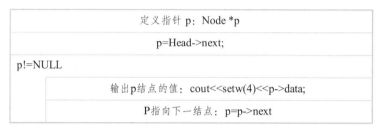

定义指针 p：Node *p
p=Head->next;
p!=NULL
输出p结点的值：cout<<setw(4)<<p->data;
P指向下一结点：p=p->next

图 7-31　算法流程图

编程实现：

```cpp
#include <iostream>
#include <iomanip>
using namespace std;
//定义链表结点 Node 的数据结构
typedef struct Node
{
    int data;
    Node *next;
}Node;
int main()
{
    //创建一个新的链表;
    int a;
    Node *Head;
    Node *normal,*tail;
    Head=new Node;
    Head->next=NULL;
    tail=Head;
    cout<<"请依次输入链表各结点的值（输入-1 结束）: ";
    cin>>a;
    while(a!=-1)
```

```
{
    normal=new Node;
    normal->data=a;
    normal->next=NULL;
    tail->next=normal;
    tail=tail->next;
    cin>>a;
}
//输出链表中每一个结点元素值
Node *p;
p=Head->next;//p指向第一个数据结点, 即 Head 后的一个结点
//遍历每个结点
cout<<"链表各结点的数据值依次为: ";
while(p!=NULL)
{
    cout<<setw(4)<<p->data; //输出结点的值
    p=p->next;                    //p指向下一个结点
}
cout<<endl;
return 0;
}
```

运行结果如图 7-32 所示。

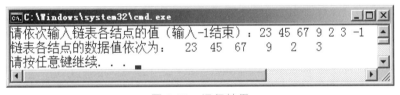

图 7-32   运行结果

3. 链表中插入新的结点

如图 7-33 所示, 新结点为 s, 需要将其插入头结点为 Head 的链表中, 插入位置在结点 p 的后面。

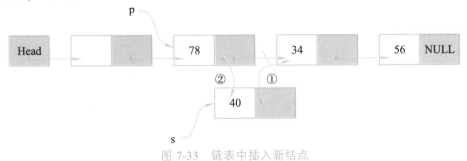

图 7-33   链表中插入新结点

293

插入的具体步骤为：

（1）产生新的结点 s，并为 s 的数据域赋值为 40；

（2）将 s 的指针域指向 p 的后续结点，即①s->next=p->next；

（3）将 p 的指针域指向 s，即②p->next=s。

【例 7.13】参照例 7.11 的算法创建一单链表，从键盘输入 X 的值，并用该值创建一新结点，将新结点插入到值最大结点的后面，最后输出链表所有结点的值。

问题分析：

（1）创建一头结点为 Head 的链表。

（2）通过遍历算法找到值最大的结点。

（3）在最大值后面插入新结点。

算法流程图如图 7-34 所示。

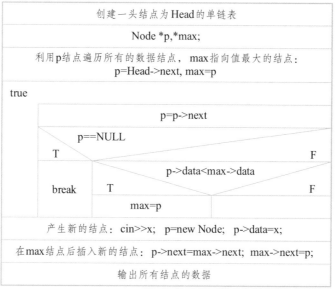

图 7-34　算法流程图

编程实现：

```
#include <iostream>
#include <iomanip>
using namespace std;
//定义链表结点 Node 的数据结构
typedef struct Node
{
    int data;
    Node *next;
}Node;
int main()
{
```

```
//创建一新的链表；
int a;
Node *Head;
Node *normal,*tail;
Head=new Node;
Head->next=NULL;
tail=Head;
cout<<"依次输入链表各结点的值（以-1结束输入）: ";
cin>>a;
while(a!=-1)
{
    normal=new Node;
    normal->data=a;
    normal->next=NULL;
    tail->next=normal;
    tail=tail->next;
    cin>>a;
}
//找最大值的结点max
Node *p,*max;
p=Head->next;
max=p;
while(true)
{
    p=p->next;
    if(p==NULL) break;
    else
        if(p->data>max->data)
            max=p;
}
//插入一新的结点
int x;
cout<<"请输入新插入的结点的值:";
cin>>x;
p=new Node;
p->data=x;
p->next=max->next;
max->next=p;
//依次输出插入后链表的值
```

```
p=Head->next; //p指向第一个数据结点，即 Head 后的一个结点
//遍历每个结点
cout<<"插入新结点后链表各结点的值依次为: ";
while(p!=NULL)
{
    cout<<setw(4)<<p->data;
    p=p->next;
}
cout<<endl;
return 0;
}
```

运行结果如图 7-35 所示。

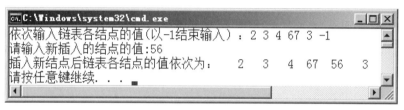

图 7-35 运行结果

关键知识点：

（1）链表中要插入新的结点时，一定要知道插入结点的前驱结点的指针，本例在最大结点之后插入新结点，故一定要找到最大结点。

（2）插入新的结点时，一定要为新的结点分配存储空间，并对数据域赋值。

（3）插入新的结点时，一定要注意指针赋值的先后次序，若本例中在 max 后插入 p 结点，写成：max->next=p;p->next=max->next，错误在哪里？

4. 删除链表中的某个结点

如图 7-36 所示，如果要删除链表中某个特点的结点，例如要删除图中数据域值为 34 的结点，必须知道该结点的前驱结点（即数据域值为 23 的结点）的指针 p。

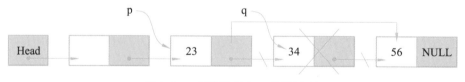

图 7-36 删除链表中一指定结点

具体删除方法为：

（1）定义一个指针变量指向需要被删除的结点：Node *q=p->next;

（2）将 p 的指针域指向 p 的下一个结点的下一结点，即 p->next=p->next->next;

（3）释放被删除结点的内存空间，即 delete q。

【例7.14】参照例7.11的算法创建一单链表，删除数据域值最大的结点，并依次

296

输出删除后的结点的数据域值。

问题分析：

（1）创建一头结点为 Head 的链表。

（2）通过遍历算法找到值最大的结点及其前驱结点（最大值前的结点）。

（3）删除最大值结点并释放空间。

该算法的关键是找到最大值的结点及其前驱结点，为了简洁算法，定义了 4 个结点指针来实现：*p、*max、*pre_max、*pre_p，其中 pre_p 代表 p 的前驱结点（前面一个结点），pre_max 代表 max 结点的前驱结点。因此在找最大值 max 时，移动 p 和 max 指针的时候，它们的前驱结点也要跟着移动。当找到 max 结点后，直接删除 max 结点即可：①修改指针 pre_max->next=pre_max->next->next（或者 pre_max->next=max->next）；②释放空间 delete max。

编程实现：

```cpp
#include <iostream>
#include <iomanip>
using namespace std;
//定义链表结点 Node 的数据结构
typedef struct Node
{
    int data;
    Node *next;
}Node;
int main()
{
    //创建一新的链表
    int a;
    Node *Head;
    Node *normal,*tail;
    Head=new Node;
    Head->next=NULL;
    tail=Head;
    cout<<"依次输入链表各结点的值（以-1结束输入）: ";
    cin>>a;
    while(a!=-1)
    {
        normal=new Node;
        normal->data=a;
        normal->next=NULL;
        tail->next=normal;
        tail=tail->next;
        cin>>a;
```

```
    }
    //找最大值的结点 max 和其前驱结点 pre_max
    Node *p,*max,*pre_max,*pre_p;
    p=Head->next;
    pre_p=Head;
    pre_max=Head;
    max=p;
    while(true)
    {   pre_p=pre_p->next;
        p=p->next;
        if(p==NULL) break;
        else
            if(p->data>max->data)
                { max=p; pre_max=pre_p;}
    }
    //删除最大值结点即 max 结点
    pre_max->next=pre_max->next->next;
    cout<<"结点的最大值为:"<<max->data<<endl;
    delete p;             //释放删除结点 max 的内存空间
    p=Head->next;        //p 指向第一个数据结点，即 Head 后的一个结点
cout<<"删除最大值结点后链表各结点的值依次为: ";
while(p!=NULL)          //遍历每个结点
    {
        cout<<setw(4)<<p->data; //输出结点的值
        p=p->next;                    //p 指向下一个结点
    }
    cout<<endl;
return 0;
}
```

运行结果如图 7-37 所示。

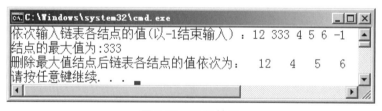

图 7-37 运行结果

本节介绍了链表的概念、链表结点的定义方法、带头结点的单链表的创建、遍历、插入、删除等基本算法。有兴趣的读者，可以自学循环链表、双向链表等的使用方法。

本节所涉及链表结点的数据结构相对简单，数据域只有一个整数，读者可以自行思考：如何设计数据域较为复杂的单链表，如设计一个学生的基本数据（包含学号、姓名、英语成绩、数学成绩、总成绩）为数据结构的结点，结点的数据结构该如何定义，如何用单链表实现学生的信息管理；在本节的示例中，创建链表的算法代码在每一个例子中都重复出现，该如何写一函数来实现链表的创建；链表中结点的遍历、查找某结点的前驱结点、插入新结点、删除结点等算法该如何用函数来实现。

　　链表和数组都是用户定义的数据结构，都可以用于存放一组有序的线性数据。它们的区别见表 7-5。

表 7-5　链表与数组的区别

对比内容	数　组	链　表
逻辑结构	连续的（通过数组名和下标来表示，如 A[i]代表数组 A 的第 i 个元素）	不连续的，通过每个结点的指针域来找到其后继结点，如 p->next 代表 p 结点的下一个结点（后继结点）指针
物理结构	连续的，如 int A[10], A+i 代表第 i 个元素存放的地址	不连续，每个结点的地址通过前一个结点的指针域来定位
内存分配	静态内存分配	动态内存分配
优缺点	实现简单，内存使用效率低	实现复杂，内存使用效率高

7.6　常见错误小结

常见错误小结请扫二维码查看。

第 7 章常见错误小结

习题与答案解析

第 7 章在线测试

一、单项选择题

1.　变量的指针，其含义是指该变量的（　　　）。
　　A. 值　　　　　　　　B. 地址　　　　　　　　C. 名称　　　　　　　　D. 标志

2.　若有定义：int a=100, *p=&a; 则说法错误的为（　　　）。
　　A. 声明变量 p，其中*表示 p 是一个指针变量
　　B. 变量 p 经初始化，获得变量 a 的地址
　　C. 变量 p 只可以指向一个整型变量
　　D. 变量 p 的值为 100

3.　有如下程序段：
　　int *p, a=10, b=1;
　　p=&a;
　　a=*p+b;
执行后，a 的值是（　　　）。

A. 12   B. 11   C. 10   D. 编译出错

4. 如果 x 是整型变量，则合法的形式是（   ）。

A. &(x+5)   B. *x   C. &*x   D. *&x

5. 若有如下程序段：

int a, *p=&a;

*p=a;

则说法正确的为（   ）。

A. 两条语句中的 *p 含义完全相同

B. 定义语句中*p=&a; 的作用是将 a 的地址赋值给 p 所指向的变量

C. 定义语句中*p=&a; 的作用是定义指针变量 p 并对其初始化

D. 语句*p=a; 是将 a 的值赋给变量 p

6. 若有定义：int a[10]={0,1,2,3,4,5,6,7,8,9}, *p=a, i; 则（   ）不是对 a 数组元素的正确引用（其中 0≤i≤9）。

A. a[p-a]   B. *(&a[i])   C. p[i]   D. a[10]

7. 已有定义 int k=2, *ptr1,*ptr2; 且 ptr1 和 ptr2 均已指向变量 k，下面不能正确执行的赋值语句是（   ）。

A. k=*ptr1+*ptr2   B. ptr2=k

C. ptr1=ptr2   D. k=*ptr1*(*ptr2)

8. 已有定义 int *p1, *p2, m=5, n; 以下都正确的一组赋值语句是（   ）。

A. p1=&m; p2=&p1;   B. p1=&m; p2=&n; *p1=*p2;

C. p1=&m; p2=p1;   D. p1=&m; *p1=*p2;

9. 已有定义 int *p, a=4; 和 p=&a; 以下都代表地址的一组选项是（   ）。

A. a, p, *&a   B. &*a, &a, *p   C. &p, *p, &a;   D. &a, &*p, p

10. 若有定义：int a[8];则以下表达式中不能代表数组元素 a[1]的地址的是(   )。

A. &a[0]+1   B. &a[1]   C. &(a[0]+1)   D. a+1

11. 若已定义 char s[10]; 则在下面表达式中不表示 s[1]的地址是（   ）。

A. s+1   B. s++   C. &s[0]+1   D. &s[1]

12. 若有定义：int a[5], *p=a; 则对 a 数组元素的正确引用是（   ）。

A. *&a[5]   B. a+2   C. *(p+5)   D. *(a+2)

13. 若有定义：int a[5], *p=a; 则对 a 数组元素地址的正确引用是（   ）。

A. p+5   B. *a+1   C. &a+1   D. &a[0]

14. 设有程序段：char str[ ]="hello", *p=str; 则*(p+4)的值是（   ）。

A. 字母 o   B. 字母 l

C. 随机值   D. 字母 o 在内存的地址

15. 若有定义：int x[10]={0,1,2,3,4,5,6,7,8,9}, *p1; 则数值不为 3 的表达式是（   ）。

A. x[3]   B. p1=x+3, *p1;

C. p1=x+2, *(p1++)   D. p1=x+2, *(++p1)

16. 已知：int a[5] ={0}, *p=a; 则与++*p 相同的是（   ）。

A. *++p   B. a[0]   C. *p++   D. ++a[0]

17. 下列关于指针概念的描述中，错误的为（　　　）。

A. 指针中存放的是某变量或对象的地址值

B. 指针的类型是它所存放的数值的类型

C. 指针是变量，它也具有一个内存地址值

D. 指针的值是可以改变的

18. 已知：int a[10]={10,9,8,7,6,5,4,3,2,1}, *p=a; 则数值为 2 的表达式是（　　　）。

A. p+8　　　　　B. a[9]　　　　　C. *(a+8)　　　　　D. *p[8]

19. 已知：int a[5], *p=a; 则下列描述错误的是（　　　）。

A. 表达式 a+2 是合法的　　　　　B. 表达式 a=a+1 是合法的

C. 表达式 p=p+1 是合法的　　　　　D. 表达式 p-a 是合法的

20. 若有定义：int t[3][2]; 能正确表示 t 数组元素地址的表达式是（　　　）。

A. &t[3][2]　　　　　B. t[3]　　　　　C. t[1]　　　　　D. *t[2]

21. 若有定义：int a[2][3]; 则对 a 数组的第 i 行第 j 列元素值的正确引用是（　　　）。

A. *(*(a+i)+j)　　　B. (a+i)[j]　　　C. *(a+i+j)　　　D. *(a+i)+j

22. 若有定义：int a[2][3]; 则对 a 数组的第 i 行第 j 列元素地址的正确引用是（　　　）。

A. *(a[i]+j)　　　　B. (a+i)　　　　C. *(a+j)　　　　D. a[i]+j

23. 设有：int a[3][3]={9,8,7,6,5,4,3,2,1}; 则*(*(a+1)+1)的值是（　　　）。

A. 9　　　　　B. 6　　　　　C. 随机值　　　　　D. 5

24. 若有程序段：int a[2][3], (*p)[3]; p=a;则对 a 数组元素的正确引用是（　　　）。

A. *(p+2)　　　　B. p[2]　　　　C. *(p[1]+1)　　　　D. *(p+1)+2

25. 设有程序段：int *p; p=new int(4); 则以下说法正确的是（　　　）。

A. 开辟一个存放整数的空间，并指定该空间的大小为 4 字节，返回该空间的地址，并将其赋值给指针变量 p

B. 开辟一个存放整数的空间，并指定该空间的地址为 4，将其赋值给指针变量 p

C. 开辟一个存放整数的空间，并指定该整数的初值为 4，返回该空间的地址，并将其赋值给指针变量 p

D. 指针变量 p 指向一个一维整型数组，该整型数组包含 4 个数组元素

26. 已知 Pre 为指向链表中某结点的指针（link 为链表结点的指针域），pNew 是指向新结点的指针，以下（　　　）段语句是将一个新结点插入链表中 Pre 所指向结点的后面。

A. Pre->link = pNew; pNew = null;

B. Pre->link = pNew->link; pNew->link = null;

C. pNew->link = Pre->link; Pre->link = pNew;

D. pNew->link = Pre->link; Pre->link = null;

27. 关于链表，以下说法错误的是（　　　）。

A. 链表是一种动态数据结构

B. new 运算是链表专用的运算符，不能用在其他地方

C. 在链表中插入一个节点不需要改变其他节点的物理位置

D. 链表中的节点可以删除

28. 设单链表中指针 p（next 为链表结点的指针域）指向结点 A，若要删除 A 之

后的那个结点，则修改指针的操作是（　　　　）。

    A. p->next=p->next->next   B. p=p->next

    C. p=p->next->next   D. p->next=p

29. 删除链表的结点时，需要把删除的结点内存空间释放出来，下面（　　　　）可以用于 C++ 释放内存空间。

    A. new   B. delete   C. malloc   D. release

30. 在带有头结点（其包含 n 个数据结点）的单链表中，查找某一数据域值为 X 的结点，若没有找到，则需要比较的次数是（　　　　）。

    A. n   B. n-1   C. n-2   D. n+1

二、判断题

1. 数组名代表了数组的首地址，即第 1 个元素的地址。 （　　　　）

2. 动态内存分配方式提高了内存空间的利用率，避免浪费。 （　　　　）

3. 指针是变量，它具有的值是某个变量或对象的地址值，它还具有一个地址值，这两个地址值是相等的。 （　　　　）

4. 定义指针时不可以赋初值。 （　　　　）

5. 指向数组元素的指针只可指向数组的首元素。

6. 从内存单元中存取数据的方法有直接访问方式和间接访问方式。 （　　　　）

7. 在操作一个一维数组时，可能会用到两个指针变量指向该数组，这两个指针变量之间可以进行关系运算，其关系运算的结果表明了这两个指针变量所指向的数组元素的先后关系。 （　　　　）

8. 对于指向同一数组的两个指针变量之间，可以进行加法运算、减法运算和赋值运算。 （　　　　）

9. 声明了指向 double 类型的指针，该指针可以被赋予任何类型变量的地址。

（　　　　）

10. 有二维数组 a，则 a[0]、&a[0][0]、*a 都表示 0 行 0 列元素地址。 （　　　　）

11. 链表是一种顺序存储结构，并采用动态的内存分配。 （　　　　）

12. 链表结点的数据结构包含指针域和数据域，其中数据域可以包含多个数据。

（　　　　）

13. 单链表中指针域为 NULL 的结点表示链表的尾结点。 （　　　　）

14. 数组和链表在实现数据的插入和删除时都需要移动数据的物理存储位置（即内存的存放位置）。 （　　　　）

三、阅读程序，写出运行结果

1.

```
#include <iostream>
using namespace std;
int main(    )
{
```

```cpp
    char a[10]="abcdefghi";
    char *p1,*p2;
    p1=a;
    p1+=2;
    p2=a+4;
    if(p1<p2)
      cout<<"p1所指向的数组元素在p2所指向的数组元素前面！"<<endl;
    else
      cout<<"p1所指向的数组元素在p2所指向的数组元素后面！"<<endl;
    p1++;
    p2--;
    if(p1==p2)
      cout<<"p1和p2同时指向数组中的同一个元素且元素值为："<<*p1<<endl;
    else
      cout<<"p1和p2没有指向数组中的同一个元素！"<<endl;
    return 0;
}
```

2.

```cpp
#include <iostream>
using namespace std;
int main (    )
{
    int a[4]={1,2,3,4},b,c,d;
    int *p=a;
    b=*p++;
    c=*++p;
    d=++*p;
    cout<<b<<endl;
    cout<<*p<<endl;
    cout<<c<<endl;
    cout<<d<<endl;
    return 0;
}
```

四、程序填空题

1. 程序功能：使用指针，查找数组中最大元素的值及其下标。输入/输出格式参见运行结果。

```cpp
#include <iostream>
using namespace std;
```

```
int main( )
{
    int a[10],*p,*s,i;
    cout<<"请输入 10 个数: ";
    for(i=0;i<10;i++)
        cin>>a[i];
    for(p=a,s=a;      ①      <10 ;p++)
        if(*p>*s)  s=      ②      ;
    cout<<"最大值为"<<*s<<endl;
    cout<<"最大值的下标为"<<      ③      <<endl;
    return 0;
}
```

运行结果如图 7-38 所示。

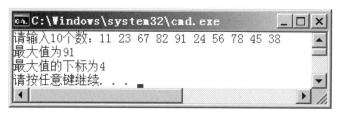

图 7-38　运行结果

2. 程序功能：使用指针，找出三个整数中的最小值并输出。输入/输出格式参见运行结果。

```
#include <iostream>
using namespace std;
int main (      )
{
    int *a,*b,*c,num,x,y,z;
    a=&x;
    b=&y;
    c=&z;
    cout<<"请输入 3 个数: ";
    cin>>*a>>*b>>*c;
    num=*a;
    if(*a>*b)      ①      ;
    if(num>*c)      ②      ;
    cout<<"最小值为"<<num<<endl;
    return 0;
}
```

304

运行结果如图 7-39 所示。

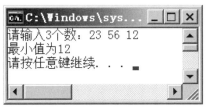

图 7-39 运行结果

3. 程序功能：使用指针，输出两个整数数组中对应相等的数字。输入/输出格式参见运行结果。

```cpp
#include <iostream>
#include <iomanip>
using namespace std;
int main (     )
{
    int x[10]={32,21,4,5,9,34,15,23,57,8},*p=x;
    int y[10]={23,21,7,5,8,34,51,32,57,9},*q=y;
    cout<<"两个数组对应位置上相同的数字有: ";
    while((p-x)<10 _____①_____ (q-y)<10)
    {
        if(*p_____②_____)
            cout<<setw(5)<<*p;
        p++;
        q++;
    }
    cout<<endl;
    return 0;
}
```

运行结果如图 7-40 所示。

图 7-40 运行结果

4. 程序功能：使用指针，将数组中下标值为偶数的元素从大到小排列，其他元素不变。输入/输出格式参见运行结果。

```cpp
#include <iostream>
#include <iomanip>
```

305

```
using namespace std;
int main (     )
{
    int x[10]={32,21,4,5,9,34,15,23,57,8},*p=x,i,j,t;
    cout<<"原数组: ";
    for(i=0;i<10;i++)
    cout<<setw(4)<<x[i];
    cout<<endl;
    for(i=0;i<=8;i=_____①_____)
        for(j=_____②_____;j<10;j=j+2)
            if(_____③_____)
            {
                t=*(p+i);
                *(p+i)=*(p+j);
                *(p+j)=t;
            }
    cout<<"新数组: ";
    for(i=0;i<10;i++)
        cout<<setw(4)<<x[i];
    cout<<endl;
    return 0;
}
```

运行结果如图 7-41 所示。

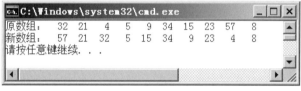

图 7-41 运行结果

5. 程序功能：使用指针，输入一串数字放进数组中，判断其是否为回文数。输入/输出格式参见运行结果。

```
#include <iostream>
using namespace std;
int main (     )
{
    int x[100],*p1,*p2,n,i;
    cout<<"这串数字的长度为: ";
    cin>>n;
    cout<<"输入"<<n<<"个数字，将其存放在数组中: ";
```

306

```
for(i=0;i<n;i++)
cin>>x[i];
p1=_____①_____;
p2=x+n-1;
while(p1<p2)
{
    if(_____②_____)
        _____③_____;
    else
    {
        p1=p1+1;
        p2=p2-1;
    }
}
for(i=0;i<n;i++)
    cout<<x[i];
if(p1<p2)
    cout<<"不是回文数"<<endl;
else
    cout<<"是回文数"<<endl;
    return 0;
}
```

运行结果如图 7-42 所示。

图 7-42　运行结果

6. 程序功能：实现单链表的反序链接，即第一个数据结点变成最后一个数据结点，第二个数据结点变成倒数第二个数据结点，依次改变其余所有数据结点的顺序。若单链表中数据结点的数据顺序依次为：2，3，4，5，6；反序后数据顺序为：6，5，4，3,2。

307

输入/输出格式参见运行结果。

```cpp
#include <iostream>
#include <iomanip>
using namespace std;
//定义链表结点 Node 的数据结构
typedef struct Node
{
    int data;
    Node *next;
}Node;
int main()
{
    //创建一以 Head 为头结点的单链表;
    int a;
    Node *Head;
    Node *normal,*tail;
    Head=new Node;
    Head->next=NULL;
    tail=Head;
    cout<<"依次输入链表各结点的值(以-1 结束输入): ";
    cin>>a;
    while(a!=-1)
    {
        _____①_____
        normal->data=a;
        normal->next=NULL;
        tail->next=normal;
        _____②_____ ;
        cin>>a;
    }
    //将链表反序链接;
    Node *pre,*q;
    pre=Head->next;
    Head->next=NULL;
    while(pre!=NULL)
    {
        q=pre;
        pre=pre->next;
        _____③_____ ;
```

308

```
        Head->next=q;
    }
    //输出反序链接后链表各结点的值
    Node *p;
    p=Head->next;
    //遍历每个结点
    cout<<"反序链接后链表各结点的值依次为: ";
    while(p!=NULL)
    {
        cout<<setw(4)<<p->data;
        ___④___;
    }
    cout<<endl;
}
```

运行结果如图 7-43 所示。

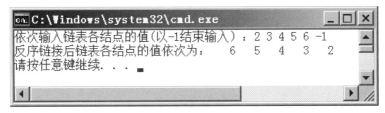

图 7-43   运行结果

五、程序改错题

1. 程序功能: 求数组的最小值, 并输出。输入/输出格式参见运行结果。(3 个错误)

```
1  #include <iostream>
2  #include <iomanip>
3  using namespace std;
4  int main(    )
5  {
6    int x[10]={32,21,4,5,9,34,15,23,57,8},*p,*min,i;
7    min=x;
8    for(p=x;p<x+10;p++)
9      if(*p<min)
10       min=*p;
11   cout<<"数组: ";
12   for(i=0;i<10;i++)
13     cout<<setw(4)<<x[i];
14   cout<<endl;
```

```
15    cout<<"最小值为"<<min<<endl;
16    return 0;
17  }
```

运行结果如图 7-44 所示。

图 7-44   运行结果

2. 程序功能：输入一个整数，将该整数每一位上的偶数依次取出，构成一个新数并输出。输入/输出格式参见运行结果。（2 个错误）

```
1   #include <iostream>
2   using namespace std;
3   int main(      )
4   {
5       int s,*t=&s,a=0,d,s1=1;
6       cout<<"请输入一个数: ";
7       cin>>s;
8       while(*t>0)
9         {
10            d=t%10;
11            if(d%2==0)
12              {
13                  a=d*s1+a;
14                  s1=s1*10;
15              }
16            *t=t/10;
17          }
18        cout<<"由偶数构成的新数是"<<a<<endl;
19        return 0;
20      }
```

运行结果如图 7-45 所示。

图 7-45   运行结果

310

3. 程序功能：用筛法求 100 以内的素数。输入/输出格式参见运行结果。（2 个错误）

```
1  #include <iostream>
2  #include <iomanip>
3  using namespace std;
4  int main()
5  {
6      int i,j,a[100],n=0,*p;
7      p=a;
8      for(i=2;i<100;i++)
9          *(p+i)=i;
10     for(i=2;i<100;i++)
11       for(j=i+1;j<100;j++)
12         if(*(p+i)!=0 || *(p+j)!=0)
13             if(*(p+j)/*(p+i)==0)
14                 *(p+j)=0;
15     cout<<"100 以内的素数有: "<<endl;
16     for(i=2;i<100;i++)
17     if(a[i]!=0)
18       {
19           cout<<setw(6)<<a[i];
20           n++;
21           if(n%10==0) cout<<endl;
22       }
23     cout<<endl;
24     return 0;
25  }
```

运行结果如图 7-46 所示。

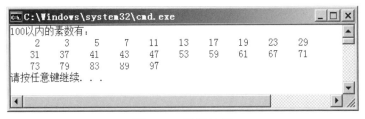

图 7-46 运行结果

4. 程序功能：统计字符串中大写英文字母的个数。输入/输出格式参见运行结果。
（2 个错误）

```
1  #include <iostream>
2  #include <string>
```

311

```
3   using namespace std;
4   int main( )
5   {
6     string s1=" ";
7     char *p;
8     int sum=0;
9     cout<<"输入一串字符:";
10    getline(cin,s1);
11    for(p=s1[0];*p!='\0';p++)
12      if(p>='A'&&p<='Z')
13        sum=sum+1;
14    cout<<"这串字符中大写英文字母的个数为:"<<sum<<endl;
15    return 0;
16  }
```

运行结果如图 7-47 所示。

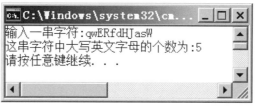

图 7-47　运行结果

5. 程序功能：输出如图 7-48 所示的直角三角形。（2 个错误）

```
1   #include <iostream>
2   #include <iomanip>
3   using namespace std;
4   int main()
5   {
6     int a[10][10],i;
7     int *q,(*p)[10];
8     for(q=a[0];q<a[0]+100;q++)
9       *q=1;
10    p=a[0];
11    for(i=0;i<10;i++)
12    {
13      for(q=*p;q<=*p+i;q++)
14        cout<<setw(4)<<q;
15      cout<<endl;
16      p++;
```

312

```
17        }
18      return 0;
19      }
```

运行结果如图 7-48 所示。

图 7-48 运行结果

六、编程题

1. 使用指针,求两个整数集合(元素个数和元素值由键盘输入,且元素值不重复)的并集。输入/输出格式参见运行结果。

运行结果如图 7-49 所示。

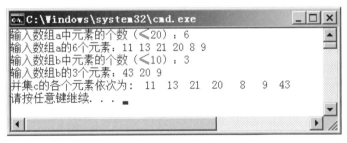

图 7-49 运行结果

2. 使用指针,将一维数值型数组中的元素按降序排列(冒泡法排序),数组元素的个数和元素值由键盘输入。输入/输出格式参见运行结果。

运行结果如图 7-50 所示。

图 7-50 运行结果

3. 使用指针,将一个 3×3 的矩阵转置。输入/输出格式参见运行结果。

运行结果如图 7-51 所示。

图 7-51　运行结果

4. 链表结点的数据结构为学生的基本信息，其结构如下：

```
typedef struct Student
{
  int No;
  char Name[30];
  double  English;
  double Math;
  double sum;
  Student *next;
}Student;
```

其中 No 代表学生学号，Name 代表学生姓名，English 代表英语成绩，Math 代表数学成绩，sum 代表总成绩。编程实现：从键盘输入 3 个学生的学号、姓名、英语和数学成绩，把这 3 个学生的数据连接成带头结点的单链表；计算每个学生的总成绩；并输出学生的所有信息。输入/输出格式参见运行结果。

运行结果如图 7-52 所示。

第 7 章
答案解析

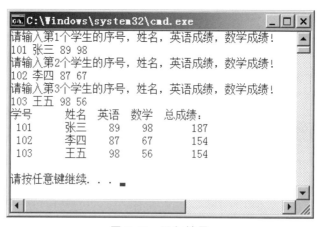

图 7-52　运行结果

314

成绩

📋 学 生 作 业 报 告

专业_____ 班级_____ 学号_____ 姓名_____

315

第**8**章

函数进阶

本书的第 5 章函数初步主要介绍了内置系统函数，有返回值、无返回值函数的定义和调用方法，以及函数原型的使用方法。本章将重点介绍函数的参数传递机制、递归函数、局部变量、全局变量、局部自动变量、局部静态变量、函数模板等关于函数的一些深入应用。具体内容如下：

（1）函数的参数传递机制；

（2）递归函数；

（3）局部变量，全局变量，局部自动变量，局部静态变量；

（4）函数模板。

8.1　参数传递

调用函数时，一般主调函数要向被调用的函数传递一些数据，也就是说要求给出实参列表，同样被调用的函数也可能要向其调用者返回一些数据，这些数据主要是通过函数的参数与函数的返回值来传递的，这一过程称为函数间参数的传递过程。

在函数定义时，形参不占内存空间，也没有实际的值。在函数被调用时才为形参分配存储单元，将实参传递给形参，完成实参和形参的结合，从而实现函数的参数传递。

在调用一个带有参数的函数时，就存在一个实参与形参结合方式的问题，即参数的传递方式问题，C++中实参与形参有如下结合方式：值传递、引用传递、地址传递。

8.1.1　值传递

值传递又称值调用。实参与形参结合时直接将实参的值传递给形参。值传递为单向传递，形参一旦获得了值便与实参脱离关系，此后无论形参发生了怎样的改变，都不会影响实参。值传递的优点是增强了函数自身的独立性，减少了调用函数与被调函数之间的数据依赖。值传递的缺点是每次调用只能通过 return 向主调函数返回值，且仅有一个返回值。

【例 8.1】利用函数实现数据交换（值传递）。

问题分析：

设计一个子函数，功能是交换数据。主函数调用子函数实现数据交换功能。形参、实参结合方式选择值传递。

编程实现：

```cpp
//值传递
#include <iostream>
using namespace std;
void exchang(int a,int b);
int main( )
{
    int x=5,y=10;
    cout<<"交换前: x="<<x<<",y="<<y<<endl;
    exchang(x,y);
    cout<<"交换后: x="<<x<<",y="<<y<<endl;
    return 0;
}
void exchang(int a,int b)
{
    int t;
    t=a,a=b,b=t;
}
```

运行结果如图 8-1 所示。

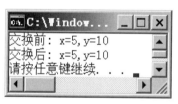

图 8-1　运行结果

关键知识点：

观察 exchange 函数的功能确实是交换两个数据 a 和 b，但是 main 函数调用 exchange 函数时，实参 x 仅仅传值给形参 a，实参 y 仅仅传值给形参 b，值传递完成之后实参 x、y 便与形参 a、b 脱离了关系。形参 a 和 b 对应内存的数据完成了交换，但是实参 x 和 y 对应内存的数据却没有发生任何改变，程序的运行结果见输出窗口（图 8-1）。值传递的数据交换如图 8-2 所示。

需要掌握的知识点：

（1）值传递为单向传递，实参传值给形参，之后形参的任何改变不会影响实参的值。

318

图 8-2　值传递数据交换

（2）如果子函数的形参只需要接收实参传递过来的值，不需要改变实参的值，就可以选择值传递来实现形参与实参的结合。

8.1.2　引用传递

引用是一种特殊类型的变量，可以被认为是另一个变量的别名。使用引用定义符 & 来声明一个引用，声明引用时必须对其进行初始化。例如：

```
int i;
int &refi=i;          //建立了一个对整型变量 i 的引用 refi
j=10;
refi=j;               //相当于 i=j
```

说明：引用 refi 建立之后，refi 就是变量 i 的一个别名，i 与引用 refi 代表的是同一变量，对 refi 的操作就是对变量 i 的操作。

使用引用时必须注意以下问题：

（1）声明一个引用时，必须同时对它进行初始化，使它指向一个已存在的对象，成为另一个变量的别名。

（2）一旦一个引用被初始化后，就不能改为指向其他变量。

（3）对引用的操作就是对原变量的操作。

例：

```
int i=100; int &refi=i;
refi=refi+100;   //结果变量 i 的值也变成 200
```

引用传递又称为引用调用。函数调用时，将实参的内存单元地址传递给形参。当发生函数调用时，形参就成为实参的一个别名，对形参的任何操作也就直接作用于实参，为双向传递。

引用传递的格式要求形参是引用，形参写为 & 变量名，实参是普通变量。其中 & 为引用（地址）定义符，告诉计算机传递该变量的地址。此时形参成为实参的别名。

【例8.2】利用函数实现数据交换（引用传递）。

问题分析：

设计一个子函数，功能是交换数据。主函数调用子函数实现数据交换功能。形参、实参结合方式选择引用传递。

编程实现：

```cpp
//引用传递
#include <iostream>
using namespace std;
void exchang(int &a,int &b);
int main( )
{
    int x=5,y=10;
    cout<<"交换前：x="<<x<<",y="<<y<<endl;
    exchang(x,y);
    cout<<"交换后：x="<<x<<",y="<<y<<endl;
    return 0;
}
void exchang(int &a,int &b)
{
    int t;
    t=a,a=b,b=t;
}
```

运行结果如图8-3所示。

图8-3　运行结果

关键知识点：

观察调用exchange函数之后，确实实现了实参变量x和y的交换。main函数在调用exchange函数时，实现形参引用a、b的定义和初始化，形参引用a成为实参x的别名，形参引用b成为实参y的别名，a和x、b和y分别标识相同的内存单元，形参a和b对应内存单元的数据发生了交换，实参x和y对应的内存数据同样发生了变化，程序的运行结果见输出窗口（图8-3）。引用传递的数据交换如图8-4所示。

需要掌握的知识点：

（1）引用传递为双向传递，实参传地址给形参，形参成为实参的别名，之后形参

320

值的改变将会影响实参值，对形参的操作相当于对实参的操作。

（2）如果子函数的形参想要修改对应实参的值，那么应该考虑对应实参传地址给形参，这样在子函数里面修改形参的值相当于修改实参的值。

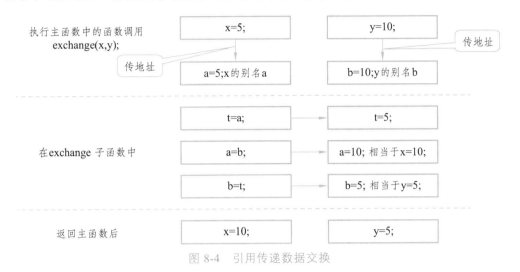

图 8-4 引用传递数据交换

8.1.3 地址传递

地址传递发生函数调用时，一般给出的实参是地址，而形参为指针变量或数组，这种方式可以改变实参变量的值。地址传递在发生函数调用时，将主调函数的实参地址传递给被调用函数的形参，使实参和形参指向相同的内存单元。形参指向内存单元的数据发生变化，因实参指向相同的内存单元，数据也发生同样的变化，所以地址传递是"双向传递"。

1. 操作变量

使用地址传递操作简单变量，一般实参是变量的地址，或者指向某一变量的指针变量，而形参为指针变量。

【例8.3】利用函数实现数据交换（地址传递）。

问题分析：

设计一个子函数，功能是交换数据。主函数调用子函数实现数据交换功能。形参、实参结合方式选择地址传递。

编程实现：

```
//地址传递（操作变量）
#include <iostream>
using namespace std;
void exchange(int *a, int *b);
int main( )
{
```

321

```
    int x=5, y=10;
    cout<<"交换前: x="<<x<<",y="<<y<<endl;
    exchange(&x,&y);
    cout<<"交换后: x="<<x<<",y="<<y<<endl;
    return 0;
}
void exchange(int *a, int  *b)
{
    int t;
    t=*a;*a=*b;  *b=t;
}
```

运行结果如图 8-5 所示。

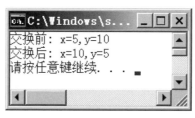

图 8-5　运行结果

关键知识点:

观察 exchange 函数的功能,使用两个指针变量 a 和 b 来交换数据。main 函数在调用 exchange 函数时,实参&x 将 x 的地址传递给形参指针变量 a,实参&y 将 y 的地址传递给形参指针变量 b,&x 和 a、&y 和 b 分别指向相同的内存单元。在 exchange 函数中,对指针变量 a 和 b 进行指针运算*,实现*a(指针变量 a 指向的变量 x)与*b(指针变量 b 指向的变量 y)的交换,实际上也就完成了 x 与 y 的交换,程序的运行结果见输出窗口(图 8-5)。地址传递的数据交换如图 8-6 所示。

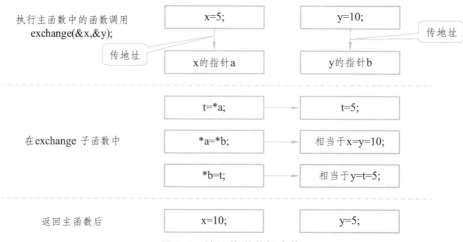

图 8-6　地址传递数据交换

322

需要掌握的知识点：

（1）地址传递为双向传递，实参传递地址给形参，如果实参是指针（变量的地址），形参是指针变量，在被调用子函数中，可以直接使用形参指针变量通过指针运算*来操作主调函数中对应的变量，修改主调函数中对应变量的值。

（2）如果希望通过被调用子函数的形参来操作主调函数中实参指向的变量，可以考虑选择地址传递来完成形参和实参的结合。

2. 操作数组

使用地址传递操作数组时，一般实参是数组的地址，而形参是指针变量或者数组。

当数组作为函数的形式参数时，参数的传递方式为地址传递，即实参与形参指向同一个数组，因此被调函数中对形参数组的修改将影响主调函数中实参数组的内容。

数组作为函数参数时，应注意以下几点：

（1）实参是数组的地址，形参是数组。

（2）实参数组与形参数组类型应保持一致。

（3）实参数组与形参数组维数大小可以不一致也可以一致。因为C++编译系统对形参大小不作检查，只是将实参数组的起始地址传给形参。

（4）如果要求形参数组得到实参数组全部的元素值，最好指定形参数组与实参数组大小一致。

（5）数组名作函数实参时，是"地址传递"，把实参数组的起始地址传递给形参数组，两个数组共同占用同一段内存单元。

（6）形参数组是多维数组的话，定义时可以指定每一维的大小，也可以省略数组第一维大小的说明，但不能省略第二维以及其他高维大小的说明。

将一组同类型的数据（数组）从一个函数传递到另一个函数，可以采用数组作为函数参数，也可以采用指向数组的指针变量作为函数参数。当函数的实参为数组的地址（数组名或指向数组的指针变量）时，函数的形参既可以是数组，也可以是指针变量。例如：

```
int a[10];
int *q=a;
void sort( int *p , int n);    //或者 void sort( int p[], int n);
```

则可以有函数调用语句 sort(a,10); 或者 sort(q,10);

【例8.4】利用比较交换法排序，将键盘输入的10个整数按从小到大排序（地址传递：数组作为函数的形式参数）。

问题分析：

键盘输入10个无序数据，使用比较交换法排序，输出排好序的10个数据。

算法分析：

（1）问题求解：

一组无序数据使用数组存放，设计子函数，函数功能为使用比较交换法排序，考虑采用数组作为函数的形式参数。main函数输入原始数据，调用子函数完成排序，输出排序以后的数据序列。

（2）算法流程图如图 8-7 所示。

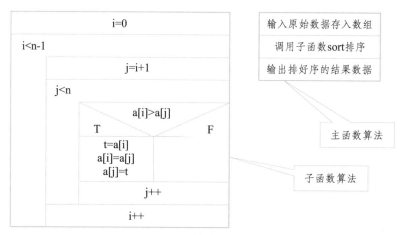

图 8-7　算法流程图

编程实现：

```cpp
//地址传递——数组作为函数形式参数
#include <iostream>
#include <iomanip>
using namespace std;
void sort(int a[], int n)
{
    int i, j, t=0;
    for(i=0;i<n-1;i++)
        for(j=i+1;j<n;j++)
            if(a[i]>a[j])
            {
                t=a[i];
                a[i]=a[j];
                a[j]=t;
            }
}
int main( )
{
    int i;
    int a[10];
    cout<<"Input 10 number:"<<endl;
    for(i=0;i<10;i++)
        cin>>a[i];
    sort(a,10);
```

```
    cout<<"The sorted numbers is:"<<endl;
    for(i=0;i<10;i++)
        cout<<setw(4)<<a[i];
    cout<<endl;
    return 0;
}
```

运行结果如图 8-8 所示。

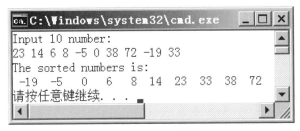

图 8-8　运行结果

关键知识点：

需要函数之间传递一组数据，在子函数定义时可以考虑使用数组作为函数的形式参数。子函数对数组中的数据进行处理和操作，主函数输入数据、调用子函数实现程序功能并且输出运行结果。

需要掌握的知识点：

（1）数组作为函数的形式参数，在函数调用时，将主调函数中数组的地址传递给形参数组，之后形参数组的任何改变将会影响实参数组。

（2）实参数组和形参数组要保持数据类型的一致。

（3）函数调用语句可以类似写成 sort(a,10);，其中实参 a 为数组名；子函数的函数头可以类似写成 void sort(int a[], int n)。

【例 8.5】利用比较交换法排序，将键盘输入的 10 个整数按从小到大排序（地址传递：指针变量作为函数的形式参数）。

问题分析：

键盘输入 10 个无序数据，使用比较交换法排序，输出从小到大排序以后的 10 个数据。

算法分析：

（1）问题求解：

一组无序数据使用数组存放，设计子函数，子函数的功能为完成比较交换法排序，考虑采用指向数组的指针变量作为函数参数。main 函数输入原始数据，调用子函数完成排序，输出排序以后的数据序列。

（2）算法流程图如图 8-9 所示。

编程实现：

```
//地址传递——指向数组的指针变量作为函数形式参数
#include <iostream>
#include <iomanip>
```

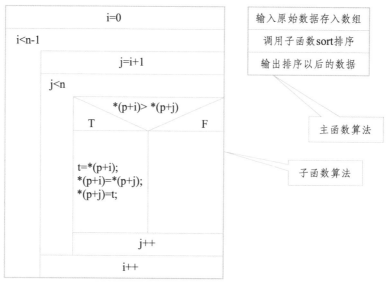

<table>
<tr><td colspan="3" align="center">i=0</td></tr>
</table>

i=0		
i<n-1		
	j=i+1	
	j<n	
		*(p+i)> *(p+j)
		T　　　　　F
		t=*(p+i); *(p+i)=*(p+j); *(p+j)=t;
		j++
	i++	

输入原始数据存入数组
调用子函数sort排序
输出排序以后的数据

主函数算法

子函数算法

图 8-9　算法流程图

```cpp
using namespace std;
void sort( int *p , int n)
{
    int i, j, t=0;
    for(i=0;i<n-1;i++)
        for(j=i+1;j<n;j++)
            if(*(p+i)>*(p+j))
            {
                t=*(p+i);
                *(p+i)=*(p+j);
                *(p+j)=t;
            }
}
int main( )
{
    int i;
    int a[10];
    cout<<"Input 10 number:"<<endl;
    for(i=0;i<10;i++)
    cin>>a[i];
    sort(a,10);
    cout<<"The sorted numbers is:"<<endl;
    for(i=0;i<10;i++)
        cout<<setw(4)<<a[i];
```

326

```
    cout<<endl;
    return 0;
}
```
运行结果如图 8-10 所示。

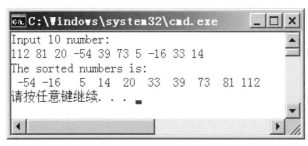

图 8-10　运行结果

关键知识点：

需要函数之间传递一组数据时，可以考虑使用数组作为函数的形式参数。子函数对数组中的数据进行处理和操作，主函数负责数据的输入、调用子函数实现程序功能以及结果的输出。

需要掌握的知识点：

（1）将一组同类型的数据（数组）从一个函数传递到另一个函数，采用指向数组的指针变量作为函数的形式参数时，参数的传递方式是地址传递，实参将主调函数中数组的地址传递给形参指针变量，使得形参指针变量指向主调函数中的数组。

（2）函数调用语句类似写成 sort(a,10);，其中实参 a 为数组名。子函数的函数头可以类似写成 void sort(int *p , int n)。形参指针变量指向主调函数数组的首地址，子函数利用形参指针变量来操作主调函数的数组元素。

延展学习：

例 8.5 中也可以在主调函数中声明一个指针变量指向数组，实参使用该指针变量将主函数中数组的地址传递给形参；子函数的形参仍然用指针变量，读者可以试着改写一下程序。

【例 8.6】输入一组数据，找出最大值以及最大值所在的位置。

问题分析：

键盘输入一组数据的个数，输入任意一组数据，找出这组数据的最大值，并且给出最大值是这组数据的第几个数据。

算法分析：

（1）问题求解：

使用数组存放键盘输出的任意一组数据，设计子函数，函数功能为找出数组的最大值及最大值所在的位置。考虑采用数组在函数之间传递一组数据。本例综合使用值传递、引用传递、地址传递。main 函数输入原始数据，调用子函数完成求最大值功能，输出程序的运行结果。

（2）算法流程图如图 8-11 所示。

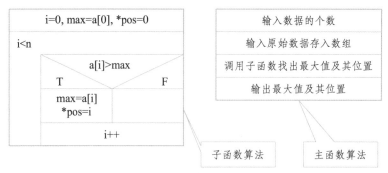

图 8-11　算法流程图

编程实现：

```cpp
//输入一组数据，找出最大值以及最大值所在的位置
#include <iostream>
using namespace std;
const int N=20;
void fun(int a[ ],int n,int &max,int *pos);
int main()
{
    int a[N],max,pos,i,n;
    cout<<"输入数据的个数: ";
    cin>>n;
    cout<<"请输入数据:    ";
    for(i=0;i<n;i++)
        cin>>a[i];
    fun(a,n,max,&pos);
    cout<<"max=a["<<pos<<"]="<<max<<endl;
    cout<<"最大值是第"<<pos+1<<"个数据。"<<endl;
    return 0;
}
void fun(int a[ ],int n,int &max,int *pos)
{
    int i;
    max=a[0];
    *pos=0;
    for(i=0;i<n;i++)
        if(a[i]>max)
        {
            max=a[i];
            *pos=i;
```

```
            }
    }
```

运行结果如图 8-12 所示。

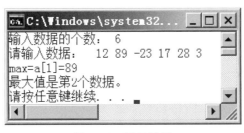

图 8-12　运行结果

关键知识点：

需要函数之间传递一组数据时，可以考虑使用数组作为函数参数。在子函数对数组中的数据进行处理和操作，主函数完成数据输入、调用子函数实现程序功能和数据输出。

需要掌握的知识点：

（1）将一组同类型的数据（数组）从一个函数传递到另一个函数，可以采用数组作为函数的形式参数，参数的传递方式是地址传递。

（2）函数调用语句类似写成 fun(a,n,max,&pos);，函数头类似写成 void fun(int a[],int n,int &max,int *pos)，第一个参数是地址传递（双向传递，将主调函数数组 a 的地址传递给子函数数组 a），第二个参数 n 采用值传递（单向传递），第三个参数 max 采用引用传递（双向传递，在函数调用时，子函数 max 成为主调函数 max 的别名），第四个参数 pos 采用地址传递（双向传递，将主函数 pos 的地址传递给子函数形参指针变量 pos）。请读者思考原因。

延展学习：

例 8.6 中的子函数设计可以考虑使用其他的方式，比如将一组同类型的数据（数组）从一个函数传递到另一个函数，可以采用指针变量作为函数的形式参数，读者可以尝试改写一下程序。

8.2　递归函数

在函数的嵌套调用中，如果一个用户自定义函数直接或间接地调用自身，这种函数调用方式被称为函数的递归调用，该自定义函数被称为递归函数。

函数的递归调用分为直接递归调用和间接递归调用。在执行 a 函数的过程中，直接调用 a 函数称为直接递归调用；在执行 b 函数过程中要调用 c 函数，而在执行 c 函数的过程中又要调用 b 函数称为间接递归调用。

一般来说，任何有意义的递归应该有以下特征：

（1）必须具有递归结束条件及结束时的值，叫作递归的"出口"。例如：求解 $n!$ 的问题中，$n=0$ 时，$n!=1$。

（2）求解的问题要能用递归形式表示，也称"递归公式"。例如：求解 $n!$ 的问题中，$n!=n\times(n-1)!$，并且递归要向结束条件发展。

（3）在函数的递归调用时，分为向下递归和向上回归两个过程。例如：求解 $n!$ 的问题中，假设 $n=4$，先向下递归：$4!=4\times3!$ → $3!=3\times2!$ → $2!=2\times1!$ → $1!=1\times0!$ → $0!=1$，再向上回归：$4!=4\times3!=24\leftarrow3!=3\times2!=6\leftarrow2!=2\times1!=2\leftarrow1!=1\times0!=1\leftarrow0!=1$，从而得到 $4!$ 的值。

【例 8.7】用下面的公式计算 $n!$ 的值。

$$n! = \begin{cases} 1 & (n=0) \\ n(n-1)! & (n>0) \end{cases}$$

问题分析：

需要求解 $n!$，给出了递归公式，具有递归结束条件及结束时的值。

算法分析：

（1）问题求解：

要求 $n!$ 的值可转化为求 $(n-1)!$ 的值，求 $(n-1)!$ 的值又可以继续转化，直到 $n=0$ 时，到达递归出口 $0!=1$，这就是具有递归特性的问题，便可以使用递归方法来解决。设计一个递归子函数实现 $n!$ 的求解，main 函数调用该递归子函数实现程序功能。

（2）算法流程图如图 8-13 所示。

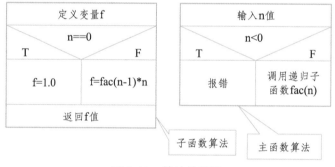

图 8-13 算法流程图

编程实现：

```
//用递归子函数计算 n!的值
#include <iostream>
using namespace std;
double fac(int n)
{
    double f;
    if (n==0)
        f=1.0;
    else
        f=fac(n-1)*n;
    return f;
```

330

```
    }
int main( )
{
    int n;
    double factorial;
    cout<<"Enter a positive integer:";
    cin>>n;
    if (n<0)
        cout<<"n<0,data error!"<<endl;
    else
    {
        factorial=fac(n);
        cout<<n<<"!="<<factorial<<endl;
    }
    return 0;
}
```

运行结果如图 8-14 所示。

```
C:\Windows\syst...
Enter a positive integer:6
6!=720
请按任意键继续. . .
```

图 8-14　运行结果

关键知识点：

（1）分析求解的问题能否设计成递归子函数，不是所有的问题都能写成递归函数。

（2）能写成递归函数的问题，有递归的"出口"，有"递归公式"。

（3）递归子函数最明显的特点就是在自己的函数体内有对自身函数的调用，类似语句 f=fac(n-1)*n;出现在函数体内。

延展学习：

读者可以根据上面的例子自己学习递归子函数的设计，可以设计成递归子函数的例子很多，例如：

（1）求 Fibonacci 数列第 n 项的值。

（2）计算 x^y 的值。

（3）n 个人，每个人的年龄都比其前一个人的年龄大 m 岁，可用如下公式来表示：

$$age(n) = \begin{cases} 10 & (n=1) \\ age(n-1)+m & (n>1) \end{cases}$$

【例 8.8】汉诺塔问题（递归典型应用）。

问题分析：

汉诺塔问题是起源于印度的益智游戏，相传它出自印度神话中的大梵天创造的三

331

个金刚柱，一根柱子上叠放着从小到大 64 个黄金圆盘。大梵天命令婆罗门将这些圆盘按从小到大的顺序移动到另一根柱子上，其中任何时候大圆盘都不能放在小圆盘上面。当这 64 个圆盘移动完成的时候，世界就将毁灭。

假设有三根杆，编号为 A、B、C，在 A 杆自下而上、由大到小按顺序放置 n 个金盘。要把 A 杆上的金盘全部移到 C 杆上，并仍保持原有顺序叠好。要求每次只能移动一个盘子，并且在移动过程中三根杆上都始终保持大盘在下、小盘在上的叠放顺序，操作过程中金盘可以置于 A、B、C 任一杆上。

算法分析（见图 8-15）：

步骤 1：以 C 盘为中介，从 A 杆将 1 至 $n-1$ 号盘移至 B 杆；

步骤 2：将 A 杆中剩下的第 n 号盘移至 C 杆；

步骤 3：以 A 杆为中介，从 B 杆将 1 至 $n-1$ 号盘移至 C 杆。

步骤 1 和步骤 3，最主要的差别是从 ACB 变为 BAC。因为 B 在这里充当了之前 A 的角色，A 充当了之前 C 的角色，C 充当了之前 B 的角色，也就是说用的辅助杆是不一样的。这是一个递归问题，递归问题主要是要找到 n 和 $n-1$ 之间的联系，当 $n-1$ 和 n 的操作类似时，就可以使用递归。

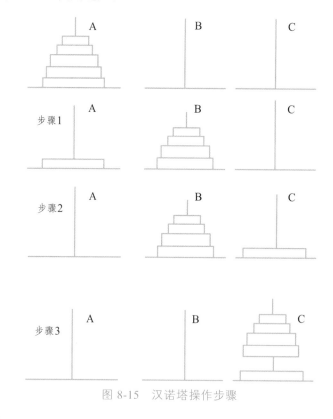

图 8-15　汉诺塔操作步骤

编程实现：

```
//汉诺塔问题
#include <iostream>
using namespace std;
```

```cpp
void hanota(int n, char A, char B, char C)    //递归函数
{
    if (n==1)
    {
        cout << A << "->" << C<<"    " ;
        return;//递归终止
    }
    hanota(n-1, A, C, B);  //将 n-1 个盘子从 A 移到 B
    cout << A << "->" << C<<"    " ;
    hanota(n-1, B, A, C);  //将 n-1 个盘子从 B 移到 C
    return;
}
int main()
{
    char A='A', B='B', C='C';
    int n;
    cout << "请输入圆盘的个数: ";
    cin >> n;
    cout<<"圆盘移动的过程如下: "<<endl;
    hanota(n, A, B, C);
    cout <<endl;
    return 0;
}
```

运行结果如图 8-16 所示。

 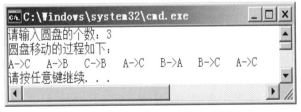

图 8-16　运行结果

关键知识点：

（1）n 个金盘的搬动方法和 $n-1$ 个金盘的搬动方法是相似的。

（2）有递归的"出口"，只有一个盘子时，可以直接移动到目标位置。

（3）递归函数最明显的特点就是在自己的函数体内实现对自身函数的调用，类似语句 hanota(n-1, A, C, B);出现在 hanota 函数体内。

延展学习：

移动完汉诺塔的 64 个黄金圆盘到底世界会不会毁灭呢？移动完成到底需要多少

时间呢？利用数学上的数列知识来看看移动次数，$F(n=1)=1$，$F(n=2)=3$，$F(n=3)=7$，$F(n=4)=15\cdots F(n)=2F(n-1)+1$；利用数学归纳法可以得出通项式：$F(n)=2^n-1$。当 n 为 64 时 $F(n=64)=18\ 446\ 744\ 073\ 709\ 551\ 615$。假定移动一次圆盘需要 1 s，1 年为 31 536 000 s。那么 18 446 744 073 709 551 615 ÷ 31 536 000 ≈ 584 942 417 355 天，折算成年为 5 845.54 亿年。目前太阳寿命约为 50 亿年，太阳的完整寿命大约为 100 亿年。所以结论是：整个人类文明都等不到移动完黄金圆盘的那一天。

以 3 个圆盘为例的搬动图解如图 8-17 所示。

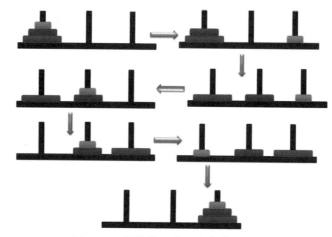

图 8-17　汉诺塔 3 个圆盘操作示意图

8.3　变量的生存期与作用域

8.3.1　局部变量与全局变量

在函数中定义的变量为该函数的内部变量，它只在该函数范围内有效，也就是说在该函数以外不能使用它们，这一类变量称为局部变量。

局部变量的特征如下：

（1）函数体内定义的变量是局部变量。

（2）函数形参是局部变量。

（3）不同函数中定义的同名变量，分别代表不同对象，互不干扰。

（4）局部变量在内存中保留到该函数执行结束。

（5）复合语句内定义的局部变量仅在复合语句中有效。

在函数外面定义的变量是外部变量，从它定义开始在多个函数范围内生效，其后的多个函数都能够使用它们，这种类型的变量又被称为全局变量。设置全局变量的作用在于增加函数之间数据联系的渠道。同一源文件中若全局变量与局部变量同名，则在局部变量的作用范围内全局变量被屏蔽，只有局部变量起作用。

建议读者在编程时尽量不要使用全局变量，原因如下：

（1）全局变量在程序的整个执行过程中始终占用内存单元。

（2）降低函数的通用性、可靠性。

（3）增加调试程序的难度。

【例8.9】计算三个整数的和值。

算法分析：

设计一个子函数求解三个整数的和值，main 函数调用该子函数实现程序功能。

编程实现：

```
1   //计算三个整数的和值
2   #include <iostream>
3   using namespace  std;
4   int a=3,b=5;   //定义a,b为全局变量，且赋初值
5   int add(int ,int ,int);
6   int main( )
7   {
8       int a=8;     //再次定义a为局部变量，且赋初值，局部变量起作用
9       int c=2;     //定义c为局部变量
10      cout<<"三个整数的和值为："<<add(a,b,c)<<endl;
11      return 0;
12  }
13  int add(int a,int b,int c)      //形参a,b,c为局部变量
14  {
15      int d;     //定义d为局部变量
16      d=a+b+c;
17      return d;
18  }
```

运行结果如图8-18所示。

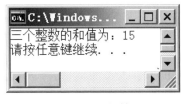

图8-18　运行结果

关键知识点：

局部变量和全局变量的定义位置不同，故作用范围是不一样的。局部变量只能在定义它的函数体或语句体内使用，全局变量则可以在定义之后的任意函数内使用。如果函数体内出现了与全局变量同名的局部变量，则该函数在函数体内使用自己的局部变量，而不是全局变量。

需要掌握的知识点：

（1）程序第4行 int a=3,b=5;在函数之外定义的变量 a 和 b 为全局变量，可以在之

后的所有函数中使用。

（2）程序第 8 行 int a=8;再次定义 a 为 main 函数的局部变量，且赋初值，局部变量 a 和全局变量 a 同名，在 main 函数中局部变量 a 起作用。

（3）程序第 9 行 int c=2;定义 c 为 main 函数的局部变量。

（4）程序第 10 行 cout<<"三个整数的和值为："<<add(a,b,c)<<endl;，调用函数 add 时实参变量 a 和 c 是 main 函数的局部变量，b 是全局变量。

（5）程序第 13 行 int add(int a,int b,int c）的 a、b、c 为 add 函数的形参，是 add 函数的局部变量。

（6）程序第 15 行 int d;定义 d 为 add 函数的局部变量。

延展学习：

在前面的章节实例中，在不同的函数中出现同名的变量，它们属于不同函数的局部变量，各自有自己的使用范围，互不影响。

在 for 循环中，如语句 for(int i=0;i<10;i++），这里的变量 i 就是 for 语句中声明的局部变量，仅在定义它的 for 语句内使用。

8.3.2　局部自动变量与局部静态变量

在一个函数体内定义的变量为函数的内部变量，只在该函数范围内有效，在该函数以外不能使用，这一类变量称为局部变量。根据局部变量在内存中生存期长短的不同，可以分为局部自动变量和局部静态变量。

局部自动变量的特征如下：

（1）声明方法为 int a=0;，如果定义时没有赋初始值，它的值不确定。

（2）编译系统在函数调用时赋初始值，每调用一次函数重新赋初值一次。

（3）函数调用结束，局部自动变量释放内存。

局部静态变量的特征如下：

（1）声明方法为 static int a;，如果定义时没有赋初始值，编译时自动赋值 0（数值型）或空字符（字符型）。

（2）在程序运行期间，第一次调用函数时赋了初始值，以后在调用该函数时不再重新赋初始值，而是保留上次函数调用结束时的值。

（3）局部静态变量在函数调用结束时仍然存在，其他函数不能使用它，局部静态变量直到程序结束才释放内存。

【例 8.10】观察程序中不同类型变量值的变化情况。

算法分析：

程序中涉及全局自动变量、局部自动变量、局部静态变量，三次调用子函数，观察变量值的变化，理解局部自动变量和局部静态变量的特征。

编程实现：

```
1    //局部自动变量与局部静态变量
2    #include <iostream>
3    using namespace std;
```

336

```
4   int a=3,x=3;             //a,x 为全局自动变量
5   int fun(int);
6   int main( )
7   {
8       int i;               //i 为局部自动变量
9       for(i=1;i<=3;i++)
10      {
11          cout<<"main: x="<<x<<",a="<<a<<endl;
12          cout<<"No"<<i<<":"<<fun(a)<<endl;
13      }
14      return 0;
15  }
16  int fun(int a)           //a 为局部自动变量
17  {
18      int b=0;             //b 为局部自动变量
19      static int c=3;      //c 为局部静态变量
20      b=b+3;c=c+3;x=x+3;a=a+3;
21      cout<<"fun:    x="<<x<<",a="<<a<<",b="<<b<<",c="<<c<<endl;
22      return x+a+b+c;
23  }
```

运行结果如图 8-19 所示。

图 8-19　运行结果

关键知识点：

局部自动变量和局部静态变量均为局部变量，变量的使用范围都是声明该变量的函数体。其中局部自动变量每次调用函数时重新分配内存、重新赋值，函数执行结束后自动释放内存。而局部静态变量在函数调用结束时仍然存在，再次调用函数时不会对其重新赋值，局部静态变量直到程序结束才释放内存。

需要掌握的知识点：

（1）程序第 8 行 int i;：定义变量 i 为 main 函数的局部自动变量。变量 i 只能在 main 函数中使用。

课堂测试：全局、局部、自动、静态变量

337

（2）程序第 11 行 cout<<"main: x="<<x<<",a="<<a<<endl;：这里的变量 a 是全局变量 a，其值一直为 3，没有被重新赋值改变过。所以在程序运行窗口中一直是"main: a=3"的结果。

（3）程序第 16 行 int fun(int a)：变量 a 为 fun 函数的形参，是 fun 函数的局部自动变量。变量 a 接收全局变量 a 传递过来的值 3，每次执行 a=a+3;，变量 a 的值变为 6，所以在程序运行窗口中一直是"fun:a=6"的结果。

（4）程序第 18 行 int b=0;：定义变量 b 为 fun 函数局部自动变量。每次调用 fun 函数变量 b 都重新赋值为 0，再执行 b=b+3;，变量 b 的值变为 3，函数调用结束时变量 b 释放内存。所以在程序运行窗口中一直是"fun:b=3"的结果。

（5）程序第 19 行 static int c=3;：定义变量 c 为 fun 函数局部静态变量。第一次调用 fun 函数时，变量 c 的值变为 6，函数调用结束后变量 c 的内存仍然保留值为 6；第二次调用 fun 函数时，变量 c 的值变为 9，函数调用结束后变量 c 的内存仍然保留值为 9；第三次调用 fun 函数时，变量 c 的值变为 12，函数调用结束后变量 c 的内存仍然保留值为 12。变量 c 为局部静态变量，直到程序结束才释放内存。所以在程序运行窗口中 c 的值为 6、9、12 的结果。

延展学习：

程序第 4 行 int a=3,x=3;定义变量 a 和变量 x 为全局自动变量。请读者自行熟悉全局自动变量的特点，分析变量 a 和变量 x 值的变化情况。

8.4 函数模板

对于操作类似的一组函数，在 C++程序中可以考虑编写重载函数，这样只要记住一个函数名称即可，编写程序变得相对简单。但是，每个函数都必须单独编写。

例如，求立方的重载函数 calccub：

```
int calccub(int number)
{
    return number*number*number;
}
double calccub(double number)
{
    return number*number*number;
}
```

这两个函数唯一的区别就是它们的形参及其返回值的数据类型不同。对于这种情况，编写函数模板比重载函数更方便。函数模板允许程序员编写一个单独的函数定义，以处理许多不同的数据类型，而不必为每个使用的数据类型编写单独的函数。

函数模板不是实际的函数，而是编译器生成一个或多个函数的"模板"。编写函数模板时，不必为形参、返回值或局部变量指定实际的数据类型，而是使用类型形参来定义通用数据类型。在函数调用时，编译器将检查实参的数据类型，并生成与这些数

338

据类型配合使用的函数代码。

上面求立方的函数 calccub，可以设计函数模板如下：

```
template <typename T>
T calccub(T number)
{
    return number*number*number;
}
```

函数模板以模板前缀标记开始，模板前缀用关键字 template，接下来是一组尖括号<>，尖括号里面包含一个或多个在模板中使用的通用数据类型，通用数据类型用关键字 typename 开头，后面给出代表数据类型的形参名称。

calccub 函数模板示例中，只使用了一个类型为 T 的形参，如果有几个形参的话，各个形参之间用逗号分隔。除了使用类型形参代替实际的数据类型名称外，其他部分都可以像往常一样写入函数的定义。在 calccub 函数模板示例中，函数头如下：

```
T calccub (T number)
```

该函数头定义了一个 calccub 函数，它返回一个 T 类型的值，并使用了一个 T 类型的形参 number，其中 T 是通用数据类型。

每次调用 calccub 函数时，编译器会对 calccub 函数进行检查，以适当的数据类型填充 T。函数模板仅仅是函数的规范，本身并不会占用内存，只有当编译器遇到对模板函数的调用时，才会在内存中创建该函数的实际实例。

例如，以下调用将使用 int 参数：int a,b = 6; a = calccub (b); 该代码将导致编译器生成以下函数：

```
int calccub(int number)
{
    return number*number*number;
}
```

再例如，以下调用将使用 double 参数：double a,b = 6.6; a = calccub (b); 该代码将导致编译器生成以下函数：

```
double calccub(double number)
{
    return number*number*number;
}
```

【例 8.11】使用函数模板计算任意数据的立方值。

算法分析：

编写一个函数模板，模板的功能是求立方值，键盘输入任意数值类型的数据，调用函数模板求该数据的立方值。

编程实现：

```
//函数模板
#include <iostream>
using namespace std;
```

微课：
函数模板

```
template <typename T>  //函数模板求立方值
T calccub(T number)
{
    return number*number*number;
}
int main( )
{
    int x=0;
    double y=0.0;
    cout<<"请输入一个整数值: ";
    cin>>x;
    cout<<"该整数值对应的立方值为: "<<calccub(x)<<endl;
    cout<<"请输入一个实数值: ";
    cin>>y;
    cout<<"该实数值对应的立方值为: "<<calccub(y)<<endl;
    return 0;
}
```

运行结果如图 8-20 所示。

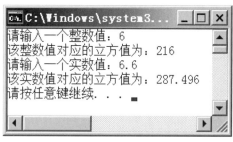

图 8-20　运行结果

关键知识点：

函数模板是编译器生成一个或多个函数的"模板"，函数模板可以处理不同的数据类型，不需要为每个使用的数据类型编写单独的函数。

需要掌握的知识点：

（1）程序中对 calccub 函数进行了两次调用，每次调用使用了不同数据类型的实参，所以生成了两个函数实例的代码。一个是 int 型形参和 int 型返回值的函数实例，另一个是 double 型形参和 double 型返回值的函数实例。

（2）calccub 函数模板必须出现在所有对 calccub 函数的调用之前。编译器对模板函数调用时，必须先知道模板的内容，所以函数模板应放在程序的顶部或头文件中。

（3）函数模板是函数的规范，本身不使用内存。当编译器对模板函数调用时，才会在内存中创建该函数的实例。

（4）函数模板中定义的所有类型形参必须在函数的形参列表中至少出现一次。

340

延展学习：

找出适合编写函数模板的例子，学习函数模板的使用方法，尝试编写求最值、交换数据、排序、输出数组元素等的函数模板。

8.5　常见错误小结

常见错误小结请扫二维码查看。

习题与答案解析

一、单项选择题

1. 要在 C++程序中用引用来传递变量，应该在函数头的对应形参名（　　　）。

   A. 前面加上&　　　B. 后面加上&　　　C. 前面加上*　　　D. 后面加上*

2. 如下程序段执行后 a，b 的值是（　　　）。

   void m(int a,int &b) {b=a;}

   void main( ) {int a=1,b=2; m(a,b);}

   A. 2,2　　　　　　B. 2,1　　　　　　C. 1,1　　　　　　D. 1,2

3. 如果语句 cout<<add(a,b);传递变量 a 和 b 的内容给 add()函数，则这些变量称为按（　　　）。

   A. 地址传递　　　B. 内容传递　　　C. 引用传递　　　D. 值传递

4. 通过查看（　　　）或（　　　）可以确定函数调用是值传递还是引用传递。

   A. 函数调用，函数头　　　　　　　　B. 函数调用，函数原型

   C. 函数头，函数原型　　　　　　　　D. 函数头，函数体

5. 使用地址传递操作简单变量，一般实参是（　　　），而形参为指针变量。

   A. 变量的值

   B. 变量的值，或者指向某一变量的指针变量

   C. 变量的值，或者变量的地址

   D. 变量的地址，或者指向某一变量的指针变量

6. 如下程序段执行后 a，b 的值是（　　　）。

   void m(int a,int*b)　　{*b=a;}

   void main( ) {int a=2,b=3;m(a,&b);}

   A. 2,3　　　　　　B. 3,2　　　　　　C. 3,3　　　　　　D. 2,2

7. 函数调用语句为 exam(a,n,max,&pos)，函数定义为 void exam(int a[ ],int n,int &max,int *pos)，则函数的第一个参数采用的是（　　　）。

   A. 值传递　　　B. 引用传递　　　C. 地址传递　　　D. 参数传递

8. 在函数的嵌套调用中，如果一个用户自定义函数直接或间接地调用自身，这种情况称为函数的（　　　）。

   A. 值调用　　　B. 引用调用　　　C. 递归调用　　　D. 参数调用

9. (   ) 一般在函数体内定义。

    A. 全局变量　　　　B. 局部变量　　　　C. 直接变量　　　　D. 间接变量

10. 函数模板以模板前缀标记开始，模板前缀用关键字（   ）。

    A. class　　　　B. T　　　　C. template　　　　D. temp

11. 有如下定义 for(int x=1;x<10;x++)，则变量 x 是（   ）。

    A. 全局变量　　　B. 递归变量　　　C. 静态变量　　　D. 局部变量

12. 有如下代码：

    int a=6;

    void main( ){   }

    void sum(int x,int y){   }

    则变量 a 是（   ）。

    A. 全局变量　　　B. 递归变量　　　C. 静态变量　　　D. 局部变量

13. 有如下代码：

    void main( ){int a=1;}

    void sum(int x,int y){x=y;}

    则变量 x 是（   ）。

    A. 全局变量　　　B. 递归变量　　　C. 局部变量　　　D. 静态变量

14. 有如下代码：

    void sum(int & ,double *);

    void main( ){int x=5; double y=2.3;　___①___ }

    void sum(int &x,double *y){x+=*y;}

    ①处的函数调用语句是（   ）。

    A. sum(x,y);　　　B. sum(x,&y);　　　C. sum(x,*y);　　　D. sum(&x,*y);

15. 有如下代码：

    void main( ){int a; double b;　___①___ }

    void fun(int &a, double *b){*b=a;}

    ①处需要的正确函数原型语句是（   ）。

    A. void fun(int ,double);　　　　　　　B. void fun(int & ,double *);

    C. void fun(int & ,double);　　　　　　D. void fun(int ,double *);

16. 有如下代码：

    void calc(double a[ ],double b);

    void main( ){double a[10]={0}; double b=9.5;　___①___ }

    void calc(double a[ ],double b){ a[0]=b;}

    ①处出现的正确函数调用语句是（   ）。

    A. calc(a[10],b);　　　　　　　　　　B. calc(a,b);

    C. calc(a[ ],&b);　　　　　　　　　　D. calc(a(10),*b);

17. 有如下代码：

    void fun(int *,int);

    void main( ){int a[10]={0},n=10;　___①___ }

```
void fun( int *p,int n)
{ int i,j;for(i=0,j=n-1;i<j;i++,j--) *(p+i)=*(p+j);}
```
则①处正确的函数调用语句是（   ）。

A. fun(a[10],n);   B. fun(a,&n);

C. fun(a,n);   D. fun(a[ ],*n);

18. 有如下代码：

```
void fun( int *p,int n);
void main( ){static int a[3]; int n=3; fun(a,n);}
void fun( int *p,int n){ int i;for(i=0;i<n;i++) *(p+i)=i;}
```
则函数调用语句 fun(a,n);执行结束后 a 数组元素的值为（   ）。

A. {1,2}   B. {0, ,2}   C. {0,1,2}   D. {0,1}

19. 有如下代码：

```
void fun( int x,int y){ int i;fun(x,y);....;}
void main( ){int x,y; cin>>x>>y;fun(x,y);…;}
```
则 fun 函数为（   ）。

A. 值函数   B. 地址函数   C. 全局函数   D. 递归函数

20. 有如下代码：

```
void fun2( int x,int y){ int i;fun1(x,y);….}
void fun1( int x,int y){ int i;fun2(x,y);…;}
void main( ){int x,y; cin>>x>>y; fun1(x,y);…;}
```
则 fun1 函数为（   ）。

A. 值函数   B. 递归函数

C. 全局函数   D. 地址函数

二、判断题

1. 在调用一个带有参数的函数时，就存在一个实参与形参结合方式的问题，即参数的传递方式问题，C++中实参与形参有如下结合方式：数传递，引用传递，地址传递。   （   ）

2. 值传递为双向传递，形参一旦获得了值便与实参脱离关系，此后无论形参发生了怎样的改变，都不会影响实参。   （   ）

3. 引用传递的格式要求形参是引用，形参写为*变量名，实参是普通变量。   （   ）

4. 地址传递是"双向传递"。   （   ）

5. 使用地址传递操作数组时，一般实参是数组，而形参是指针或者数组。   （   ）

6. 函数的递归调用分为直接递归调用和间接递归调用。在执行 a 函数过程中，调用 a 函数称为间接递归调用。   （   ）

7. 编译系统在函数调用时给全局变量赋初始值，每调用一次函数重新赋初值一次。   （   ）

8. 局部静态变量在函数调用结束时仍然存在，再次调用函数时不会对其重新赋值，局部静态变量直到程序结束才释放内存。　　　　　　　　　　　（　　　）

9. 局部自动变量和局部静态变量在内存中的生存期的长短是一样的。（　　　）

10. 函数模板可以处理不同的数据类型，但需要为每个使用的数据类型编写单独的函数。　　　　　　　　　　　　　　　　　　　　　　　　　　（　　　）

三、阅读程序，写出运行结果

1.

```cpp
#include <iostream>
#include <iomanip>
using namespace std;
int main()
{
    int a[5],j;
    void sum(int a[ ],int n);
    cout<<"原数组为: ";
    for(j=0;j<5;j++)
        {
            a[j]=2*j;
            cout<<setw(5)<<a[j];
        }
    sum(a,5);
    cout<<"\n改变后的数组为: ";
    for(j=0;j<5;j++)
        cout<<setw(5)<<a[j];
    cout<<endl;
    return 0;
}
void sum(int a[ ],int n)
{
    int j;
    for(j=1;j<n;j++)
        a[j]=a[j]+a[j-1];
}
```

2.

```cpp
#include <iostream>
using namespace std;
int main()
{
```

344

```
    int a[6]={1,1},i;
    void fbnq(int* p,int n);
    for(i=2;i<6;i++)
        a[i]=a[i-1]+a[i-2];
    fbnq(a,6);
    cout<<"数组元素值: ";
    for(i=0;i<6;i++)
        cout<<a[i]<<"  ";
    cout<<endl;
    return 0;
}
void fbnq(int* p,int n)
{
    int i,j,temp;
    for(i=0,j=n-1;i<j;i++,j--)
        {temp=*(p+i);*(p+i)=*(p+j);*(p+j)=temp;}
}
```

四、程序填空题

1. 程序功能：根据输入的任意百分制成绩，输出对应的五分制成绩。输入/输出格式参见运行结果。

```
//根据输入的任意百分制成绩，输出对应的五分制成绩
#include <iostream>
using namespace std;
    _____①_____
int main()
{
    int bfgrade,wfgrade;
    cout<<"请输入百分制成绩: ";
    cin>>bfgrade;
    _____②_____
    cout<<"该百分成绩对应的五分成绩为: "<<wfgrade<<endl;
    return 0;
}
void fun(int bfgrade,int* wfgrade)
{
    _____③_____
    {
    case 10:
```

```
        case 9: *wfgrade=5;break;
        case 8: *wfgrade=4;break;
        case 7: *wfgrade=3;break;
        case 6: *wfgrade=2;break;
        default:*wfgrade=1;
    }
}
```

运行结果如图 8-21 所示。

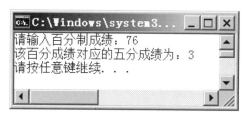

图 8-21 运行结果

2. 程序功能：输入三边长，根据三边长来判断组成的三角形的形状。输入/输出格式参见运行结果。

```
//输入三边长，根据三边长来判断组成的三角形的形状
#include <iostream>
using namespace std;
void fun(int a,int b,int c, int &y);
int main()
{
    int a,b,c,y;
    cout<<"请输入三角形的三边长: ";
    cin>>a>>b>>c;
    _____①_____
    cout<<"该三边长构成的三角形是: ";
    _____②_____
    {
    case 0: cout<<"不能构成三角形"<<endl;break;
    case 1: cout<<"普通三角形"<<endl; break;
    case 2: cout<<"等腰三角形"<<endl; break;
    case 3: cout<<"等边三角形"<<endl;
    }
return 0;
}
    _____③_____
{
```

346

```
    if(a+b>c&&a+c>b&&b+c>a)
        if(a==b&&b==c&&a==c)
            y=3;
        else
            if(a==b||b==c||a==c)
                y=2;
            else
                y=1;
    else
        y=0;
}
```

运行结果如图 8-22 所示。

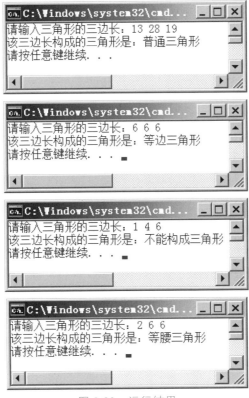

图 8-22   运行结果

3. 程序功能：0<x<=20，0<y<=20 且 x!=y 范围内找出全部自然数对（所谓自然数对是指两个自然数的和与差都是平方数，如 17-8=9,17+8=25）。输入/输出格式参见运行结果。

```
// 0<x<=20, 0<y<=20且x!=y范围内找出全部自然数对
#include <iostream>
#include <cmath>
using namespace std;
```

```
void fun(int x,int y,bool* z);
int main( )
{
    int x,y;
    bool z;
    for(x=1;x<=20;x++)
        for(y=1;y<=20;y++)
        {
            _____①_____
            if( ___②___ &&x!=y)
                cout<<x<<"和"<<y<<"是自然数对"<<endl;
        }
 return 0;

}
    _____③_____
{
    int a,b;
    a=(int)sqrt(double(x-y));
    b=(int)sqrt(double(x+y));
    if(a*a==x-y&&b*b==x+y)
        *z=true;
    else
        *z=false;
}
```

运行结果如图 8-23 所示。

图 8-23 运行结果

4. 程序功能：将有序数组有序合并。输入/输出格式参见运行结果。

```
//将有序数组有序合并
#include <iostream>
using namespace std;
    void merge(int a[],int b[],int c[],int m,int n);
```

```
int main()
{
    int a[10]={-63,-32,-26,-19,-5,0,8,15,23,29};
    int b[5]={-41,-37,-18,-5,3};
    int c[15];
         ①
    for(int i=0;i<15;i++)
        cout<<c[i]<<" ";
    cout<<endl;
return 0;
}
     ②
{
    int ia=0,ib=0,ic=0;
    while(ia<m && ib<n)
    {
        if(a[ia]<=b[ib])
            c[ic++]=a[ia++];
        else
            c[ic++]=b[ib++];
    }
    while(    ③    )
    c[ic++]=a[ia++];
    while(ib<n)
    c[ic++]=b[ib++];
}
```

运行结果如图 8-24 所示。

图 8-24 运行结果

5. 程序功能: 将一组数据中的所有偶数放前部, 所有奇数放在后部。输入/输出格式参见运行结果。

```
//将一组数据中的所有偶数放前部, 所有奇数放在后部
#include <iostream>
using namespace std;
     ①
```

```
int main()
{
    const int N=10;
    int a[N],i;
    cout<<"请输入"<<N<<"个整数: ";
    for(i=0;i<N;i++)
        cin>>a[i];
        _____②_____
    cout<<"调整后的数据为: ";
    for(i=0;i<N;i++)
        cout<<a[i]<<"  ";
    cout<<endl;
    return 0;
}
void fun(int a[],int n)
{
    int i,j,t;
    for(i=0,j=n-1;i<=j;)
        if(a[i]%2==1 && a[j]%2==0)  //a[i]奇数, a[j]偶数
            {t=a[i];a[i]=a[j];a[j]=t;i++;j--;}
        else
            if(a[i]%2==1) j--;        // a[i]奇数, a[j]奇数
            else
                if(a[j]%2==0) i++;    // a[i]偶数, a[j]偶数
                else
                    {  ____③____  j--;}
}
```

运行结果如图 8-25 所示。

图 8-25 运行结果

五、程序改错题

1. 程序功能：根据键盘输入的 x，计算函数 $y = \begin{cases} x^2 & (x \leqslant 1) \\ x & (1 < x \leqslant 10) \\ \sqrt{x} & (x > 10) \end{cases}$ 的值。输入/输出格

式参见运行结果。（2 个错误）

350

```
1   //根据键盘输入的 x，计算函数 y 的值
2   #include <iostream>
3   #include <cmath>
4   using namespace std;
5   void fun(double x,double& y);
6   int main()
7   {
8     double x=0.0,y=0.0;
9     cout<<"请输入任意数据 x: ";
10    cin>>x;
11    fun(x,&y);
12    cout<<"y 的值是："<<y<<endl;
13    return 0;
14  }
15    void fun(double x,double y)
16  {
17    if(x<=1)
18        y=x*x;
19    else
20        if(x<10)
21            y=x;
22        else
23            y=sqrt(x);
24  }
```

运行结果如图 8-26 所示。

图 8-26　运行结果

2. 程序功能：求解并输出 n 个数据中所有奇数之和、所有偶数之和以及这两个和数的差值。输入/输出格式参见运行结果。（2 个错误）

```
1   //求解并输出 n 个数据中所有奇数之和、所有偶数之和以及这两个和数的差值
2   #include <iostream>
3   using namespace std;
4   void odd(int a,int ,int);
5   const int N=20;
6   int main(void)
7   {
8       int a[N]={0},n,i,sum;
```

351

```
9          cout<<"请输入数据个数:";
10         cin>>n;
11         cout<<"请输入数据"<<n<<"个数:\n";
12         for(i=0;i<n;i++)
13         cin>>a[i];
14         odd(a[ ],n, &sum);
15         cout<< "奇数的和与偶数的和的差值 sum="<<sum<<endl;
16         return 0;
17     }
18     void odd(int  a[ ],int n,int& sum)
19     {
20         int i,sum_1=0,sum_2=0;
21         int num_1=0,num_2=0;
22         for(i=0;i<n;i++)
23          if(a[i]%2!=0)
24           {
25              sum_1=sum_1+a[i];
26              num_1++;
27           }
28          else
29           {
30              sum_2=sum_2+a[i];
31              num_2++;
32           }
33         cout<<num_1<<"个奇数的和 sum_1="<<sum_1<<endl;
34         cout<<num_2<<"个偶数的和 sum_2="<<sum_2<<endl;
35         if(sum_1>sum_2)
36             sum=sum_1-sum_2;
37         else
38             sum=sum_2-sum_1;
39     }
```

运行结果如图 8-27 所示。

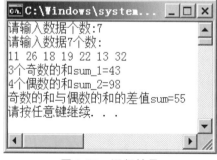

图 8-27　运行结果

352

3. 程序功能: 数组中有 n 个数, 要求把下标从 0~p (含 p, p 小于等于 n-1) 的数组元素平移到数组的最后。输入/输出格式参见运行结果。(2 个错误)

```
1    //数组中有 n 个数, 把下标从 0~p (含 p, p 小于等于 n-1) 的数组元素平
     //移到数组的最后
2    #include <iostream>
3    using namespace std;
4    int fun(int a[ ],int* p,int n)
5    {
6       int x,j,ch;
7       for(x=0;x<=*p;x++)
8        {
9         ch=a[0];
10        for(j=1;j<n;j++)
11           a[j-1]=a[j];
12        a[n-1]=ch;
13        }
14    }
15    int main()
16    {
17        const int  N=50;
18        int b[N],i,n,p;
19        cout<<"请输入欲输入数的个数:";
20        cin>>n;
21        cout<<"请输入"<<n<<"个数:";
22        for(i=0;i<n;i++)
23        cin>>b[i];
24        cout<<"请输入欲移动位置 0~p 的 p 值: ";
25        cin>>p;
26        fun(b[ ], p, n);
27        cout<<"移动后的数元素值为: ";
28        for(i=0;i<n;i++)
29           cout<<b[i]<<" ";
30        cout<<endl;
31    }
```

运行结果如图 8-28 所示。

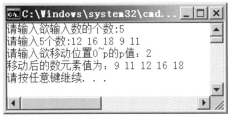

图 8-28　运行结果

353

4. 程序功能：编写递归子函数计算 x^y 的值。输入/输出格式参见运行结果。（2 个错误）

```cpp
1   //编写递归子函数计算 x^y 的值
2   #include <iostream>
3   using namespace std;
4   double mi(int x,int y)
5   {
6     if (y==0)
7        return 1;
8     else
9          return x*mi(x,y);
10  }
11  int  main( )
12  {
13    int x,y;
14    cout<<"输入 x 和 y:";
15    cin>>x>>y;
16    cout<<x<<"^"<<y<<"="<< mi(*x,&y)<<endl;
17    return 0;
18  }
```

运行结果如图 8-29 所示。

图 8-29　运行结果

5. 程序功能：根据键盘输入的整数 x，计算分段函数 sign(x) 的值，其中

$$y = \text{sign}(x) = \begin{cases} -2(x<0) \\ 0(x=0) \\ 2(x>0) \end{cases}$$ 。输入/输出格式参见运行结果。（2 个错误）

```cpp
1   #include <iostream>
2   using namespace std;
3   void sign(int x, int* y);
4   int main()
5   {
6      int x,y;
```

```
7      cout<<"请输入 x 的值：";
8      cin>>x;
9      sign(x,y);
10     cout<<"y 的值为："<<y<<endl;
11      return 0;
12     }
13   void sign(int& x, int y)
14   {
15     if (x<0)
16         *y=-2;
17     else
18       if (x==0)
19           *y=0;
20       else
21           *y=2;
22   }
```

运行结果如图 8-30 所示。

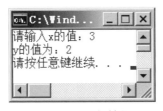

图 8-30　运行结果

六、编程题

1. 编程实现把任意一个十进制整数转换成二进制整数。要求设计 void 类型子函数实现相关功能。输入/输出格式参见运行结果（图 8-31）。

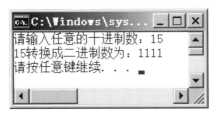

图 8-31　运行结果

2. 随机生成 1 到 9 之间的几个随机数完成连乘测试的出题和答案评定，例如：算子数量为 3，随机出题 5*9*6=？，提供答案 23，则显示"错误！正确答案为：270"；随机出题 8*9*1 = ？，提供答案 72，则显示"答案正确！"。要求设计 void 类型子函数实现相关功能，输入/输出格式参见运行结果（图 8-32）。

355

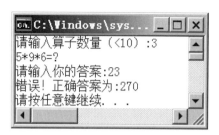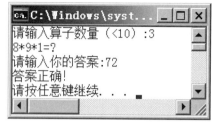

图 8-32　运行结果

3. 计算 $m^n+(m+1)^n+(m+2)^n+(m+3)^n+(m+4)^n$ 的值并输出，其中 m 和 n 是 1 到 4 之间的随机数。要求设计递归类型子函数实现相关功能，输入/输出格式参见运行结果(图 8-33)。

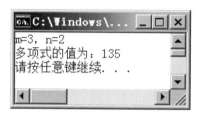

图 8-33　运行结果

356

成绩

📋 学 生 作 业 报 告

专业_____ 班级_____ 学号_____ 姓名_____

第**9**章

前面介绍了传统程序设计方法，即面向过程的程序设计方法，读者基本上掌握了 C++的语法知识及程序设计的方法与技巧。本章将重点介绍另外一种程序设计方法，即面向对象的程序设计方法，该方法是目前较为流行的程序设计方法。具体内容如下：

（1）类与对象的基本概念；

（2）构造函数与析构函数；

（3）继承与派生；

（4）MFC 编程基础。

9.1　类与对象

目前常用的程序设计方法有两大类：面向过程的程序设计和面向对象的程序设计。

9.1.1　面向过程编程

传统的面向过程程序设计（Structure Programming，也称为结构化程序设计）是围绕功能模块进行的，一个函数实现一个功能模块。主函数可以调用其余所有的函数，其余的所有函数之间也可以相互调用，函数之间通过参数来传递信息，使得程序中的所有函数协同工作，完成一个程序的基本功能，如图 9-1 所示。其基本思想是：函数=数据结构+算法，程序=函数+数据。

图 9-1　面向过程的程序设计

面向过程的程序设计的优点在于符合人们思考问题的习惯，把一个待解决的复杂问题（目标程序）分解成若干个简单的小问题（模块），逐个处理每一个小问题，最终解决整个问题。例如，实现通信录管理系统可以按照以下步骤完成：

（1）首先明确要管理的数据即通信信息。

（2）分别设计相应的信息处理模块函数：信息录入模块函数、信息删除模块函数、信息修改模块函数、信息查询模块函数等。

（3）然后用主函数（即 C++中的 main）来实现数据的定义和初始化，并分别调用步骤（2）中设计的函数模块来实现相应的功能。

面向过程程序设计强调功能模块的划分和程序结构的规范化，优点是易于编程和维护。其缺点是数据与对数据进行操作的函数是分开的，一旦数据结构发生了变化，相应的函数就需要改写，程序的可重用性差、效率低。

9.1.2 面向对象编程

面向对象编程（OOP, Object Oriented Programming）是以对象为基本单位的程序设计方法。其设计思路和人们日常生活中处理问题的思路一样，比如制造一辆汽车，需要发动机、底盘、车身和轮子等，可以得到：发动机=发动机参数+发动机功能，汽车=（发动机+底盘+车身+轮子）+各组件之间的通信；如果把发动机看作一个对象，把汽车看作一个程序，用面向对象程序设计的思路可以表示为：对象=算法+数据结构，程序=（对象+对象+对象+…+对象）+对象的消息，如图 9-2 所示。

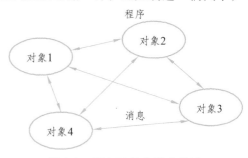

图 9-2　面向对象的程序设计

客观世界中的任何一个事物都可以看成一个对象。对象应具有两个要素：属性和方法（或行为）。属性是对象的静态特征，如汽车的品牌、颜色、重量、轮子数量、载重量等；方法是指对象根据外界给定的信息可以进行的相应操作，如汽车的前进、后退、转向、刹车等功能。

面向对象程序设计的关键是：面对一个大规模的程序，如何为该程序设计相应的类，然后从这些类中衍生出对象，实现对象之间的消息传递和协同工作，以便完成程序设计。例如，设计某游戏开发软件的具体过程如下：

（1）首先对该软件进行类的抽象，设计合适的角色，即类，如人类 human、动物类 animal、武器类 weapon 等。

（2）具体化每一个类：确定该类的属性和方法。

（3）利用定义好的类来生成对象（比如从"人类 human"中生成各个具体的人物），并且实现对象之间的消息传递。

1. 面向对象程序设计的优点

（1）易维护：采用面向对象思想设计的程序，可读性高。由于"继承"特性的存

360

在，即使改变需求，维护也只是在局部模块，所以维护起来是非常方便和低成本的。

（2）质量高：在设计时，可重用现有的、在以前的项目领域中已被测试过的类，使系统满足业务需求并具有较高的质量。

（3）效率高：在软件开发时，根据设计的需要对现实世界的事物进行抽象，产生类。使用这样的方法解决问题，接近于日常生活和自然的思考方式，势必提高软件开发的效率和质量。

（4）易扩展：由于继承、封装、多态的特性，自然设计出高内聚、低耦合的系统结构，使得系统更灵活、更容易扩展，而且成本较低。

2. 面向对象程序设计的缺点

（1）性能损失：面向对象编程达到了软件工程的三个主要目标——重用性、灵活性和扩展性。相对来说，为了实现相应的目标，也会产生一定的性能损失，比如程序需要进行超大规模计算，则性能损失就比较明显。

（2）对数学运算等对象化很弱的编程不适用，解决这类问题建议使用相应的专业运算软件来完成。

3. 面向对象程序设计的特点

1）抽象

抽象是计算机解决问题的基础。面向对象方法中的抽象，是指对具体问题（对象）进行概括，提炼出一类对象的公共特征并且加以描述的过程。良好的抽象策略可以控制问题的复杂程度，增强系统的通用性和可扩展性。

通常，对一个问题的抽象应包括两个方面：

（1）数据抽象：描述某类对象的属性或状态，也就是此类对象区别于其他对象的特征；

（2）行为抽象：描述的是某类对象的共同行为或功能特性。

例如对所有人进行抽象，可以得到如下的抽象描述：

共同的属性：姓名、性别、年龄、身高、体重等，它们构成了人的数据抽象部分。

共同的行为：说话、走路、吃饭、工作、学习等，它们构成了人的行为抽象部分。

2）封装

封装是面向对象的特征之一，是对象和类概念的主要特性。封装是把客观事物包装成抽象的类，并且类可以将自己的某些属性（数据）设置成只让可信的类或者对象进行操作，对不可信的类或者对象进行信息隐藏（即封装）。例如，下面的代码定义了一个圆类 Circle：

```
class Circle
{
    private:
        double r;
    public:
        double GetRadius( )
```

```
    {   return r;  }
        double GetArea( )
    {   return 3.14*r*r;  }
        void ShowInfo( )
    {   cout<<r<<" "<<GetRadius()<<" "<<GetArea()<<endl;  }
    };
```

Circle 类有一个数据成员 r 和三个成员函数（GetRadius、GetArea、ShowInfo），这些信息封装了圆的基本属性和操作。其中，r 是私有（private）属性，只允许 Circle 类自己的三个成员函数访问，而其他的函数都不可以访问。而三个成员函数是公有（public）属性，其他的函数可以通过这三个函数与 Circle 对象进行数据通信。

3）继承

面向对象编程语言的一个主要功能就是"继承"。通过继承，可以使用现有类的某些功能，并在无须重新编写现有类的情况下对这些功能进行扩展。例如，因为圆柱体包含圆的某些特征，因此在定义圆柱体类时可以从圆类继承这些特征，具体内容将在9.3 节介绍。

通过继承，编程人员可以在别人的基础上有所发展、有所突破，摆脱重复分析、重复开发的困境。

4）多态

多态性（polymorphism）：向不同的对象发送同一个消息，不同的对象在接收时会产生不同的行为（方法）。如运算符"/"，对整数对象、浮点数对象或用户之间定义的对象，其操作的方法不一样，3/2 和 3.0/2 得到完全不同的结果。

在面向对象程序设计中，多态性可以分为静态多态性和动态多态性。静态多态性是通过函数重载来实现的，在编译时就决定了，也叫编译时的多态性；而动态多态性是在程序运行过程中才动态确定操作所针对的对象，是通过虚函数来实现的，也叫运行时的多态性。虚函数是允许将父对象设置成和它的一个或更多子对象相等的技术，赋值之后，父对象就可以根据当前赋值给它的子对象的特征以不同的方式运作。运行多态性允许将子类对象赋值给父类类型的指针，如下列程序代码中 Shape 为一个含有虚函数 printName() 的基类，Point 是继承 Shape 的子类，Circle 是继承 Point 的子类：

```
Point  P;         //定义 Point 类的一个对象 P
Circle  C;        //定义 Circle 类的一个对象 C
Shape *pt;        //定义 Shape 类的一个指针 pt
pt=&P;            //pt 指针指向子对象 P
pt->printName();      //打印子对象 P 的名字
pt=&C;                //pt 指针指向子对象 C
pt->printName();      //打印子对象 C 的名字
```

在这段程序代码中，对象 P 和对象 C 相对于类 Shape 来说都是子对象，指针 pt 为父类指针，通过父类指针指向不同的子对象，实现程序运行时的多态性，即程序中 "pt->printName();" 这一句相同的代码可以有不同的输出结果。

9.1.3 类与对象

在传统的程序设计中，经常遇到变量的定义，例如：

```
int  A, B; double  C, D;
```

其中 A 和 B 可以看作 int 类的两个对象，int 代表整数类；C 和 D 可以看作是 double 类的两个对象。

对象（Object）可以表示现实世界中一切存在的事物，它可以是看得见的，如张三、李四养的小狗、书等，也可以是看不见的，如 int A, B;语句中的变量 A 和 B（对象）等。对象是类的具体实例（instance）。对象是具体的、动态的，需要占用内存，程序运行结束之后对象就会消失。

类（Class）是现实世界或思维世界中的实体在计算机中的反映，它将某一批对象的共性和特征数据以及这些数据上的操作封装在一起。比如把全世界的 70 多亿人（每一个人都是一个对象）的共同点提取出来得到了人类，把全世界所有狗的共同点抽象出来得到了狗类等。类是所有面向对象的语言的共同特征，是 C++ 的灵魂。每一个 C++ 的应用程序都是由许多类构成的。类是抽象的、静态的，不占用内存，它是长期存在的（可以写好类的代码后用文件保存）。

在 C++ 中，如何定义和设计一个类是面向对象程序设计的关键，需要设计者给出每一个类的完整属性（基本数据），并基于这些属性设计该类的方法（函数）。下面通过一个例子来帮助读者掌握类和对象的基本概念。

【例 9.1】定义一个学生类，学生有学号、姓名、年龄、语文成绩、数学成绩、平均成绩这些基本信息，要求实现：输入学生的基本信息，输出学生的基本信息，计算与返回平均成绩。

问题分析：

本例要求设计一个学生类，其基本属性（数据成员）和方法（成员函数）见表 9-1。

表 9-1 学生类的结构

学生类	名 称	说 明	数据类型
数据成员	No	学号	整型
	Name	姓名	字符数组
	Age	年龄	整型
	Chinese	语文成绩	浮点型
	Math	数学成绩	浮点型
	Average	平均成绩	浮点型
成员函数	InputData()	输入学生信息	
	OutputData()	输出学生信息	
	ComputeAvg()	计算平均成绩	
	GetAverage()	获取平均成绩	

类的设计：

设计一个 Student 类，其基本数据和方法如下：

```cpp
class  Student
{
  private :
    int  No;
    char Name[20];
    int Age;
    double Math;
    double Chinese;
  public :
    double  average;
    void InputData();
    double GetAverage(void);
    void ComputeAvg();
    void OutputData();
};
```

编程实现：

```cpp
//学生类与对象
#include <iostream>
#include <iomanip>
using namespace std;
class  Student   //开始类的定义，即定义 Student 类
{
    private :        //可省略，未经定义的成员函数或变量，默认为 private
      int  No;
      char Name[20];
      int Age;
      double Math;
      double Chinese;
    public :
      double  average;
      void InputData()
      {
          cout<<"Please Input Data:"<<endl;
          cout<<"No Name Age Math Chinese"<<endl;
          //类的成员函数可以直接使用类的成员变量
          cin>>No>>Name>>Age>>Math>>Chinese;
      }
```

```
    double GetAverage(void)
    {
        return average;
    }
    void ComputeAvg();

    void OutputData()
    {
    cout<<setw(6)<<"No"<<setw(6)<<"Name"<<setw(6)<<"Age"
    <<setw(6)<<"Math"<<setw(10)<<"Chinese"<<setw(10)
    <<"average"<<endl;
    cout<<setw(6)<<No<<setw(6)<<Name<<setw(6)<<Age<<setw(6)
    <<Math<<setw(10)<<Chinese<<setw(10)<<average<<endl;
    }
};                        //结束类的定义,用";"代表结束

void Student::ComputeAvg()
{
    average=(Math+Chinese)/2;
}


int main()
{
    Student A;      //定义对象A
    A.InputData();
    A.ComputeAvg();
    A.OutputData();
    return 0;

}
```

运行结果如图 9-3 所示。

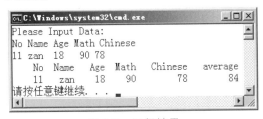

图 9-3　运行结果

课堂测试:
类与对象

程序说明:

本例中定义了一个类 Student,在 main 函数中定义了一个 Student 的对象 A,并调

用 A 对象的 InputData、ComputeAvg 和 OutputData 三个成员函数（方法）。

关键知识点：

（1）类的定义需要关键字 class，类的名称 Student 由用户命名，符合 C++的标识符命名规则即可。

（2）类的内容定义用"{"和"}"括起来，定义完成后用";"结束。

（3）类的成员函数的具体定义可以放在类定义的里面，如函数 InputData、GetAverage、OutputData 也可以放在类定义的外面，如 ComputeAvg，此时需要注意其格式：要冠上类的名字并用"::"符号连接类名和函数名，如 Student::ComputeAvg()。::是作用域运算符，用于声明函数是属于哪个类。

（4）对象的定义类似于普通变量的定义，对象的数据和函数的引用需要在对象名和函数名之间用"."连接起来，如 A.InputData()。.是成员运算符，通过"对象名.成员名"访问对象中的成员。

（5）类的成员函数可以随意使用类的成员变量。

（6）成员函数和成员变量的访问类型有三种：private、public 和 protected。

private：定义私有的成员函数或成员变量，其作用范围是从 private 开始直至遇到其他访问类型关键字（如 public）。如 student 类中的 private 的作用范围是变量 No 到 Chinese 5 个变量。用 private 修饰的变量，只能被类的成员函数使用（即 student 类中定义的 4 个成员函数），在其余地方都不能使用。比如主函数 main 中如果出现语句：cout<<A.Name<<endl;将会出现错误的信息。因为 Name 这个变量是 private 类型，不能被 main 函数访问。当 private 出现在类的定义开头时可以省略，即本例中的 private 可以省略。

public：定义共有的成员函数或成员变量，其作用范围是从 public 开始直至其他访问类型关键字（如 private）出现之前。Student 类中的成员变量 average 和其余 4 个成员函数都是共有的类型，可以被类以外的函数调用，如 main 函数中调用了 A 对象的 3 个共有成员函数，main 函数中还可以出现语句 cout<<A.average<<endl;，因为 average 是共有的成员变量。

protected：定义保护的成员函数或成员变量，其作用范围是从 protected 开始直到遇到其他访问类型的关键字（如 private）出现之前。用 protected 限定的成员函数或成员变量只允许本类的成员函数访问，与 private 限定的权限几乎一致。其主要用于对类的继承关系的限定。

延展学习：

类的成员函数访问类型除 private、public 和 protected 外，还有 friend、static。这些访问控制关键字都是面向对象程序设计中对成员函数的特殊限定，感兴趣的读者可以参考相关资料自学。

9.2 构造函数与析构函数

在类的成员函数中，有两个是非常重要的，它们是任何一个类都必须有的成员函数，即构造函数与析构函数。构造函数在产生对象的时候自动被调用，析构函数在对象消失之前自动被调用。

366

9.2.1 构造函数

构造函数是在类中说明的特殊成员函数，在创建对象时，该函数使用给定的值来将对象初始化。

针对例 9.1 介绍的 Student 类，每个对象的数据都是通过成员函数 InputData 来进行输入的。通常情况下是不提倡通过键盘输入数据的，因为这会使得类的封装不具完善性，具有一定的安全隐患。

常用一个构造函数来实现类的成员变量的初始化。定义构造函数的格式：

```
ClassName::ClassName( )
{
    ......    //函数体
}
```

【例 9.2】向例 9.1 的 Student 类中添加自定义构造函数。通过构造函数实现对类成员的赋初值。

问题分析：

把例 9.1 中 Student 类的 InputData 成员函数修改为一个构造函数（见表 9-2）。

表 9-2　Student 类的结构

数据成员	No
	Name
	Age
	Chinese
	Math
	Average
成员函数	Student(...)
	OutputData()
	ComputeAvg()
	GetAverage()

类的设计：

设计一个 Student 类，其基本的成员变量和成员函数定义如下：

```
class Student
{
  private :
    int  No;
    char Name[20];
    int  Age;
    double Math;
```

```
        double Chinese;
    public :
        double  average;
        Student(int no,char N[],int age, double  math, double chinese);
        double GetAverage(void);
        void ComputeAvg();
        void OutputData();
};
```

编程实现:

```
#include <iostream>
#include <iomanip>
using namespace std;
class Student
{
    private:
        int  No;
        char Name[20];
        int Age;
        double Math;
        double Chinese;
    public:
        double  average;
        Student(int no,char name[],int age,double math,double chinese);
        double GetAverage(void)
        {
            return average;
        }
        void ComputeAvg();

        void OutputData()
        {
            cout<<setw(6)<<"No"<<setw(6)<<"Name"<<setw(6)<<"Age"
            <<setw(6)<<"Math"<<setw(10)<<"Chinese"<<setw(10)
            <<"average"<<endl;
            cout<<setw(6)<<No<<setw(6)<<Name<<setw(6)<<Age<<setw(6)
            <<Math<<setw(10)<<Chinese<<setw(10)<<average<<endl;
        }
};
```

```
Student::Student(int no,char name[],int age,double math,double
chinese)
{
    No=no;
    strcpy(Name,name);
    Age=age;
    Math=math;
    Chinese=chinese;
}
void Student::ComputeAvg()
{
    average=(Math+Chinese)/2;
}

int main()
{
    Student A(11,"LiBo",18,89,90);   //定义对象，此时自动调用构造函数
    A.ComputeAvg();
    A.OutputData();
    return 0;
}
```

运行结果如图 9-4 所示。

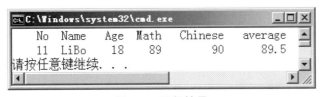

图 9-4   运行结果

程序说明：

该 Student 类定义了一个构造函数来实现产生对象时的成员变量的初始化。

关键知识点：

（1）构造函数的函数名必须与类名相同。构造函数的主要作用是完成对象数据成员的初始化以及其他的初始化工作，在创建对象时自动调用。

（2）在定义构造函数时，不能指定函数返回值的类型，也不能指定为 void 类型。

（3）构造函数可以指定参数的缺省值。

（4）一个类可以定义若干个构造函数。当定义多个构造函数时，必须满足函数重载的原则，每一个对象只能调用唯一的一个构造函数。

（5）每一个类都至少有一个构造函数，当在程序中没有定义构造函数时，系统会自动调用由编译器产生的缺省构造函数，如例 9-1。

369

当一个类有多个构造函数时，如何定义、调用和重载。编译器自动产生的缺省的构造函数是什么样的？

【例 9.3】向例 9.2 的 Student 类中添加带缺省参数的构造函数实现构造函数的重载。

问题分析：

在例 9.2 中，Student 类已经定义了一个带有参数的构造函数，构造函数主要为对象赋予初值，其定义如下：

```
Student::Student(int no,char name[],int age,double math,double chinese)
{
    No=no;
    strcpy(Name,name);
    Age=age;
    Math=math;
    Chinese=chinese;
}
```

现为 Student 类再定义一个不带参数的构造函数，该构造函数主要实现为对象分配内存，其定义如下：

```
Student::Student(){    }
```

编程实现：

```
#include <iostream>
#include <iomanip>
using namespace std;
class Student
{
  private :
    int  No;
    char Name[20];
    int Age;
    double Math;
    double Chinese;
  public :
    double  average;
    Student(int no,char name[],int age,double math,double chinese);
    Student(){ }    //定义缺省参数的构造函数
    double GetAverage(void)
    {
        return average;
    }
```

```cpp
        void ComputeAvg();

        void OutputData()
        {
            cout<<setw(6)<<"No"<<setw(10)<<"Name"<<setw(6)<<"Age"
            <<setw(6)<<"Math"<<setw(10)<<"Chinese"<<setw(10)
            <<"average"<<endl;
            cout<<setw(6)<<No<<setw(10)<<Name<<setw(6)<<Age<<
            setw(6)<<Math<<setw(10)<<Chinese<<setw(10)<<average
            <<endl;
        }
};

Student::Student(int no,char name[],int age,double math,double
chinese)
{
    No=no;
    strcpy(Name,name);
    Age=age;
    Math=math;
    Chinese=chinese;
}
void Student::ComputeAvg()
{
    average=(Math+Chinese)/2;
}

int main()
{
    //定义对象，此时自动调用带参数的构造函数
    Student A(11,"LiMingo",18,89,90);
    Student B;          //定义对象，此时调用缺省参数的构造函数

    A.ComputeAvg();
    A.OutputData();
    B.OutputData();     //此时 B 对象的参数都没有赋值
    B=A;                //将对象 A 的参数赋给对象 B
    B.OutputData();
    return 0;
}
```

运行结果如图 9-5 所示。

371

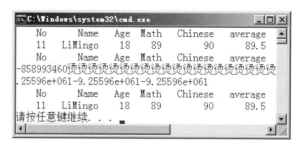

图 9-5　运行结果

关键知识点：

（1）Student 类定义了两个构造函数，一个带有参数，一个不带参数。在 main 函数中生成相应的对象 A 和 B 时，根据情况分别调用对应的带参数和不带参数的构造函数。

（2）当类定义了带参数的构造函数后，若程序中要用不带参数的构造函数，必须在类的声明中显示定义不带参数的构造函数；而例 9.1 中，没有定义任何构造函数，不带参数的构造函数是系统隐式定义的。

（3）对象 B 调用缺省参数的构造函数后，若直接输出其对象的相关数据，将出现乱码，如运行结果截图所示，这是为什么？

（4）案例中的对象 A 和 B 都是 Student 的对象，故可以把对象 A 的值（即数据成员的值）赋给对象 B。

9.2.2　析构函数

析构函数的作用与构造函数正好相反，是在对象的生命期结束时，释放系统为对象所分配的空间，即要撤销一个对象。析构函数也是类的成员函数，定义析构函数的格式为：

```
ClassName::~ClassName( )
{
    ……    //函数体
}
```

【例 9.4】设计一个圆类，为该类添加用户自定义构造函数与析构函数。

问题分析：

一个圆最主要的成员变量就是半径 r，而面积和周长都可以通过 r 计算出来，所以面积和周长不作为圆的成员变量。因此可以得到圆类 Circle 的基本结构见表 9-3。

表 9-3　Circle 类的结构

数据成员	double r
成员函数	Circle()
	GetR()
	GetArea()
	GetCircumstance()
	~Circle()

372

类的设计：

```
class Circle
{
  private:
    double r;
  public:
    Circle(int R)
    {   r=R;    cout<<"Constructor of the Object!"<<endl; }
    double GetR()
    {   return r;  }
    double GetArea()
    {   return 3.14*r*r; }
    double GetCircumstance()
    {   return 2*3.14*r; }
    ~Circle()
    {   cout<<"Deconstructor of the Object!"<<endl; }
};
```

编程实现：

```
#include <iostream>
using namespace  std;
class Circle
{
……  // 具体代码见"类的设计"部分
};
int main()
{
    Circle MyCircle(3);
    cout<<"The Radius is:"<<MyCircle.GetR()<<endl;
    cout<<"The Area  is:"<<MyCircle.GetArea()<<endl;
    cout<<"The Circumstance is:"<<MyCircle.GetCircumstance()<<endl;
    return 0;
}
```

运行结果如图 9-6 所示。

课堂测试:
析构函数

图 9-6 运行结果

373

程序说明：

Circle 类定义了一个构造函数来为对象的半径赋值，定义了一个析构函数显示对象消失时的信息输出。程序中的对象 MyCircle 是在整个程序运行结束后由系统自动释放内存而消失的。

关键知识点：

（1）析构函数是成员函数，函数体可写在类体内，也可写在类体外。

（2）析构函数是一个特殊的成员函数，函数名必须与类名相同，并在其前面加上字符 "~" 以便和构造函数名相区别。

（3）析构函数不能带有任何参数，不能有返回值，不指定函数类型。

（4）一个类中，只能定义一个析构函数，析构函数不允许重载。

（5）析构函数是在撤销对象时由系统自动调用的。

延展学习：

在程序的执行过程中，当遇到某一对象的生存期结束时，系统自动调用析构函数，然后再收回为对象分配的存储空间。此时需要用指针技术。

9.2.3　构造函数与析构函数对内存的分配与释放

在程序的执行过程中，对象如果用 new 运算符开辟了空间，则在类中应该定义一个析构函数，并在析构函数中使用 delete 释放由 new 分配的内存空间。因为在撤销对象时，系统自动收回为对象所分配的存储空间，而不能自动收回由 new 分配的动态存储空间。

【例 9.5】设计一字符串类，实现内存的动态分配。

问题分析：

字符串的数据成员有长度（Length）和内存地址（sp），为了便于动态创建字符串，希望在创建字符串（调用构造函数）时确定字符串的长度并动态分配内存，并使用字符串的析构函数来释放构造函数分配的内存。为了程序演示，定义了一个输出字符串的函数，当然字符串的操作还有很多函数，这里就省略了。类的结构设计见表 9-4。

表 9-4　字符串类的结构

数据成员	char *Sp
	int Length
成员函数	String()
	ShowString()
	~String()

类的设计：

```
class String
```

```
{
    char *Sp;
    int Length;
 public:
    String(char *str)
    {   if(str!=NULL)
            {
            Length=strlen(str);
            Sp=new char[Length+1];
            strcpy(Sp,str);
            }
        else
            Sp=0;
    }
    void ShowString(void)
            {   cout<<Sp<<endl;  }
    ~String()
            {   if(Sp) delete []Sp;  }
};
```

编程实现：

```
#include <iostream>
using namespace std;
class String
{
  ……  // 具体代码见"类的设计"部分
};
int main(void)
{   String s1("Hello SWJTU!");
    s1.ShowString();
    return 0;
}
```

运行结果如图 9-7 所示。

图 9-7　运行结果

375

程序说明：

该字符串类利用构造函数分配内存，利用析构函数释放内存，即 new 和 delete 的使用。

关键知识点：

（1）内存的分配一定要在构造函数内完成，且内存的长度是字符串长度加 1。

（2）内存的释放一定要在析构函数内完成。

延展学习：

感兴趣的同学，可以实现字符串的其他成员函数，如字符串的连接、查找、删除、定位、了串等。

9.3 继承与派生

面向对象技术强调软件的可重用性（software reusability）。C++提供了类的继承（inheritance）机制，解决了软件重用性问题。

前面介绍了一个类包含若干个数据成员和成员函数。如果两个类的一部分数据成员和成员函数相同，就可以采用继承机制。例如，圆类和圆柱体类的主要数据成员和成员函数如图 9-8 所示。

圆类	
数据成员	double r
成员函数	double Area()
	double CircumS()
	double GetR()

圆柱体类	
数据成员	double r
成员函数	double Area()
	double CircumS()
	double GetR()
新增	double h
	double Volume()
	double GetH()

图 9-8 圆类与圆柱体类

可以看出，圆柱体的相当一部分数据成员和成员函数在圆中已经存在，所以在定义圆柱体类的时候，可以以圆类作为基础，再加上新的内容即可，以减少重复的工作量。C++的继承机制解决了这个问题。

在 C++中，所谓继承就是在一个已经存在的类的基础上建立一个新的类。已存在的类（如圆 Circle 类）称为基类或父类，新建立的类（如圆柱体类）称为派生类或子类。一个新类从已有类那里获得其已有特性，这种现象称为类的继承。从另一角度来说，从已有的类产生一个新的子类，称为类的派生。

【例 9.6】定义一个交通工具类（父类即基类），由此派生出一个小汽车类（子类即派生类）。

问题分析：

（1）首先分析交通工具类的特点：有轮子数量、重量、载重量等属性。

（2）由交通工具可以派生出小汽车类：增加载客数量等属性，如图 9-9 所示。

交通工具类				小汽车类	
数据成员	Num_Wheels			Num_Wheels	
	Weight		数据成员	Weight	
成员函数	Initialize()			Initialize()	
	GetWheels()	继承	成员函数	GetWheels()	
	GetWeight()			GetWeight()	
	Wheel_Loading()			Wheel_Loading()	
			新增	Passenger_Load	
				Initialize1()	
				GetPassengers()	

图 9-9　交通工具类继承关系

类的设计:

```
//交通工具类
class vehicle
{
  private:
    int Num_Wheels;   //轮子数目
    float Weight;      //重量
  public:
    void initialize(int in_wheels, float in_weight)
    {  Num_Wheels=in_wheels; Weight=in_weight;  }
    int GetWheels( )
    {   return Num_Wheels;   }
    float GetWeight( )
    {   return Weight;          }
    float Wheel_Loading( )
    {   return Weight/Num_Wheels;       }
};

//小汽车类
class car: public vehicle
{
  private:
    int Passenger_Load;     //载客人数
  public:
    void initialize1( int people )
    {  Passenger_Load=people;  }
```

377

```
        int GetPassengers( )
        {   return Passenger_Load;        }
};
```

编程实现：

```
#include <iostream>
using namespace std;
class vehicle
{
    ……    //代码见"类的实现"部分
};
class car: public vehicle
{
    ……    //代码见"类的实现"部分
};


int main()
{
    car myCar;                 //定义派生类对象
    myCar.initialize(4,3);  //调用基类公有成员函数
    myCar.initialize1(4);    //调用派生类成员函数
    cout<<"Num of wheels of myCar is: "<<myCar.GetWheels()<<endl;
    cout<<"Num of weight of myCar is: "<<myCar.GetWeight()<<endl;
    cout<<"Num of Wheel_Loading of myCar is: "<<myCar.Wheel_
    Loading()<<endl;
   cout<<"Num of Passangers of myCar is: "<<myCar.GetPassengers()
    <<endl;
    return 0;
}
```

运行结果如图 9-10 所示。

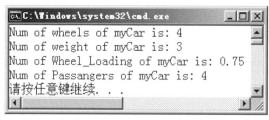

图 9-10   运行结果

程序说明：

本程序定义了一个对象 myCar，分别调用了父类和派生类的成员函数和成员变量，

378

实现一个父类和一个子类一对一的继承模式。

关键知识点：

（1）公有继承：class ClassName: public BaseClassName。

在定义一个派生类时，将基类的继承方式指定为 public 的，称为公有继承。采用公有继承时，基类中所有成员在派生类中的访问权限见表 9-5。

需要特别注意的是：虽然是公有继承，但是只有基类的公有成员和保护成员在派生类中保持其原有属性不变，而基类的私有成员在派生类中是不可访问的。因为私有成员体现了数据的封装性，隐藏私有成员有利于测试、调试和修改程序，这是面向对象程序设计技术中非常重要的特点。

表 9-5　公有继承

基类成员属性	在派生类中	在派生类外
公有 public	public	可以访问
保护 protected	protected	不可访问
私有 private	不可访问	不可访问

（2）私有继承：class ClassName: private BaseClassName。

采用私有继承时，基类中的公有成员和保护成员在派生类中均变为私有的，在派生类中仍可直接使用这些成员，而基类中的私有成员，在派生类中是不可访问的，见表 9-6。

表 9-6　私有继承

基类成员属性	在派生类中	在派生类外
公有 public	private	不可访问
保护 protected	private	不可访问
私有 private	不可访问	不可访问

（3）保护继承：class ClassName: protected BaseClassName。

采用保护继承时，基类中的公有成员和保护成员在派生类中均变为保护的，在派生类中仍可直接使用这些成员，而基类中的私有成员，在派生类中是不可访问的，见表 9-7。

表 9-7　保护继承

基类成员属性	在派生类中	在派生类外
公有 public	protected	不可访问
保护 protected	protected	不可访问
私有 private	不可访问	不可访问

课堂测试：
继承与派生

379

对于父类和子类的成员函数和成员变量的访问是面向对象程序设计的关键问题。如将本例的继承方式改为 protected，则 main 函数中对父类的公有成员函数的调用都是不允许的，需要读者特别注意。

延展学习：

（1）为了实现 C++面向对象的多态性，引入了抽象类，感兴趣的读者可以进一步学习。

（2）在基类中存在虚函数时该如何处理。

（3）如何实现多重继承等技术。

9.4 MFC 编程

前面介绍了面向过程与面向对象的程序设计方法，设计的程序都是 Win32 控制台程序（Console 程序，即文本界面的程序），这样的程序通过键盘和显示器直接输入和输出，其优点是程序简单，代码少，运行效率相对较高。其最大的缺点是没有友好的输入输出界面，很难被用户接受和推广。因此，开发具有图形界面的 Windows 程序（如 Word、PowerPoint 等）才能更好地满足广大用户对于人机友好的需求。

编写图形界面的程序，就需要用到操作系统提供的丰富资源，Windows 提供给编程者的资源大致可以分为：Kernel（核心）、GDI（Graphics Device Interface，图形设备接口）、User（用户）三类对象资源。这些资源在 Windows 操作系统中以动态库（扩展名为 DLL）文件存在于 Windows 的相关目录下，并且以 API(Application Programming Interface，应用程序接口）函数的形式提供给开发者使用。目前基于类 C 语言开发 Windows 程序主要有三个技术方向：

（1）C#技术：它是一个面向组件的编程语言，是完全面向对象的程序设计语言，与 COM（Component Object Model，组件对象模型）是直接集成的，并且新增了许多功能及语法，是微软公司.NET Windows 网络框架的主角。

（2）Windows 编程：用户可以通过 C 语言调用 Windows 提供的所有资源来编写 Windows 程序，需要用户对 Windows 程序的运行机制非常熟练，编程难度较大。

（3）MFC（Microsoft Foundation Class）类库技术：利用 MFC 类库快速生成用户程序，MFC 类库集成了 Windows 操作系统的所有资源，以 C++面向对象为核心，大大简化了用户写 Windows 程序的难度，使得编程人员可以快速入手。

9.4.1 MFC 类库

MFC 类库：微软公司为了简化用户开发 Windows 应用程序，把 Windows 操作系统提供的 API 函数都封装成相应的类。用户可以使用 MFC 提供的类库，迅速开发相关的 Windows 程序。如用户需要创建一个 Windows 中的对话框，从 MFC 的 Dialog 类中继承过来，修改和添加相应的成员函数和成员变量就可以了。这样大大简化了 Windows 程序的开发难度。

380

9.4.2 利用 MFC 编写 Windows 程序

【例 9.7】编写一个简单的对话框程序。

在 Microsoft Visual Studio 环境下选择菜单:【文件】→【新建】→【项目】选项,然后按照下列操作步骤完成对话框程序的创建。

第一步:确定应用程序的名字,其界面如图 9-11 所示,注意在窗口的左边选取 Visual C++模板,在窗口的右边选择 MFC 应用程序,在窗口中的"名称"对应的输入框中输入用户应用程序的工程名字(如 FirstDialog),在"位置"对应的下拉框中选择应用程序存放的位置(如 F:\)。设置完成后单击【确定】按钮即可进入第二步。

图 9-11 应用程序的名字和存放位置

第二步:使用 MFC 应用程序向导,进入如图 9-12 所示的对话框,然后单击【下一步】,进入如图 9-13 所示的设置界面。

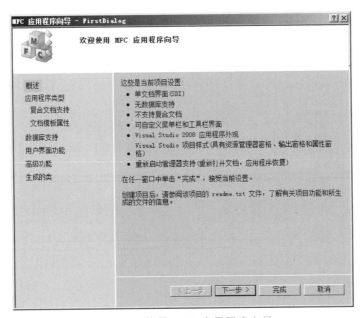

图 9-12 使用 MFC 应用程序向导

第三步：在图 9-13 中选择应用程序类型：基于对话框。MFC 的应用程序有三种类型：基于单文档、基于多文档和基于对话框。然后选择项目类型：MFC 标准。选择 MFC 的使用：在共享 DLL 中使用 MFC。然后单击【下一步】按钮进入第四步，如图 9-14 所示。

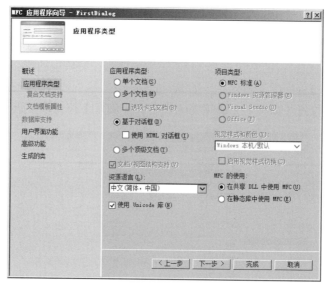

图 9-13　确定应用程序的类型

第四步：设置应用程序的用户界面格式，在如图 9-14 所示的对话框中，用户可以选择下面的主框架样式界面，也可以重新输入对话框标题，并单击【完成】按钮完成 Windows 对话框程序的建立。

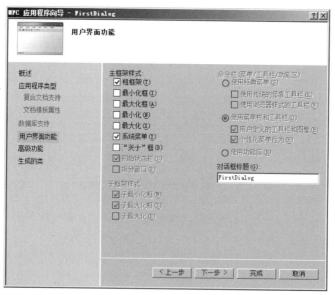

图 9-14　确定应用程序的用户界面

完成对话框程序的创建后，可以直接运行该项目，即先单击菜单【生成】→【生成解决方案】，再单击菜单【调试】→【开始执行（不调试）】，就可以运行创建的对话框程序，运行结果如图 9-15 所示，只显示一个对话框窗口，其他的程序功能需要用户添加代码实现。

图 9-15　第一个对话框程序

在 Microsoft Visual Studio 的主界面中，可以看到完整的对话框应用程序的相关信息，常用的项目视图有三个：解决方案资源管理器、类视图、资源视图，可通过单击菜单【视图】下相应的菜单选项来打开这三种项目视图。其中，解决方案资源管理器可以查看用户项目的所有文件信息，如图 9-16 所示，主要包含头文件（扩展名为.h）、源文件（扩展名为.cpp）、资源文件（主要是图形资源）。类视图可以查看用户项目所有类的相关信息：每个类的名字，所包含的成员函数和成员变量以及相关的访问类型。资源视图可以查看用户项目所使用的资源信息：图形资源、对话框资源、字符串资源、图标资源等。

图 9-16　解决方案视图

在学会添加代码之前，必须先掌握对话框程序的代码结构。首先在类视图中查看，可以发现 FirstDialog 项目中主要有两个类：CFirstDialogDlg 和 CFirstDialogApp，如图 9-17 所示，其对应的文件见表 9-8。从对于 MFC 类库的继承来看，CFirstDialogDlg 类继承了 MFC 的 CDialogEx 类（即 Windows 对话框类，此类包含对话框所有相关的成员函数和对话框的成员数据即属性）；CFirstDialogApp 继承了 MFC 的 CWinApp 类（即 Windows 应用程序类，该类用于 Windows 操作系统的应用程序的初始化、运行和终止）。基于框架生成的应用程序必须有且仅有一个从 CWinApp 派生的类的对象。在创建窗口之前先构造该对象，该对象是 MFC 应用程序的入口。

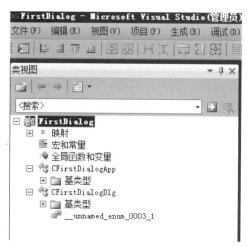

图 9-17　类视图

表 9-8　类的文件及继承关系

类	父类	文件	内容
CFirstDialogDlg	CDialogEx	头文件：FirstDialogDlg.h	类的定义
		源文件 FirstDialogDlg.cpp	类的成员函数定义
CFirstDialogApp	CWinApp	头文件：FirstDialog.h	类的定义
		源文件：FirstDialog.cpp	类的成员函数定义

前面章节涉及的程序都是 Console 程序，都是从 main 函数开始执行的；而 MFC 所编写的 Windows 程序是从创建一个 CWinApp 对象开始执行的，在 CFirstDialogApp 类的源文件中通过语句 "CFirstDialogApp theApp;" 定义了唯一的一个 CFirstDialogApp 类的对象 theApp。对象 theApp 是整个应用程序的入口，然后再通过该对象的成员函数 InitInstance 的自动调用来创建 CFirstDialogDlg 类对象，即产生一个对话框，实现 Windows 对话框的执行。

【例 9.8】创建一个简单的 MFC 程序，实现两个整数的加法。

问题分析：

在前面的章节已经学习过，编写一个简单的 Console 程序实现两个整数的加法：定义 3 个整型变量，输入其中 2 个整型变量的值，进行加法运算，输出结果。现将该算法转换为 MFC 程序，程序的输入和输出需要通过图形界面来处理。因此，需要 Windows 对话框中的相应控件来绑定对应的变量，如图 9-18 所示。在该界面中有 8 个控件对象，其中：3 个静态文本控件（Static Text）用于显示提示信息，本程序中不需要改变；3 个编辑框控件（Edit Control），其中 2 个用于输入加数，1 个用于输出加法的结果；2 个命令按钮控件（Button）。程序运行时，在对应的输入框中输入 2 个加数，单击"加法"按钮时，就会执行加法操作，并把运算结果显示到对应的文本框中，单击"退出"按钮时，关闭整个应用程序。

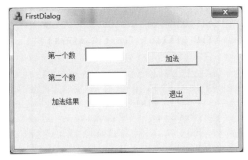

图 9-18　加法界面

操作步骤:

设计如图 9-18 所示加法界面的操作步骤如下:

（1）创建一个工程名为 FirstDialog 的对话框程序,步骤如例 9.7 所示。

（2）在"解决方案资源管理器"中双击资源文件 FirstDialog.rc 打开"资源视图",在资源视图下找到 Dialog 选项,并双击 Dialog 下的对话框标识字符串 IDD_FIRSTDIALOG_DIALOG,打开本应用程序的主对话框,进入对话框的设计界面。删除原来对话框中的静态文本及两个按钮,并把对话框窗口调整到所需要的大小,如图 9-19 所示。

图 9-19　对话框设计界面

（3）单击打开设计界面窗口右侧的"工具箱",该工具箱中包含对话框所用到的所有控件,加入程序中需要用到的 8 个控件:3 个 Static Text,3 个 Edit Control,2 个 Button。

（4）修改控件的属性:

① 修改静态文本的显示信息即 caption 属性:选中静态文本控件,单击鼠标右键,在弹出的菜单中选择"属性"选项,就会出现该静态文本的属性对话框,在该对话框中将 Caption 属性修改为程序需要显示的内容即可,如图 9-20 所示。

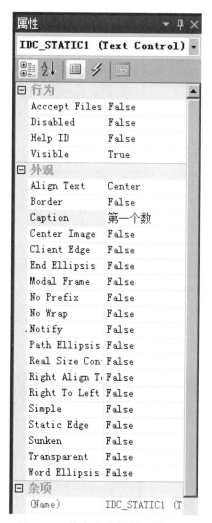

图 9-20　静态文本框的属性界面

② 修改 3 个编辑框的 ID：2 个加数控件的 ID 为 IDC_A、IDC_B，加法结果控件的 ID 为 IDC_C，这 3 个编辑框负责数据的输入或输出，具体操作与修改静态文本的 Caption 属性一样。

③ 为了编写程序时使用到 3 个编辑框，还必须为 3 个编辑框分别添加 1 个成员变量。具体做法：选择编辑框控件，单击鼠标右键，在弹出的菜单中选择"添加变量"选项，然后进入"添加成员变量向导"界面，如图 9-21 所示。图中对 ID 为 IDC_A 的控件添加成员变量，首先将控件的类别设置为 Value，再设置成员变量的属性：访问类型为 public，变量类型为 int，变量名为 m_A。

同理，为 IDC_B 控件添加一个 int 类型的变量 m_B，为 IDC_C 控件添加一个 int 类型的变量 m_C。

（5）编写代码实现加法运算。选中对话框中的"加法"按钮，左键双击该按钮，进入代码编写界面，在对应的函数中写入相应的代码，即在"加法"按钮的函数 void CFirstDialogDlg:: OnBnClickedButton1()中添加以下代码：

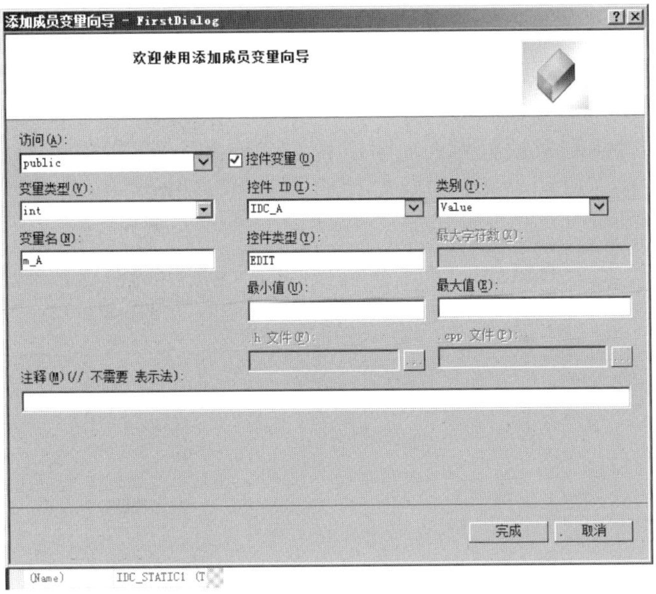

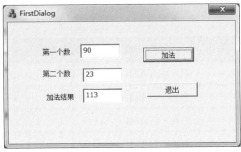

图 9-21　为控件添加成员变量

```
UpdateData(TRUE);      //将数据从对话框界面传入对应的成员变量中
m_C=m_A+m_B;
UpdateData(FALSE);       //将数据从成员变量传入对话框界面中
```

同理，为"退出"按钮添加关闭对话框的代码：

```
CDialogEx::OnCancel();
```

（6）编译、生成、运行程序，如图 9-22 所示。

图 9-22　加法程序运行界面

程序说明：

（1）UpdateData(<参数 1>)：是对话框的成员函数，当参数为 TRUE 时，表示将界面控件的数据赋值给成员变量，以便程序中的成员变量得到赋值；当参数为 FALSE 时，表示将内存变量的值传递给控件，并在对话框界面中显示。

（2）"::"符号：代表直接引用类的成员函数。

【例 9.9】通过 MFC 编程实现计算一元二次方程 $ax^2+bx+c=0$ 的根。

问题分析：

通过前面章节的学习已了解到，求一元二次方程的根的算法只需要用求根公式 $x_{1,2}=$ （-b±sqrt(b*b-4*a*c)）/(2*a) 就可以实现。通过键盘输入 a、b、c 的值，通过屏幕输出

x_1 和 x_2 的值即可。在 Windows 界面下实现输入和输出，就可以使用 MFC 编程来实现。

操作步骤：

（1）创建一个基于对话框的 MFC 工程 roots，步骤如例 9.7 所示。

（2）添加控件：在对话框界面（可以看作 Windows 程序的输入/输出界面）中添加辅助程序运行所需的控件。具体操作如下：用鼠标单击该工程的对话框，删掉对话框中所有默认的控件；然后从界面右侧的"工具箱"中把需要的控件（6 个 Static Text，5 个 Edit Control，2 个 Button）添加到对话框中，完成后的对话框如图 9-23 所示。

图 9-23　一元二次方程求根对话框

① 修改控件属性：每一个控件相当于面向对象程序设计中的一个对象，需要设置控件（对象）的属性。具体操作如下：首先单击鼠标选中控件，然后单击鼠标右键选择"属性"，在属性表中进行设置。在本例所涉及的所有控件中，static Text 控件只是显示文本，不需要在程序中通过代码修改其相关的属性，可以不用修改其 ID。Edit Control 控件作为编辑控件，用于接收用户的输入和输出，需要为其设置 ID。Button Control 控件的 Caption 属性需要设置。具体设置见表 9-9。

表 9-9　控件属性设置

控件类型	ID	Caption
Static Text	IDC_STATIC	求一元二次方程的根
Static Text	IDC_STATIC	a=
Static Text	IDC_STATIC	b=
Static Text	IDC_STATIC	c=
Static Text	IDC_STATIC	x1=
Static Text	IDC_STATIC	x2=
Edit Control	IDC_A	
Edit Control	IDC_B	
Edit Control	IDC_C	
Edit Control	IDC_X1	
Edit Control	IDC_X2	
Button Control	IDC_BUTTON1	求根
Button Control	IDC_BUTTON2	退出

② 为控件添加成员变量，具体设置情况见表 9-10。

一元二次方程的参数 a、b、c 对应的变量设置为浮点数类型，根 x_1 和 x_2 设置为字符串类型是为了考虑虚根的输出。

表 9-10　内存变量设置

控件 ID	类别	变量类型	变量名
IDC_A	Value	double	m_A
IDC_B	Value	double	m_B
IDC_C	Value	double	m_C
IDC_X1	Value	CString	m_X1
IDC_X2	Value	CString	m_X2

（3）编写代码：该程序希望在界面中输入 a、b、c 的值后，用鼠标单击"求根"按钮，即可得到所有的根。因此，需要为"求根"按钮的鼠标单击事件添加代码。具体操作是在对话框中用鼠标双击"求根"按钮，进入代码编写界面。把相应的求根代码写入即可。

```
void CrootsDlg::OnBnClickedButton1()
{
    UpdateData(TRUE);        //对控件对应的内存变量赋值
    char ST[40];             //该数组用于存放根转换后的字符串
    double delt=m_B*m_B-4*m_A*m_C;
    double x1,x2;
    if(m_A==0)
        MessageBox(_T("不是一元二次方程!"));
        //_T表示使用 Unicode，防止因兼容问题而编译错误
    else if(delt>=0)    //处理实根
    {
        x1=(-m_B+sqrt(delt))/(2*m_A);
        x2=(-m_B-sqrt(delt))/(2*m_A);
        sprintf(ST,"%4.2f",x1);
        m_X1=ST;
        sprintf(ST,"%4.2f",x2);
        m_X2=ST;
    }

        else        //处理虚根
    {
        sprintf(ST,"%4.2f%c%4.2f%c",-m_B/(2*m_A),'+',sqrt(-delt)/
        (2*m_A),'i');
```

```
          m_X1=ST;
          sprintf(ST,"%4.2f%c%4.2f%c",-m_B/(2*m_A),'-',
          sqrt(-delt)/(2*m_A),'i');
          m_X2=ST;
      }
      UpdateData(FALSE);
}
```

同理，为"退出"按钮写相应的关闭程序代码：

```
CDialogEx::OnCancel();      //该函数的对话框类的成员函数,用于关闭对话框
```

（4）编译、生成、运行程序，如图 9-24 所示。

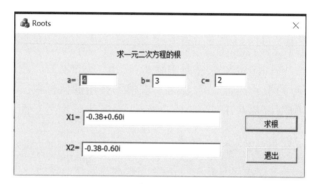

图 9-24　求平方根运行界面

程序说明：

（1）sprintf(<参数 1>，<参数 2>，<参数 3>)：实现把各种类型的数据组装成一个字符串。参数 1 代表产生的字符串需要存放的位置，一般为字符数组的地址；参数 2 表示字符串格式，其与参数 3 是一一对应的，在 sprintf(ST,"%4.2f%c%4.2f%c"，-m_B/(2*m_A),'-',sqrt(-delt)/(2*m_A),'i'）语句中：第一个"%4.2f"对应表达式-m_B/(2*m_A)的值，f 表示该值为浮点数，且取 4 位有效数字，小数位数为 2 位；"%c"中的 c 代表字符，对应后面表达式中的'-'；后面的格式"%4.2f%c"分别对应相应的表达式 sqrt(-delt)/(2*m_A)和'i'的值。该函数是在可视化程序中非常有用的一个系统函数。

（2）sqrt(参数)：求平方根函数，需要在文件中包含头文件：#include "math.h"。

至此，已经完成了 MFC 对话框程序的创建。MFC 除了支持对话框程序外，还支持单文档程序和多文档程序，感兴趣的读者可以参考相关的书籍自行学习。

习题与答案解析

一、单项选择题

1. 面向对象程序设计的英文缩写是（　　　）。

    A. OOB　　　　　　　B. OBJ　　　　　　　C. OOP　　　　　　　D. OPP

2. 类的数据和方法只让可信的类或者对象操作，对不可信的类或者对象隐藏信息，这是面向对象程序设计的（　　　）特点。

    A. 多态性   B. 封装   C. 继承   D. 抽象

3. 下列哪个不是类的特点（　　　）。

    A. 类需要占用计算机内存   B. 类可以继承

    C. 类可以生成对象   D. 类没有生命周期

4. 关于对象，下面说法不正确的是（　　　）。

    A. 对象需要内存空间   B. 对象具有生命周期

    C. 每个对象有自己的特征   D. 对象可以被继承

5. 关于构造函数，说法正确的是（　　　）。

    A. 类一定没有构造函数   B. 类的构造函数与类同名

    C. 类的构造函数必须带参数   D. 类没有缺省构造函数

6. 关于类的析构函数，说法错误的是（　　　）。

    A. 析构函数在对象的生命周期结束时调用

    B. 析构函数可以用来释放对象分配的内存

    C. 析构函数可以用来释放类分配的内存

    D. 一个类只有一个析构函数

7. main 函数可以调用类中哪种类型的成员函数（　　　）。

    A. private   B. int   C. public   D. friend

8. 有关 C++ 类的说法，不正确的是（　　　）。

    A. 类是一种用户自定义的数据类型

    B. 类的成员函数可以访问类中的私有成员变量或函数

    C. 在类中，如果不做特别说明，所有成员的访问权限均为私有的

    D. 在类中，如果不做特别说明，所有成员的访问权限均为公有的

9. 下列描述中，表达错误的是（　　　）。

    A. 公有继承时，基类中的 public 成员在派生类中仍是 public 的

    B. 公有继承时，基类中的 private 成员在派生类中仍是 private 的

    C. 公有继承时，基类中的 protected 成员在派生类中仍是 protected 的

    D. 私有继承时，基类中的 public 成员在派生类中是 private 的

10. 有关析构函数的说法，不正确的是（　　　）。

    A. 析构函数有且仅有一个

    B. 析构函数和构造函数一样可以有形参

    C. 析构函数的功能是在系统释放对象之前做一些内存清理工作

    D. 析构函数无任何函数类型

二、判断题

1. 对象是类的具体实现，一个用户程序可以定义同一个类的多个对象。（　　　）

2. MFC 程序设计中，用户创建对话框应用程序时，对话框由对话框类继承而来，因此它可以调用对话框类的相关成员函数。（　　　）

3. MFC 应用程序是从 main 函数开始执行的。 （　　）

4. MFC 应用程序和 Win32 控制台应用程序一样，可以提供友好的图形界面。
（　　）

5. Win32 控制台程序是在 Windows 命令提示符（即所谓的 DOS）下运行的程序，由 cin 和 cout 控制程序的基本输入和输出。 （　　）

6. MFC 类库就是把 Windows 操作系统的资源调用封装成相应的 MFC 类库，便于开发人员使用。 （　　）

7. 类的成员函数的定义既可以在类的内部定义，也可以在类的外部定义。
（　　）

8. 用户可以定义多个类的构造函数，但是每一个构造函数必须有返回值。
（　　）

9. 每一个类都至少有一个构造函数，如果程序没有定义构造函数，系统会自动调用编译器产生的默认（缺省）构造函数。 （　　）

10. 析构函数是一个特殊的成员函数，函数名必须与类名相同，并在其前面加上字符"~"，以便和构造函数名相区别。 （　　）

三、阅读程序，写出运行结果

```cpp
#include <iostream>
using namespace std;
class Date
{
  public:
    Date();
    Date(int y,int m,int d);
    void showDate();
    int month;
    int day;
    int year;
};
class Time
{
  public:
    Time(int,int,int);
    void display(Date &d);
  private:
    int hour;
    int minute;
    int sec;
};
```

```
Date::Date(int y,int m,int d)
{
    year=y;
    month=m;
    day=d;
}
void Date::showDate()
{
    cout<<month<<"/"<<day<<"/"<<year<<endl;
}
Time::Time(int h,int m,int s)
{
    hour=h;
    minute=m;
    sec=s;
}
void Time::display(Date &d)
{
    d.showDate();
    cout<<hour<<":"<<minute<<":"<<sec<<endl;
}
int main()
{
    Time T(12,14,16);
    Date  d1(2021,1,10);
    d1.showDate();
    T.display(d1);
    return 0;
}
```

四、程序填空题

```
#include <iostream>
#include <string>
using namespace std;
class Student
{
  public:
    Student(_____①_____)
    {
```

```
        num=n; name=nam;sex=s;
        cout<<"Constructor called."<<endl;
     }
    ~Student()
     {
        cout<<"Destructor called."<<endl;
     }
    void display()
    {
        cout<<"num:"<<num<<endl;
        cout<<"name:"<<name<<endl;
        cout<<"sex:"<<sex<<endl;
    }
    private:
    _____②_____
    string name;
    char sex;
};
int main()
{
    _____③_____ s1(2021001,"LiBo",'M');
    s1.display();
    _____④_____ s2(2020002,"zhangMin",'F');
    s2.display();
    return 0;
}
```

运行结果如图 9-25 所示。

图 9-25　运行结果

394

五、程序改错题

1. 修改下列代码，使其能正常运行。输入/输出格式参见运行结果。（5 个错误）

```cpp
1  #include <iostream>
2  using namespace std;
3  class Date
4  {
5    void set_Date(void);
6    void show_Date(void);
7    int year;
8    int month;
9    int day;
10 };
11 Date t;
12 int main( )
13 {
14   set_Date();
15   show_Date();
16 }
17 int set_Date()
18 {
19   cin>>t.year>>t.month>>t.day;
20 }
21 int show_Date()
22 {
23   cout<<t.year<<"-"<<t.month<<"-"<<t.day<<endl;
24 }
```

运行结果如图 9-26 所示。

图 9-26　运行结果

2. 修改下列代码，使其能正常运行。输入/输出格式参见运行结果。（8 个错误）

```cpp
1  #include <iostream>
2  using namespace std;
3  class Time
```

395

```
4    {
5    public:
6        Time(void);
7        void show_time(void);
8        int hour;
9        int minute;
10       int sec;
11   };
12   int main()
13   {
14       Time T;
15       show_time();
16   }
17   int Time(int h,int m,int s)
18   {
19     cin>>hour;
20     cin>>minute;
21     cin>>sec;
22   }
23   int Time::show_time(void)
24   {
25     cout<<"Time:"<<hour<<":"<<minute<<":"<<sec<<endl;
26   }
```

运行结果如图 9-27 所示。

图 9-27 运行结果

六、编程题

1. 请用面向对象的程序设计方法，编程实现：求 3 个圆柱体的体积和表面积，数据成员包括 Radius（半径）和 Height（高）。程序实现以下功能：

（1）由键盘输入 3 个圆柱体的半径和高；

（2）计算圆柱体的体积和表面积；

（3）输出 3 个圆柱体的体积和表面积。

输入/输出格式参见运行结果（图 9-28）。

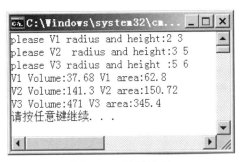

图 9-28　运行结果

2. 在例 9.4 中添加几个字符串的处理函数：获取字符串长度 int GetLength()，字符串变为大写 void StringUpper()，字符串变为小写 void stringLower()，查找某一字符 int FindX(char x)第一次出现的位置，删除某一字符 void DelX(char x)，请把程序补充完整。输入/输出格式参见运行结果（图 9-29）。

3. 基于 MFC，编程实现数据的排序，要求：待排序的数据从窗口输入，排序后的结果显示在窗口中。窗口界面设计如图 9-30 所示。

图 9-29　运行结果

图 9-30　窗口界面

学生作业报告

专业_____ 班级_____ 学号_____ 姓名_____

第**10**章

文件操作

学习要点

文件是计算机中信息保存的基本形式，本章将介绍计算机中文件的存储类型，C++数据文件的读写方式。具体内容如下：

（1）文件的基本概念与类型；

（2）C++文件操作类；

（3）ASCII 文件的顺序读写；

（4）二进制文件的顺序读写；

（5）文件的随机读写操作。

10.1　文件的基本概念与类型

10.1.1　文件的概念

数据在计算机硬件中的主要流向如图 10-1 所示。

图 10-1　程序设计中数据的流向

由图 10-1 可以看出，通过 C++提供的输入/输出流，在外部设备与内存之间完成数据的输入/输出。首先通过输入设备（如键盘）将数据输入内存，在内存中的数据交给 CPU 运算和处理，最后通过输出设备（如显示器）输出运算和处理的结果。常用的输入/输出数据的外部设备（键盘或显示器）不能长期保存程序所需要的数据，内存中的数据也会因为断电或程序运行结束而消失。为了使程序处理的数据能够长期保存下来，可以将图 10-1 中的外部设备换成存储介质类型的设备（即外存储器，如硬盘、U 盘、光盘、磁带等），数据就可以在外存设备中长期保存。

文件（file）是程序设计中的一个重要概念，是指长期保存在外存设备上的数据的集合。在计算机中，操作系统对数据的处理是以文件为基本单位，通过打开一个已有的文件或者建立一个新的空文件进行操作。文件操作形式有两种：读数据和写数据。读数据：从文件中读取数据并载入内存。写数据：

将计算机运算和处理的结果从内存写入打开的文件中。

10.1.2 文件的类型

文件是一个逻辑概念,是方便操作系统对计算机外存中的数据进行管理而定义的。每一个文件都有一个名字,即文件名,文件名包括基本名和扩展名,中间用"."号隔开,如 chengxu.txt。扩展名一般表示文件的基本类型,操作系统根据文件的扩展名使用相应的应用程序打开该文件,常用的文件扩展名可见表 10-1。

表 10-1 常用的文件扩展名

扩展名	基本类型	关联程序
.cpp	C++的基本源程序	Visual Studio 2010
.txt	文本文件	记事本
.docx	Word 文件	Word
.exe	可执行文件	自动运行
.obj	目标文件	无
.jpg	图片文件	图形编辑软件

对于程序设计用户来说,常用的文件有两类:

(1)程序文件,如 C++的源程序文件(.cpp)、目标文件(.obj)、可执行文件(.exe)等。用户可以通过 C++的开发平台自动生成这些文件。

(2)数据文件(data file),用户在运行程序时,常需要把一些数据从磁盘输入内存或把程序数据从内存输出到磁盘上存放,此时需要将数据以磁盘文件的形式存放到外存储器中,这类磁盘文件就是数据文件。如 Word 文档的扩展名为 docx,是 Word 软件可以处理的数据文件,打开一个 Word 文件"通知.docx",则把这个文档数据从磁盘读入内存中;保存 Word 文件,则将内存中的文档数据写入磁盘文件中。

根据数据文件中的数据组织形式,可以分为 ASCII 文件和二进制文件。ASCII 文件又称为文本文件(.txt)或字符文件,文件中每一个字节存放一个西文字符。这类文件最大的特点是任何一个字处理软件都可以打开,并且能够清楚查看文件内容。优点是通用性好,缺点是缺乏保密性。二进制文件也称为内部格式文件或字节文件,它把数据按照其在内存中存放的原始形式拷贝到磁盘上存放,例如一个图片数据,在内存中存储时占 n 字节,若以二进制形式存放在磁盘上,同样占 n 字节,此类文件对其关联的软件具有依赖性,如扩展名为.xlsx 的文件,只能由其关联的 Excel 软件打开,其他软件不能打开,对数据文件具有一定的保密性和安全性。

操作系统对文件的管理是通过目录结构来实现的,Windows 操作系统通过文件夹来管理和维护计算机中所有的文件。对于文件的存取,需要指明文件在计算机中的具体位置。通常情况下,文件在计算机中的位置通过路径来描述。文件的路径有绝对路径和相对路径:

(1)绝对路径,标明文件所经历的所有文件夹的有序序列,如路径:

C:\windows\system\abc.exe 就是一个绝对路径,其中,C:表示在逻辑 C 盘;windows\system 表示在 windows 文件夹的子文件夹 system 下;abc.exe 表示磁盘文件

名。绝对路径的优点是可以清楚定位文件所在的位置；缺点是不够灵活。

（2）相对路径，顾名思义就是相对于某一当前路径而言。通常情况下，每一个软件都有一个当前路径。用 Visual Studio 2010 开发一个用户的 C++应用程序时，在 D 盘的根目录下创建一个名为 chengxu 的工程文件，就确定了用户所开发的应用程序的当前路径为 D:\chengxu。用户程序中所用到的在当前路径下的文件就可以用相对路径来访问，如要引用"D:\chengxu\abc.txt"文件时，就可以改为相对路径的引用，即省略当前路径"D:\chengxu"，直接用"abc.txt"即可。相对路径最大的优点是使用灵活，任何软件只要定位了当前路径，都可以使用相对路径来访问当前路径下的文件等相关内容；缺点是若用户不知道当前路径，很难找到文件在磁盘的具体存放位置。

课堂测试：文件的基本概念与类型

10.2　文件操作类

根据文件的存取方式，文件操作可分为：

顺序读写操作：将打开整个文件，对数据进行操作，逐个或逐行将数据顺序读入内存，新写入的数据默认添加在文件的尾部。

随机读写操作：根据查询项的条件，只将满足条件的数据直接读入内存，写入数据的顺序是按程序员的要求写入的。

10.2.1　输入\输出类

在 C++中，文件操作也属于输入/输出操作，在本质上与之前学习过的 cin、cout 没有区别，都是输入/输出流操作。cin 和 cout 只能处理 C++的标准输入和输出，即从键盘输入和输出到显示器上，而不能处理以磁盘文件为对象的输入与输出。

对于磁盘文件的输入/输出，C++以文件流的形式来实现，除了标准的输入/输出流类之外，还有 3 个用于文件操作的文件类，见表 10-2。

表 10-2　C++输入/输出流类简要说明

类名	说　明	包含文件	备　注
ios	流基类	ios	抽象流基类
istream	通用输入流类和其他输入流的基类	istream	输入流类
ifstream	文件输入流类	fstream	输入流类
ostream	通用输出流类和其他输出流的基类	ostream	输出流类
ofstream	文件输出流类	fstream	输出流类
iostream	通用输入/输出流类和其他输入/输出流的基类	iostream	输入/输出流类
fstream	文件输入/输出流类	fstream	输入/输出流类

注：① ifstream 类是 istream 类派生的，用于支持磁盘文件的输入。

　　② ofstream 类是 ostream 类派生的，用于支持磁盘文件的输出。

　　③ fstream 类是 iostream 类派生的，用于支持磁盘文件的输入/输出。

10.2.2 文件的基本操作

从面向对象的角度来讲，cin 和 cout 可以看作是标准的输入/输出流对象，这些流对象自动与键盘、显示器绑定。对于文件的读取，也需要建立一个文件的输入/输出对象，这个文件的输入/输出对象一定要和磁盘上的一个文件绑定，以便通过绑定文件实现数据的输入/输出。

C++中主要使用 ifstream 类和 ofstream 类创建输入/输出流对象，这两个类的声明与定义在 fstream 头文件中，具体操作如下：

1. 创建文件对象

要对一个文件进行操作，必须先要创建一个对应的文件对象，再通过这个对象的操作函数才能对文件进行各种操作，如打开、关闭、读取、写入等。

文件的创建，C++提供了 3 种方式，见表 10-3。

表 10-3　创建输入/输出文件对象

语　法	示　例	结　果
ifstream	ifstream inFile;	创建名为 inFile 的输入文件对象
ofstream	ofstream outFile;	创建名为 outFile 的输出文件对象
fstream	fstream file;	创建名为 file 的输入/输出文件对象

2. 文件的打开（即文件对象与磁盘文件绑定）

文件对象创建好后，就可以使用该对象关联一个具体的文件，并确定以何种方式打开文件（即指明文件是输入文件还是输出文件，是 ASCII 文件还是二进制文件），具体操作见表 10-4。

表 10-4　打开输入输出文件对象

打开输入输出文件	功　能
inFile.open（"abc.dat",ios::in);	打开并将 abc.dat 文件作为输入文件
inFile.open（"abc.dat");	打开并将 abc.dat 文件作为输入文件
outFile.open（"abc.dat",ios::out);	打开 abc.dat 文件并将其作为输出文件，如果文件不存在，就在当前程序目录下新建 abc.dat 文件
outFile.open（"abc.dat");	打开 abc.dat 文件并将其作为输出文件
outFile.open（"abc.dat",ios::app);	打开 abc.dat 文件并将其作为输出文件，在文件最后可以添加新数据
outFile.open("d:\\abc.dat",ios::app);	打开 D 盘根目录下的 abc.dat 文件并将其作为输出文件，在文件最后可以添加新数据（注："\" 在 C++中有特殊用途，所以使用时需要转义，写成 d:\abc.dat 是错误的，这里也可以写成 d:/abc.dat）

注：inFile 和 outFile 分别是 ifstream 和 ofstream 类的对象（或是 fstream 类的对象）。

打开输出文件时，若没有指明文件所在路径，就在当前目录下打开文件或新建文件。文件的打开模式可以根据程序的需求设置，具体的打开模式可以参考表 10-5。

表 10-5　文件打开模式

文件打开模式	功　能
ios::in	打开输入文件，使得程序能够读取内容。是输入文件的默认模式
ios::app	打开输出文件，在文件现有的数据末端写入新数据。如果该文件不存在，先创建文件，再写入数据
ios::out	打开输出文件，创建能够写入数据的空文件。如果该文件已存在，先删除原文件内容，再写入数据。是输出文件的默认方式
ios::ate	打开文件，文件指针的初始位置在文件尾（输入/输出都可用）
ios::binary	以二进制方式打开文件，缺省默认为 ASCII 文件（输入/输出都可用）
ios::nocreate	打开文件，如果文件不存在，则打开失败（输入/输出都可用）
ios::noreplace	新建文件，如果文件存在，则新建失败（输入/输出都可用）
ios::trunc	打开文件，如果文件存在，清空文件内存储的所有数据（输入/输出都可用）

备注：可以用"|"把以上属性连接起来，例如 ios::out|ios::binary（打开文件用于输出数据，数据以二进制方式输出）。当打开一个文件没有指明是否为二进制文件方式时，系统默认为 ASCII 文件。

3. 文件的关闭

打开的磁盘文件在完成读写操作之后应该被关闭，关闭文件的成员函数是 close，如 outFile.close()。关闭文件是断开文件对象与磁盘文件之间的绑定，磁盘文件和文件对象之间脱离了关系后，操作系统才可以对该文件进行拷贝、移动等操作。

4. 文件指针

文件指针表示对文件读写位置的定位，即文件对象正在读取数据或写入数据的位置。文件指针随着程序对文件的操作而改变。文件成功打开时，文件指针位于文件的开始位置。从文件读取/写入 n 个字符之后，文件指针将自动往后移动 n 个字符的位置。判断文件是否打开成功，可通过文件对象的 is_open()函数进行判断，若函数返回值为 true，文件打开成功；若返回 false，文件打开失败。文件成功打开时，所关联的文件对象为非空值，故也可通过文件对象是否为空来判断文件的打开情况。例如：

课堂测试：文件的基本操作

```
if(outFile.is_open()==true)      或  if(!outFile)
    文件打开成功                          文件打开失败
else                                 else
    文件打开失败                          文件打开成功
```

当文件数据读取完后，文件指针指向文件末尾，此时通过文件对象的 eof()函数来

403

判断，inFile.eof()为 false 表示文件的数据未读完，为 true 表示文件已读完。可以利用如下循环来读取文件中的所有数据：

```
while(!inFile.eof())
    { 读取文件数据 }
```

该循环条件是判断文件指针是否指向文件末尾，每次循环读取文件数据时，文件指针就自动往文件末尾方向移动。

10.3 ASCII 文件顺序读写

10.3.1 ASCII 文件的基本操作

ASCII 文件中存放的是 ASCII 值，对文件数据的处理方式与 cin 和 cout 对数据的处理方式基本一致，需要掌握文件中数据的基本类型与格式，并在程序中定义对应的数据类型变量来与文件中的数据交换。对于 ASCII 文件的基本操作有两种方法：

1. 利用流插入符号"<<"和流提取符号">>"

这两个符号在 istream 和 ostream 类中定义，在 iostream 中被重载为标准的输入/输出流；在 fstream 中被重载为文件流的输入/输出。这两个符号可以实现对磁盘文件的基本输入和输出。具体操作见表 10-6。

表 10-6　文件数据写入与读取

示　例	功　能
outFile<<name<<'#'<<sales<<endl;	将变量 name 的值、字符常量'#'、变量 sales 的值、常量回车一起写入文件对象 outFile 所关联的文件中
inFile>>pay;	从文件对象 inFile 所关联的文件中读取一个数据并保存到变量 pay 中

2. 通过文件流中的成员函数来实现字符的输入与输出

（1）getline(object,name,ch)：从对象 object（cin 对象或文件对象）中读取一个字符串，name 为存储所读取字符串的变量，字符 ch 表示该字符串以指定字符结束。例如：getline(inFile,str)，表示从文件对象 inFile 所关联的文件中读取一行数据并保存到字符串变量 str 中，这里缺少结束字符标识，表示以回车为字符串结束，并自动丢弃回车换行符。

（2）put(c)函数：将变量 c 中存放的字符写入文件对象中。例如：outFile.put('A')，把字符'A'写入 outFile 文件对象关联的文件中。

（3）get()函数：从关联文件对象中读取一个字符到内存变量中。例如：c=inFile.get()，从 inFile 文件对象中读取一个字符到变量 c 中。

（4）ignore()函数：当以字符方式来读取磁盘文件时，往往需要对读取的字符进行丢弃处理，以便得到正确的结果，该函数的具体使用见表 10-7。

表 10-7　文件 ignore( ) 函数使用说明

示　例	功　能
cin.ignore(100,'\n')	在丢弃 100 个字符或第一次遇到换行符后，开始接受从键盘中输入的字符
cin.ignore(25,'#')	在丢弃 25 个字符或第一次遇到#后，开始接受从键盘中输入的字符
inFile.ignore(10,'#')	在丢弃 10 个字符或第一次遇到#后，开始接受输入文件中的字符
inFile.ignore(1)	在丢弃 1 个字符或第一次遇到换行符后，开始接受输入文件中的字符

10.3.2　ASCII 文件操作实例

C++对于任何文件操作，基本流程如图 10-2 所示。

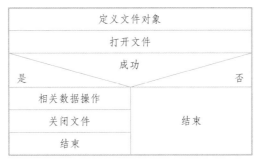

图 10-2　文件的基本操作流程

【例 10.1】打开一个磁盘上的 ASCII 数据文件，该文件中存放的是一个整数序列，并将其结果显示在屏幕上。

问题分析：

题目要求程序员打开一个已经存在的文件，并将数据全部读出显示在屏幕上。本程序需要用到一个数据文件，假设名为 abc.txt，并存放在 D 盘的 test 文件夹中。abc.txt 中存放的内容如下：

```
23 26 78 90 12 34 56 78 90 12 34 56 7 89 13 13
```

数据文件中存放的是整数序列，需要定义一个整型变量 a，通过循环读取文件中的数据到变量 a 中并显示在屏幕上。

编程实现：

```cpp
#include <iostream>
#include <fstream>
using namespace std;
int main(void)
{
    ifstream inFile;    //声明一个文件对象用于输入，对象名为 inFile
    //绑定文件对象与数据文件，即打开文件
    inFile.open("d:\\test\\abc.txt", ios::in);
    if(!inFile)
```

```
    {
        cout<<"Open File Error!"<<endl;
        exit(0);
    }

    int a;                    //用于接收文件中的数据的变量
    int i=0;                  //统计文件中整数的个数
    inFile>>a;                //从文件中读取一个数据到内存变量 a 中
    while(!inFile.eof())      //循环条件是未到达输入文件的末尾
    {
        cout<<a<<" ";
        i++;
        if(i%10==0) cout<<endl;
        inFile>>a;
    }
    inFile.close();           //关闭文件
    return 0;
}
```

运行结果如图 10-3 所示。

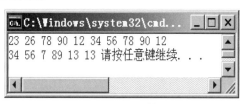

图 10-3　运行结果

关键知识点：

（1）程序中包含文件处理的头文件 fstream。

（2）定义了一个输入类型的文件对象 inFile，在打开文件时如果文件不存在则打开失败，执行 exit(0)语句结束整个程序的执行。

（3）读取数据文件时，一定要掌握数据文件中的数据是什么样的存储格式，本例中的数据文件是整数形式存储且以空格隔开，因此在程序中定义了一个整型变量 a 用来接收数据文件中的数据。思考：文件的输入格式与键盘的输入格式是否一样？

（4）本例中有"＞＞"符号实现了文件数据的读取，并通过一个循环来实现文件中所有数据的读取。

（5）变量 i 控制数据在屏幕中的输出格式，每 10 个数据换一行。

【例 10.2】产生 20 个 1 到 100 之间的随机数，将其升序排序后写入一个磁盘数据文件中。

问题分析：

本例要求新建一个数据文件，并将排好序的数据写入该文件中。假设数据文件名为 random.txt，存放在 D 盘的 test 文件夹中。具体步骤：① 定义一个整型数组 a[20]，并用随机数产生器产生 20 个随机数；② 对数组的数据排序；③ 把数组的数据写入数据文件中。

编程实现：

```cpp
#include <iostream>
#include <cstdlib>
#include <ctime>
#include <fstream>
using namespace std;
int main(void)
{
    ofstream outFile;    //声明一个文件对象，用于输出，对象名为 outFile
    int a[20],i,j,t;
    //用对象 outFile 关联 random 文件，进行打开文件操作
    outFile.open("d:\\test\\random.txt", ios::out);
    if(!outFile)
        {
            cout<<"Open File Error!"<<endl;
            exit(0);
        }
    //产生 20 个随机数并放入数组 a 中
    srand(time(NULL));
    for(i=0;i<=19;i++)
        a[i]=1+rand()%100;
    //用比较交换法实现 a 数组中的数据排序
    for(i=0;i<=18;i++)
        for(j=i+1;j<=19;j++)
            if(a[i]>a[j]){t=a[i];a[i]=a[j];a[j]=t;}
    //将 a 数组中的数据写入文件中，数据之间用空格隔开
    outFile<<"排序好的数据是:"<<endl;
    for(i=0;i<=19;i++)
        outFile<<" "<<a[i];
    //关闭文件
    outFile.close();
    return 0;
}
```

运行结果：

该程序运行后在显示器上看不到任何效果，用户用记事本打开 D 盘 test 文件夹下的 random.txt 时，会发现文件中的内容大致如下：

排序好的数据是：

9 26 27 31 36 42 47 48 53 69 70 77 79 83 89 91 91 91 92 99

关键知识点：

（1）此文件打开了一个输出类型的文件 outFile。

（2）准备数据阶段：首先产生 20 个随机数，并存入数组中，再对数组中的数据进行选择法排序。

（3）把排序好的数据写入数据文件中，在写入数据之前，在文件中写入了一行说明文字"排序好的数据是："；若程序要读取此时 random.txt 中的数据，该如何处理？

（4）输入数据到文件中时，先输入一个空格再输入数据，是为了使整个文件的结束始终以数值数据结束。

【例 10.3】按行读取一个字符型的数据文件，并显示在屏幕上。

问题分析：

本例要求打开一个已经存在的文件，并将数据全部读出显示在屏幕上。假设是数据文件名为 zhang.txt，存放在 D 盘的 test 文件夹中。zhang.txt 的数据格式如下：

怒发冲冠，凭栏处，潇潇雨歇。
抬望眼，仰天长啸，壮怀激烈。
三十功名尘与土，八千里路云和月。
莫等闲，白了少年头，空悲切。
靖康耻，犹未雪，臣子恨，何时灭？
驾长车，踏破贺兰山缺。
壮志饥餐胡虏肉，笑谈渴饮匈奴血。
待从头，收拾旧山河，朝天阙。

该数据文件的读取需要利用循环按行读取，并把读取的行以字符串的形式存放在一个字符串变量（对象）中。

编程实现：

```cpp
#include <iostream>
#include <fstream>
#include <string>
using namespace std;
int main(void)
{
    ifstream inFile; //声明一个文件对象，用于输入，对象名为 inFile
    inFile.open("d:\\test\\zhang.txt", ios::in);
    string str;        //定义一个字符串变量，用于文件中的每一行的数据
    if (inFile.is_open())            //判断文件是否正确打开？
    {
                    //通过循环从文件中读取数据，每次读取一行数据
        while (getline(inFile, str))   //回车换行符被自动丢弃
```

408

```
      {
          cout << str<<endl;
      }
    inFile.close();      //关闭文件（打开文件，必须关闭）
    }
else
      cout << "File was not opened." << endl;
    return 0;
}
```

运行结果如图 10-4 所示。

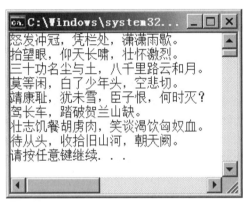

图 10-4　运行结果

关键知识点：

本例中对于数据文件中的处理是按行处理，每次读取数据文件的一行数据到内存的 str 字符串变量（对象）中，然后再显示字符串中的内容。

【例 10.4】读取文件中的结构化数据。CosSin 公司的经理需要一个程序，用来在显示器上输出存储在顺序文件 sample8.txt 中的代码和薪水。

问题分析：

本例要求把一个数据文件中的数据读出来并显示到显示器上。数据文件的基本格式如下：

```
A01#17200.20
B01#12000.50
C02#26000.00
D05#18000.55
E11#26500.85
```

在该数据文件中，每一行代表一个职工的结构化数据。'#' 是分隔符号，其前面的字符表示代码，后面的数值代表薪水。因此在写程序时，对于每一个职工需要两个变量来接收其基本信息，一个是字符串数据类型 code 来接收代码，另一个是浮点数类型 salary 来接收工资。

编程实现:

```cpp
#include <iostream>
#include <fstream>
#include <string>
using namespace std;
int main(void)
{
    ifstream inFile; //声明一个文件对象,用于输入,对象名为inFile
    inFile.open("d:\\test\\sample8.txt", ios::in);
    string code;        //定义一个字符串变量,用于存放职工代码
    double salary;      //存放职工薪水
    if (inFile.is_open())           //判断文件是否正确打开?
    {
        cout << "职工代号"<<"    "<<"薪水"<<endl;
        while (!inFile.eof())       //是否读取到文件末尾
        {
            getline(inFile,code,'#');
                            //读取一行,以'#'结束,即读取职工代号
            if(code.empty())        //code为空代表读取空的职工代码
                break;
            inFile>>salary;         //读取薪水
            inFile.ignore(1);       //数据指针往后移动一位,
                                    //即将该行的回车换行扔掉
            cout << code<<"    "<<salary<<endl;
                                    //输出到屏幕,并加上换行
        }
    inFile.close();     //关闭文件(打开文件,必须关闭)
    }
    else                //文件打开不成功
        cout << "File was not opened." << endl;    //输出报错信息
    return 0;
}
```

运行结果如图 10-5 所示。

图 10-5   运行结果

410

关键知识点：

在该程序中，数据文件中的数据包含字符串和数值两种类型。需要掌握数据文件中每一类数据的类型格式（代码为字符串，薪水为浮点数）以及特殊字符的处理方式（如可见字符'#'的处理，不可见字符'\n'的处理）。

10.4 二进制文件顺序读写

二进制文件是将内存中数据的机内码（二进制形式）原封不动地保存到磁盘上，构成二进制文件。二进制文件存储空间小，计算处理效率高。二进制文件的读取有两个重要的函数：

（1）read（内存地址，字节数）函数：如 inFile.read((char*)&A, sizeof(int))，从文件对象 inFile 所关联的文件中读取一个 4 字节大小的数据（int 类型），并保存到变量 A 中，A 对应内存中的一个 int 类型变量。

（2）write（内存地址，字节数）函数：如 outFile.write((char*)&A, sizeof(int))，将整型变量 A 的值（int 型占 4 字节大小的存储空间）写入到文件对象 outFile 所关联的文件中。

【例 10.5】将一个对象的所有数据写入磁盘文件中。

微课：二进制文件的写入

问题分析：

从本例要求可以看出，程序员需要定义一个对象，并对该对象赋予相应的值，然后把对象在内存中的数据写入指定的数据文件中。为了简化程序代码，本例引用第 9 章中出现的对象进行处理。对象的定义见第 9 章。

编程实现：

```cpp
#include <iostream>
#include <fstream>
using namespace std;
class  Student    //开始类的定义，即定义 Student 类
{ private :
    char Name[20];
    int Age;
    double Math;
    double Chinese;
  public :
    Student(char N[],int age, double  math, double chinese);
    double  average;
    double GetAverage(void)
    { return average;}
    void ComputeAvg();
    void outPutData()
```

411

```cpp
        { cout<<Name<<"  "<<Age<<"  "<<Math<<"  "<<Chinese<<"
        "<<average<<endl;}

};    //结束类的定义，用";"代表结束
Student::Student(char name[],int age,double math,double chinese)
{
    strcpy(Name,name);
    Age=age;
    Math=math;
    Chinese=chinese;
}


void Student::ComputeAvg()
{
    average=(Math+Chinese)/2;
}


int main(void)
{
    string fileName = "d:\\test\\randomNumber.dat";
    //声明一个二进制的输出文件对象，用于存储数据，对象名为 outFile
    ofstream outFile(fileName, ios::out|ios::binary);
    //定义并初始化对象A，B
    Student A("Kai",18,89,90),B("KaiKai",28,89,90);
    A.ComputeAvg();
    B.ComputeAvg();
    if(!outFile)
      {
          cout<<"Open File Error!"<<endl;
          exit(0);
      }
    //将对象 A 和对象 B 的数据写入二进制数据文件中
    outFile.write((char*)&A, sizeof(Student));
    outFile.write((char*)&B, sizeof(Student));
    outFile.close();
    return 0;
}
```

关键知识点：

程序运行结束后，对象 A 和 B 的数据原封不动地从内存拷贝到数据文件中，数据

文件对于别的应用程序来说是保密的，不能打开。若需要打开此数据文件，程序员必须掌握数据文件里存放的是什么样的数据。这样的数据文件在一定程度上起到了加密作用。

【例 10.6】二进制数据文件的读取。读取例 10.5 所生成的数据文件中的数据，并显示到屏幕上。

问题分析：

要读取二进制数据文件，程序员必须知道二进制文件中存放的是什么对象的数据，要读取例 10.5 中保存的名为 randomNumber.dat 的数据文件，程序员已经知道该数据文件中存放了 2 个 Student 学生类的对象。

微课：
二进制文件的
顺序读取

编程实现：

```cpp
#include <iostream>
#include <fstream>
using namespace std;
class  Student  //开始类的定义，即定义 Student 类
{ private :
    char Name[20];
    int Age;
    double Math;
    double Chinese;
  public :
    double  average;
    Student(){};
    Student(char N[],int age, double  math, double chinese);
    double GetAverage(void)
    { return average;}
      void ComputeAvg();
      void outPutData()
    {
    cout<<Name<<" "<<Age<<" "<<Math<<""<<Chinese<<" "<<average<<endl;
    }
};   //结束类的定义，用";"代表结束

void Student::ComputeAvg()
    {
        average=(Math+Chinese)/2;
    }
Student::Student(char name[],int age,double math,double chinese)
{
    strcpy(Name,name);
```

```
        Age=age;
        Math=math;
        Chinese=chinese;
}
int main(void)
{
        string fileName = "d:\\test\\randomNumber.dat";
        //声明一个二进制的输入文件对象,对象名为 inFile
        ifstream inFile(fileName,ios::in|ios::binary);
        Student A, B; //定义对象A, B
        if(!inFile)
            {
                cout<<"Open File Error!"<<endl;
                exit(0);
            }
        //从二进制文件中读取两个对象数据分别存放在对象A和B对应的内存中
        inFile.read((char*)&A, sizeof(Student));
        inFile.read((char*)&B, sizeof(Student));
        A.outPutData();
        B.outPutData();
        inFile.close();    //关闭文件
        return 0;
}
```

运行结果如图 10-6 所示。

图 10-6　运行结果

关键知识点：

（1）程序中的 Student 类出现了 2 个构造函数，一个没有参数，一个有参数，即构造函数的重载。在构造对象时，根据构造对象时提供的参数情况自动调用相应的构造函数，程序中在构造对象 A 和 B 时，没有提供任何参数，此时调用的是没有参数的构造函数。

（2）读取二进制文件时，一定要掌握二进制文件中的数据存储格式。读者可以思考：如何读取一个扩展名为.jpg 的图片文件？

（3）例 10.5 和例 10.6 结合起来使用，相当于一个自成体系的数据文件处理软件，

414

实现了文件存盘与文件读取的功能。

10.5　文件随机读写

前面介绍了文件指针就是文件对象正在读取或写入数据的文件位置。要实现对文件的随机读写，就需要掌握文件指针的读写位置。

10.5.1　ASCII 文件的随机读写

在前面介绍的 ASCII 文件的读写时，一般都采用的是顺序读写方式，文件指针类似于屏幕上光标位置，随着读入或输出数据而移动。要随机读取或写入某一个位置的数据，就需要移动文件指针。如果把 ASCII 文件中的数据全部当作字符来处理，就可以采用随机读写文件，文件指针的移动以字符为单位。

实现文件的随机读写，必须先掌握文件指针移动的相关函数，常见的文件定位函数见表 10-8。

表 10-8　文件定位函数

成员函数	作　用	所属的类
tellg()	获取输入文件指针的当前位置	ifstream 和 fstream
tellp()	获取输出文件指针的当前位置	ofstream 和 fstream
seekg(文件中的位置)	将文件指针指向指定的位置	ifstream 和 fstream
seekg(位移量，参照位置)	从参照位置移动若干字节	ifstream 和 fstream
seekp(文件中的位置)	将文件指针指向指定的位置	ofstream 和 fstream
seekp(位移量，参照位置)	从参照位置移动若干字节	ofstream 和 fstream

例如：seekp(int offset, int mode)，其中 offset 是偏移量，指从设定起点位置 mode 移动 offset 字节。所谓"位置"，指距离文件开头有多少字节。文件开头的位置是 0。mode 代表文件读写指针的设置模式，有以下三种选项：

- ios::beg：文件指针在文件开头（beg 代表 begin）；
- ios::cur：文件指针的当前位置（cur 代表 current）；
- ios::end：文件指针在文件末尾（end 即 end）。

要获取文件长度，可以用 seekg 函数将文件读指针定位到文件尾部，再用 tellg 函数获取文件读指针的位置，此位置即为文件长度。

【例 10.7】ASCII 文件的随机读取。

问题分析：

本例要求从一个 ASCII 文件中读取任意位置的数据。在程序中先自动创建一个数据文件 data.txt，并向其写入内容，关闭文件；最后打开 data.txt 文件随机读取文件内容。

编程实现：

```cpp
#include <iostream>
#include <fstream>
#include <string>
using namespace std;
int main(void)
{
    char ch;
    string strLine;
    string fileName = "d:\\test\\data.txt";
    ofstream outFile(fileName, ios::out);
    if (!outFile)
    {
        cout << "File open failed!" << endl;
    }
    outFile << "I want you to know one thing,you know how this is.";
    cout << "文件内容为: I want you to know one thing,you know how
    this is." << endl;
    outFile.close();
    ifstream inFile(fileName, ios::in);
    if (!inFile)
    {
        cout << "File open failed!" << endl;
    }
    long long pos = inFile.tellg();
    cout << "当前文件指针位置为: " << pos;
    inFile.get(ch);
    cout << ", 字符为: " << ch << endl;
    pos = inFile.tellg();
    cout << "读取一个字符后文件指针位置为: " << pos << endl;
    inFile.seekg(8, ios::beg);
    pos = inFile.tellg();
    cout << "后移8个字符后文件指针位置为: " << pos;
    inFile.get(ch);
    cout << ", 字符为: " << ch << endl;
    pos = inFile.tellg();
    cout << "读取一个字符后文件指针位置为: " << pos << endl;
    pos = pos + (streampos)19;
    inFile.seekg(pos);
```

416

```
cout << "后移19个字符后文件指值位置为: " << pos;
inFile.get(ch);
cout << ", 字符为: " << ch;
inFile.get(ch);
cout << ch << endl;
inFile.close();
return 0;
}
```

运行结果如图 10-7 所示。

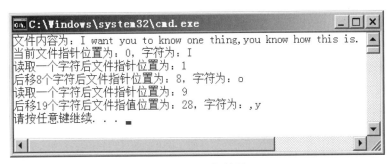

图 10-7　运行结果

10.5.2　二进制文件的随机读写

对二进制文件进行随机读取，要求读取出来的内容要有具体的含义，比如读取一个整数（int）类型的数据，一次需要读取 4 字节。随机读取二进制文件，必须严格按照二进制文件数据存放的逻辑结构来读取。

【例 10.8】随机读取与修改二进制文件。

问题分析：

要求对二进制文件进行读取与修改，假设已有例 10.5 的 Student 作为处理对象，现定义一个可以读写的二进制文件对象 outFile（其关联的磁盘上数据文件一定要存在），打开该二进制文件，写入 4 个 Student 的对象，然后定位到第 3 个对象，把第 3 个对象修改为一个新的对象，再把文件指针定位到文件开头，输出文件中的 4 个对象。最后关闭文件。

编程实现：

```
#include <iostream>
#include <fstream>
using namespace std;
class  Student  //开始类的定义, 即定义 Student 类
{ private :
    char Name[20];
    int Age;
```

```
      double Math;
      double Chinese;
   public:
     Student(){ }
     Student(char N[],int age, double  math, double chinese);
     double  average;
     double GetAverage(void)
         { return average;}
     void ComputeAvg();
     void outPutData()
       {
           cout<<Name<<" "<<Age<<" "<<Math<<"  "<<Chinese<<"
           "<<average<<endl;
       }

};    //结束类的定义，用";"代表结束
Student::Student(char name[],int age,double math,double chinese)
{
    strcpy(Name,name);
    Age=age;
    Math=math;
    Chinese=chinese;
}


void Student::ComputeAvg()
   {
       average=(Math+Chinese)/2;
   }
int main(void)
{
    string fileName = "d:\\test\\randomRead.dat";
    //声明一个二进制的输出/输入文件对象，用于存储数据，对象名为outFile
    fstream outFile(fileName, ios::in|ios::out|ios::binary);
    //定义并初始化对象A,B,C,D
Student A("Kai",18,89,90),B("LiBo",28,80,90),C("liumei",22,
86,90),D("Hanmei",28,84,90);
    A.ComputeAvg();
    B.ComputeAvg();
```

```cpp
C.ComputeAvg();
D.ComputeAvg();
//输出原始数据
cout<<"原始数据为: "<<endl;
A.outPutData();
B.outPutData();
C.outPutData();
D.outPutData();
if(!outFile)
    {
        cout<<"Open File Error!"<<endl;
        exit(0);
    }
//将对象A、B、C、D的数据写入二进制数据到文件中
outFile.write((char*)&A, sizeof(Student));
outFile.write((char*)&B, sizeof(Student));
outFile.write((char*)&C, sizeof(Student));
outFile.write((char*)&D, sizeof(Student));
//文件指针定位第3个学生的开头,用E对象修改（覆盖）第三个对象
outFile.seekp(2*sizeof(Student),ios::beg);
Student E("zhangsan",20,90,91);
E.ComputeAvg();
outFile.write((char*)&E, sizeof(Student));
//重新把文件指针移动到文件开头
outFile.seekp(0,ios::beg);
//输入 4 个对象信息，并显示在屏幕上
Student F;
//修改后的数据
cout<<"修改后的数据"<<endl;
for(int i=0;i<=3;i++)
{
    outFile.read((char*)&F,sizeof(Student));
    F.outPutData();
}
outFile.close();
return 0;
}
```

运行结果如图 10-8 所示。

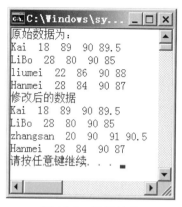

图 10-8　运行结果

关键知识点：

二进制文件的读写，一定要以逻辑对象为单位，否则对文件的读写就失去了意义。

延展学习：

创建一个可读写的文件对象时，为什么其关联的数据文件必须在磁盘上存在？思考：如何编写一个通信录程序，可以实现信息的修改、插入、删除等操作？

习题与答案解析

一、单项选择题

1. 计算机中，操作系统对外存数据的处理以（　　）为基本单位。

    A. 字节　　　　　　　B. 字位　　　　　　　C. 数据包　　　　D. 文件

2. 文件操作就是对文件中的数据进行存取（读写），其存取方式可分为两大类：顺序读写操作和（　　）读写操作。

    A. 随机　　　　　　　B. 反序　　　　　　　C. 系统　　　　　D. 默认

3. 以下哪个选项不是 C++用于文件操作的类（　　）。

    A. ifstream　　　　　B. ofstream　　　　　C. fstream　　　　D. iofstream

4. 创建一个文件对象，用于实现将内存中的数据保存到磁盘上，正确的声明语句是（　　）。

    A. ifstream inFile;　　　B. iofstream outFile;

    C. outfstream file;　　　D. fstream file;

5. inFile 是一个输入文件对象，已成功打开文件，关于语句：inFile.ignore(12, '*'); 的作用，下面说法正确的是（　　）。

    A. 读入 12 个字符后或第一次遇到*后，开始读入输入文件中的字符

    B. 忽略 12 个字符后或第一次遇到*后，停止写入文件

    C. 读入 12 个字符后或第一次遇到*后，停止写入文件

    D. 忽略 12 个字符后或第一次遇到*后，开始读入输入文件中的字符

6. 判断一个文件的数据是否已经读取完毕，可以使用下面哪个函数（　　）（注：

file 是一个文件对象，已成功打开文件）。

    A. file.is_open( );   B. file.eof( );   C. file.close( );   D. file.open( );

  7. 阅读下列代码，然后回答问题。

    //程序主要代码如下（前面代码略）

    fstream file("d:\\test\\studentsList.txt", ios::app | ios::in);

    getline(file, strLine);

    getline(file, strLine);

    以上代码执行完后，文件数据指针指向的位置是（   ）

    A. 第一行开头   B. 第二行开头   C. 第三行开头   D. 最后一行开头

  8. 以下哪个选项不是二进制数据文件的特点（   ）。

    A. 存储空间小   B. 计算处理效率高

    C. 任何编辑软件能打开清楚查看内容   D. 数据有一定保密性

  9. 文件的操作是基于输入/输出流的操作，它与 cin、cout 一样由相同的基类派生而来，它们的基类为（   ）。

    A. istream   B. ios   C. iostream   D. file

10. 以下哪个选项不是数据流的写操作（   ）。

    A. >>   B. <<   C. put   D. write

二、判断题

1. 对文件进行写操作时，是将内存中的数据写入外存文件中。   （   ）

2. 文件名包括基本名和扩展名，这两项都是必须要有的。   （   ）

3. 使用 cin 和 cout 可以对文件进行读写操作。   （   ）

4. 如果不指定文件打开方式，默认为二进制文件方式。   （   ）

5. 文件操作需要指明文件所在的路径。   （   ）

三、阅读程序，写出运行结果

```cpp
#include<iostream>
#include<string>
#include<fstream>
using namespace std;
int main()
{
    string str;
    ifstream inFile("D:\\test\\infile.txt", ios::in);
    if (!inFile)
        cout << "文件打开错误！" << endl;
    else
    {
        while (getline(inFile, str))
```

```
        {
            for (int i = str.size(); i >0; i--)
            {
                if (str[i-1] == ' ')    //最后一个元素下标为i-1
                    str.erase(i-1, 1);
            }
            cout<< str << endl;
        }
        inFile.close();
    }
  return 0;
}
```

备注：文件 infile.txt 中的数据如下：

```
This is a test text.
Just for test.
```

四、程序填空题

程序功能：创建文件"D:\\test\\in.dat"，并从键盘读取一行数据到文件中保存。
输入/输出格式参见运行结果。

```
#include <iostream>
#include <fstream>
#include <string>
using namespace std;
int main()
{
    string str;
    //创建文件
    ofstream ofile("D:\\test\\abc.dat", ios::out);
    if (    ①    )
    {   cout<<"请从键盘输入文件的内容并以回车结束: "<<endl;
        getline(cin,str);
        ofile << str;
             ②
        cout << "文件创建完毕" << endl;
    }
    else
      cout << "文件打开失败" << endl;
        //读取文件
    ifstream ifile("d:\\test\\abc.dat", ios::in);
```

```
        if( ifile)
        {
            cout<<"读取文件的内容: "<<endl;
                ③
            cout<<str<<endl;
        }
        else
            cout << "文件打开失败" << endl;
        return 0;
}
```

运行结果如图 10-9 所示。

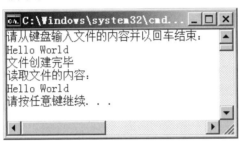

图 10-9　运行结果

文件 abc.dat 的数据如下：

```
Hello World!
```

五、程序改错题

1. 程序功能：读出一个文件（文件名为"青青河边草.dat"，在 D 盘 test 文件夹中）中的全部数据，并显示在屏幕上。输入/输出格式参见运行结果。（有 3 个错误）

青青河边草.dat 的数据如下：

```
青青河边草
悠悠天不老
野火烧不尽
风雨吹不倒
```

编程实现：

```
1  #include <iostream>
2  #include <fstream>
3  #include <string>
4  using namespace std;
5  int main()
6  {
7      ifstream inFile;
8      inFile.open( "青青河边草.dat",, ios::in);
```

```
9      string str;
10     if (inFile.eof())
11       {
12           while (getline(inFile))
13               cout << str<<endl;
14           inFile.close();
15       }
16     else
17       cout << "File was not opened." << endl;
18     return 0;
19   }
```

运行结果如图 10-10 所示。

图 10-10　运行结果

2. 程序功能：将屏幕输入的数据保存到一个文件中，换行结束输入。输入/输出
格式参见运行结果。（2 个错误）

```
1    #include <iostream>
2    #include <fstream>
3    #include <string>
4    using namespace std;
5    int main()
6    {
7      string str;
8      ofstream ofile("d:\\test\\in.dat", ios::in);
9      if (ofile)
10       {
11         getline(ofile,str);
12         ofile << str;
13         ofile.close();
14         cout << "文件创建完毕" << endl;
15       }
16     else
17       cout << "文件打开失败" << endl;
```

424

```
18    return 0;
19 }
```

运行结果如图 10-11 所示。

图 10-11　运行结果

文件 in.dat 中的数据如下：

```
This is  my First  file
```

六、编程题

1. 一位老师想将其重点培养的学生记录在一个文件（studentsList.txt）中，学生信息包括姓名、学号、年龄、性别和特点。

studentsList.txt 的数据格式如下：

姓名	学号	年龄	性别	特点
===				
张毅	2021001100	18	男	逻辑能力强
鲁尔	2021004105	19	女	高数学思维与能力
承山	2021007188	17	男	编程能力强
李想	2021004200	18	女	综合素质高

在该数据文件中，每一行代表一个学生记录，数据项之间用制表符（\t）作为分隔符号。表头与数据记录之间用"========="分隔。请利用文件操作编程实现上述功能。

输入/输出格式参见运行结果（图 10-12）。

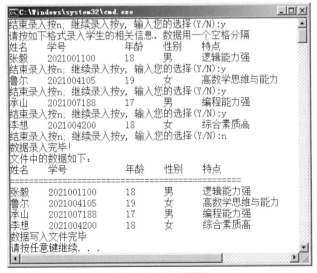

图 10-12　运行结果

2. 现将第一题的学生名单拷贝给其他老师，并希望在每个学生记录前加上序号，最后加上结束行"========"和统计信息行。

（1）studentsList.txt 的数据格式如下：

姓名	学号	年龄	性别	特点
========	========	========	========	========
张毅	2021001100	18	男	逻辑能力强
鲁尔	2021004105	19	女	高数学思维与能力
承山	2021007188	17	男	编程能力强
李想	2021004200	18	女	综合素质高

（2）newStudentsList.txt 的数据格式如下：

序号	姓名	学号	年龄	性别	特点
========	========	========	========	========	========
1	张毅	2021001100	18	男	逻辑能力强
2	鲁尔	2021004105	19	女	高数学思维与能力
3	承山	2021007188	17	男	编程能力强
4	李想	2021004200	18	女	综合素质高
========	========	========	========	========	========

共有 4 条学生记录！

输入/输出格式参见运行结果（图 10-13）。

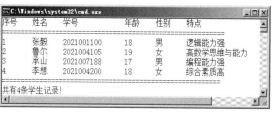

图 10-13　运行结果

3. 编程实现：产生 10 个 –20 到 20 之间的随机数，存放在数组中，并以二进制方式把该数组所有元素的值存放在 randomNumber.dat 文件中；读取 randomNumber.dat 文件中的数据，求这些数据的和、平均值、最大值和最小值，并显示在屏幕上。

输入/输出格式参见运行结果（图 10-14）。

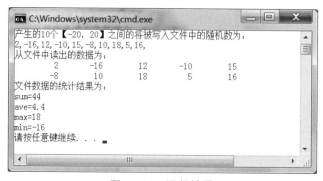

图 10-14　运行结果

学 生 作 业 报 告

专业_____ 班级_____ 学号_____ 姓名_____

附录

附录 A　运算符的优先级与结合性

附表 A-1　运算符的优先级与结合性

优先级	运算符	含　义	结合性
1	::	域运算符	自左至右
2	( ) [ ] -> . ++ --	括号，函数调用 数组下标运算符 指向成员运算符 成员运算符 自增运算符（后置）（单目运算符） 自减运算符（后置）（单目运算符）	自左至右
3	++ -- ~ ! -　+ * & (类型) sizeof new delete	自增运算符（前置） 自减运算符（前置） 按位取反运算符 逻辑非运算符 负号、正号运算符 指针运算符 取地址运算符 类型转换运算符 长度运算符 动态分配空间运算符 释放空间运算符 ‖ 均为单目运算符	自右至左
4	* / %	乘法运算符 除法运算符 求余运算符	自左至右
5	+　-	加法运算符、减法运算符	自左至右
6	<< >>	按位左移运算符 按位右移运算符	自左至右
7	<　<=　>　>=	关系运算符	自左至右
8	== !=	等于运算符 不等于运算符	自左至右

优先级	运算符	含 义	结合性
9	&	按位与运算符	自左至右
10	^	按位异或运算符	自左至右
11	|	按位或运算符	自左至右
12	&&	逻辑与运算符	自左至右
13	||	逻辑或运算符	自左至右
14	? :	条件运算符（三目运算符）	自右至左
15	= += -= *= /= %= >>= <<= &= ^= |=	赋值运算符	自右至左
16	throw	抛出异常运算符	自右至左
17	,	逗号运算符	自左至右

说明：数字越小，优先级越高。

附录 B　常用字符与 ASCII 值对照表

附表 B-1　常用字符与 ASCII 值对照表

ASCII 值	字 符	ASCII 值	字 符	ASCII 值	字 符	ASCII 值	字 符
0	NUL	32	Space	64	@	96	`
1	SOH	33	!	65	A	97	a
2	STX	34	"	66	B	98	b
3	ETX	35	#	67	C	99	c
4	EOT	36	$	68	D	100	d
5	ENQ	37	%	69	E	101	e
6	ACK	38	&	70	F	102	f
7	BEL	39	'	71	G	103	g
8	BS	40	(	72	H	104	h
9	HT	41	)	73	I	105	i
10	LF	42	*	74	J	106	j
11	VT	43	+	75	K	107	k
12	FF	44	,	76	L	108	l
13	CR	45	-	77	M	109	m
14	SO	46	.	78	N	110	n
15	SI	47	/	79	O	111	o
16	DLE	48	0	80	P	112	p

ASCII 值	字 符	ASCII 值	字 符	ASCII 值	字 符	ASCII 值	字 符
17	DC1	49	1	81	Q	113	q
18	DC2	50	2	82	R	114	r
19	DC3	51	3	83	S	115	s
20	DC4	52	4	84	T	116	t
21	NAK	53	5	85	U	117	u
22	SYN	54	6	86	V	118	v
23	ETB	55	7	87	W	119	w
24	CAN	56	8	88	X	120	x
25	EM	57	9	89	Y	121	y
26	SUB	58	:	90	Z	122	z
27	ESC	59	;	91	[	123	{
28	FS	60	<	92	\	124	|
29	GS	61	=	93	]	125	}
30	RS	62	>	94	^	126	~
31	US	63	?	95	—	127	DEL

附录 C　常用标准库函数

1. 数学函数

需在源文件中包含头文件 <cmath>。

附表 C-1　数学函数

函数名	函数和形参类型	功　能	返回值	说　明
cos	double cos(x) double x;	计算 cos(x)的值	计算结果	x 为弧度值
sin	double sin(x) double x;	计算 sin(x)的值	计算结果	x 为弧度值
tan	double tan(x) double x;	计算 tan(x)的值	计算结果	x 为弧度值
acos	double acos(x) double x;	计算 $\cos^{-1}(x)$ 的值	计算结果	x 应在-1 和 1 之间
asin	double asin(x) double x;	计算 $\sin^{-1}(x)$ 的值	计算结果	x 应在-1 和 1 之间

函数名	函数和形参类型	功 能	返回值	说 明
atan	double atan(x) double x;	计算 $\tan^{-1}(x)$ 的值	计算结果	
abs	标准 C 函数 int abs(x) int x;	计算 x 的绝对值	计算结果	abs 函数还可以计算浮点数的绝对值
fabs	double fabs(x) double x;	计算 x 的绝对值	计算结果	
exp	double exp(x) double x;	计算 e^x 的值	计算结果	
log	double log(x) double x;	计算 $\log_e x$ 的值，即 $\ln x$	计算结果	x>0
log10	double log10(x) double x;	计算 $\log_{10} x$ 的值	计算结果	x>0
pow	double pow(x,y) double x; double y;	计算 x^y 的值	计算结果	x=0 且 y<0 或者 x<0 且 y 不为整数时，会出现错误
sqrt	double sqrt(x) double x;	计算 $\sqrt{x}$ 的值	计算结果	x>=0

2. 字符串处理函数

附表 C-2 字符串处理函数

函数名	函数和形参类型	功 能	返回值
memcmp	int memcmp(buf1,buf2,count) const void *buf1,*buf2; unsigned int count;	比较 buf1 和 buf2 指向的数组的前 count 个字符	buf1<buf2,返回负数 buf1=buf2,返回 0 buf1>buf2,返回正数
memcpy	void *memcpy(to,from,count) void *to; const void *from; unsigned int count;	从 from 指向的数组向 to 指向的数组复制 count 个字符	返回指向 to 的指针
strcat	char *strcat(str1,str2) char *str1; const char *str2;	把字符串 str2 连接在 str1 的后面形成新的 str1 字符串，并在 str1 字符串后加上 '\0'，调用函数时保证 str1 字符串的空间足够大能够存储两个串的内容	返回 str1 的指针

函数名	函数和形参类型	功　能	返回值
strcmp	int strcmp(str1,str2) const char *str,*str2;	按字典顺序比较两个字符串的大小	str1<strf2,返回负数 str1=str2,返回 0 str1>str2,返回正数
strcpy	char *strcpy(str1,str2) char *str1; const char *str2;	把 str2 指向的字符串内容复制到 str1 中去,包含 str2 的字符串终止符'\0'	返回 str1 指针
strlen	usigned int strlen(str) const char *str	统计字符串 str 中字符的个数,不包括字符串终止字符'\0'	返回字符个数
sprintf	标准 C 函数 int sprintf(char *string, char *farmat [,argument,...]); char * string; const char *farmat;	产生的字符串存放在 string 地址分配的内存中	无

3. 其他常用函数

附表 C-3　其他常用函数

函数名	函数和形参类型	功　能	返回值
exit	#include <cstdlib> void exit(code) int code;	exit()函数终止程序的运行。 code 为 0 表示正常终止。 code 为非 0 表示终止程序时的出错代码为 code	无
rand	#include <cstdlib> int rand(void)	产生伪随机数序列	返回 0 到 RAND_MAX 之间的随机整数,RAND_MAX 至少是 32767
srand	#include <cstdlib> void srand(seed) usigned int seed;	为函数 rand()生成的伪随机数序列设置起点种子值	无
time	#include <ctime> time_t time(time_t *time)	调用时可使用空指针,也可使用指向 time_t 类型变量的指针,若使用后者该变量可赋予日历时间	返回系统的当前日历时间;如果系统丢失时间设置,函数返回-1
system	标准 C 函数 int system(char *command)	发出一个 DOS 命令。 如:system("pause")可以实现冻结屏幕,便于观察程序的执行结果;system("CLS")可以实现清屏操作;system("date")显示当前日期;system("time")显示时间,system("shutdown/s")可关闭计算机等	该函数可以用来执行操作系统有关的命令

附录 D　常用 C++类与成员函数

1. string 类

需在源文件中包含头文件 < string >。

（1）string 类构造函数（即生成字符串对象）的调用方式见表附表 D-1。

附表 D-1　string 类构造函数的调用方式

实　例	功　能
string s;	生成一个空字符串 s
string s(str)	拷贝构造函数生成 str 的复制品
string s(str,stridx)	将字符串 str 内"始于位置 stridx"的部分当作字符串的初值
string s(str,stridx,strlen)	将字符串 str 内"始于 stridx 且长度为 strlen"的部分作为字符串的初值
string s(chars,chars_len)	将 chars 字符串前 chars_len 个字符作为字符串 s 的初值
string s(num,c)	生成一个字符串，包含 num 个 c 字符
string s(beg,end)	以区间 beg:end(不包含 end)内的字符作为字符串 s 的初值

（2）string 类字符串成员函数与运算符见附表 D-2。

附表 D-2　string 类字符串成员函数与运算符

成员函数或运算符	功　能
=，assign()	为字符串赋新值
swap(str1,str2)	交换两个字符串的内容
+=，append(str)	在字符串尾部添加字符串 str
insert(pos,str)	在字符串的 pos 位置插入字符串 str
erase(pos,n)	删除字符串 pos 位置后的 n 个字符
clear()	删除全部字符
replace(pos,len,str)	将字符串中 pos 位置开始的 len 个字符用 str 字符串替换
+	串联字符串
==,!=,<,<=,>,>=,compare(str)	比较字符串
size(),length()	返回字符数量，即字符串长度
empty()	判断字符串是否为空，是空时返回 ture，不是空时返回 false
at(pos)，str[pos]	存取 pos 位置的单一字符
substr(pos,n)	返回字符串 pos 开始的 n 个字符组成的子字符串
find(char)	查找字符 char 在字符串中第一次出现的位置
data()	将内容转换成以字符数组形式返回

2. fstream 文件类

附表 D-3　fstream 文件类

成员函数	适用类对象	功　能
void open(const char* szFileName, int mode)	fstream ifstream ofstream	打开指定文件，使其与文件流对象相关联，szFileName 为文件名，mode 为文件打开方式
bool is_open()		检查指定文件是否已打开，true 表示文件打开，false 表示文件没有打开
close()		关闭文件，切断和文件流对象的关联
swap(file1，file2)		交换 2 个文件流对象 file1 和 file2
operator>>	fstream ifstream	重载 >> 运算符，用于从指定文件中读取数据
int gcount()		返回上次从文件流提取出的字符个数。该函数常和 get()、getline()、ignore()、peek()、read()、readsome()、putback() 和 unget() 联用
get()		从文件流中读取一个字符，同时该字符会从输入流中消失
getline(str,n,ch)		从文件流中接收 n-1 个字符给 str 变量，当遇到指定 ch 字符时会停止读取，默认情况下 ch 为 '\0'
ignore(n,ch)		从文件流中逐个提取字符，但提取出的字符被忽略，不被使用，直至提取出 n 个字符，或者当前读取的字符为 ch
tellg()		得到文件指针的当前位置
seekg(文件中的位置)		将文件指针指向指定的位置
peek()		返回文件流中的第一个字符，但并不是提取该字符
read(char *(buffer), sizeof (buffer))		以二进制形式从指定文件中读取 sizeof(buffer) 字节长度的值到 buffer 地址开始的内存中
putback(c)		将字符 c 置入文件流（缓冲区）
operator<<	fstream ofstream	重载 << 运算符，用于向文件中写入指定数据
put(char)		向指定文件流中写入单个字符 char
write(char *(buffer), sizeof (buffer));		以二进制形式将 buffer 地址开始长度为 sizeof(buffer) 字节的数据写入到指定文件中
tellp()		获取文件流指针的当前位置
seekp(文件中的位置)		将文件指针指向指定的位置
flush()		刷新文件输出流缓冲区
bool good()	fstream ofstream ifstream	操作成功，没有发生任何错误则返回 true，否则返回 false
bool eof()		到达输入末尾或文件尾，遇到 EOF 则返回 true，否则返回 false

附录 E　Visual Studio 的安装及基本操作

Visual Studio 的安装及基本操作请扫二维码查看。

[1]　谭浩强. C++面向对象程序设计. 2 版. 北京：清华大学出版社，2014.

[2]　谭浩强　C++程序设计. 3 版. 北京：清华大学出版社，2015.

[3]　苏小红，王宇颖，孙志岗，等. C 语言程序设计. 3 版. 北京：高等教育
出版社，2015.

[4]　Leen Ammeraal. C++程序设计教程[M]. 3 版. 刘瑞挺，等，译. 北京：
中国铁道出版社，2003.

[5]　孙淑霞，陈立潮. 大学计算机基础. 3 版. 北京：高等教育出版社，2013.

[6]　景红. 计算机程序设计基础（C/C++）. 成都：西南交通大学出版社，
2017.